蒋 晖 著

明代大理石屏考

山东画报出版社

前 言

　　明清之际士大夫的藏书楼，满目缥缃的秘境里，书橱疏阔，边上摆一张书案，一架大理石屏虚空而立。黑白分明的石面上，一只苍猿正望月吐纳，云气升起在深山翠谷，山脚下，一线白浪珠玉飞溅，远远望去石屏似乎染了一层雾气……大理石屏风，真是令人着迷的一件物事。

　　明清士人重宋元古画，而大理石屏，以天然画石嵌装为屏具，滇南万里而来，在明代属贵重珍罕之物，即使将其视作一种家具，以大理石屏的"无用之用"，大约也只能算"玩物""清供"，虽低调，却更为矜贵。一座黄花梨镶黝黯乌木山水纹面的大案，主人可能只为摆放一座石屏。

　　江山万里，浓缩一屏，皴擦点染，黑白分明，白云从石头内部升起，东方神秘美学的境界，物化为文人书斋日常之器。纤尘不染的空间里，画境随着光线发生微妙变化，那是故意打磨得微微凹凸不平的云母质颗粒在闪烁，汉代宫廷里云母屏风的奢豪，竟然十足书卷气。

　　为大理石屏配置合适的器座，考验工匠的耐心，明代早期大理石屏，制式简洁素净，朴拙的做法，正为凸显石画之美。往往只有素朴的线条，含蓄至简，才衬托得起它的素雅云气，传统赏石器座之雕凿繁缛，灵芝卷草虽用紫檀衬托，时光打磨到蕴藉无华，毕竟无法承载石头上的米家烟云的出尘，

宋　米友仁　《潇湘奇观图》（局部）　故宫博物院藏

　　大理石屏象物成景，天然图画，以云山意象为最高等级。周密《云烟过眼录》："（乔篑成）藏有一石屏，其上横岫，石如黛色，林木蓊然，如着色元晖画，莫知为何石。"周密第一个发现了坚硬的石头与柔软宣纸之间的某种关联，将天然石屏喻为"米家山水"，在二者之间第一次建立起这种联想。石与画，以及米家山水独特技法所晕染烘托出的图景意象，将深刻影响后世赏看石屏的眼光。

墨色淡到恍惚。

　　宋代文人开始赏玩天然画石，并将其当作文房雅玩，欧阳修、苏轼等人钟爱为砚台遮风的"石屏"，可惜，他们都不曾见到出自点苍山的大理石。"米家山水"在天然奇石上完美呈现、不可思议的象形之美，属于李日华、文震亨的时代。李日华看到了点苍大理石"与阴阳通"的玄妙，岂止江山如画？

　　真赏斋内，绛云楼头，凝霞阁里，味水轩中，大理石屏与三代古铜器、古砚、成窑、宋版并重，"时玩""摹古"之物，俨然晋唐墨宝，匹敌汉玉隋珠，与古董奇珍相抗。云南与中原交通险阻，大理石屏名贵几埒宋元古画，寻常人家等闲无处可寻。

　　成化年间，吴中顾元庆，将宋代林洪《文房图赞》总结的十八件器物，照"文房十友"架构重新排序，第一次将"端友"，亦即石屏，赫然列为"十友"之首！

　　至此，大理石屏取代了林洪文房排序第一的"毛中书"（笔），在诸多书斋器物中，被提升至最高等级。古人著述，必用毛笔，也是书房中最核心之物，在文房器物中，笔列名居首，林洪的考量非常准确，其所隐喻的"书写"——"著述"功能，至顾元庆时代，一转而为书斋清赏石屏，推重其隐喻的"观看"——"观想"意蕴，文人没有完全放弃"秉笔直书"，但乐于遥

看"江山如画"，其中况味，意味深长。

与明代宫廷、官署之内陈设的大型座屏不同，大理石屏多为插屏，陈设桌案几间，没有视觉遮挡或分割空间的"实用功能"，纯粹以美示人，恰因这"无用之用"，赋予大理石屏超迈脱俗的位置，卓然自立。

澹然冰雪姿，讵能混流俗。

明代江南风气，富裕之家无倪云林，不足称世家。

明代文献中大理石屏消费、馈赠记录，其中多数来自江南地区显宦、文士，这是很值得注意的现象——

明代中期以来，漕运顺畅，江南经济繁荣，书画收藏大热，世风奢华。南、北两京高官，江南文士，能从距离中原万里之遥的云南，获得一具被慧眼选出的上等"石屏"，并获得为之品评题铭的机会，事关受赠人的地位，是世俗身份与文化权力获得的双重肯定。如柯律格所述，在明代艺术品市场，社会群体通过对奢侈玩物的获得追求"身份认知"，《金瓶梅》中西门庆不惜重金从显宦旧家购买大理石屏，恰印证了这一观点。拥有这一最新被创造出来的"时玩"，馈赠与获得，皆可彰显彼此风雅与地位。世论严嵩贪鄙，《天水冰山录》抄家账册有数量众多的大理石屏，属不得折价变卖、必须缴入内库之物。换个视角，考量严嵩身份、经历，正合"权贵"与"士人"的双重标准：

严嵩早年入翰林，文章养望，一度退隐林下后，多与清流往来；晚年出山，权倾天下，总结其一生经历，前后集"清""贵"于一身，终以贪墨结党失宠而败，相府里大量大理石屏尽数输入皇宫，可发一浩叹……

文人爱石，岂止一米颠？

张岱见一奇石，大呼"岂有此理"。爱石成癖如张岱，遍查其诗文著述，斋中多奇石、怪木、竹器、珍奇，且多有铭记，独不见大理石屏，此亦一咄咄怪事！

张宗子不及见之，亦一大恨事耳！

目　录

第一章　明早期　　　1

　　一　格古寻石　　　1

　　二　杏园雅集　　　11

　　三　鹦鹉贡屏　　　20

　　四　贵重礼物　　　29

第二章　弘治　　　35

　　五　两面石屏　　　35

　　六　同年图卷　　　41

　　七　蒙山石屏　　　46

　　八　三十三屏　　　52

第三章　嘉靖（上）　　　58

　　九　禁采撤镇　　　58

　　十　沐府之藏　　　62

十一　醒酒石辩　66

十二　升庵长歌　70

十三　慈宁新宫　75

十四　俨山屏铭　80

第四章　嘉靖（下）　87

十五　流行礼物　87

十六　真赏陈列　93

十七　罢石屏疏　101

十八　所宝惟石　109

十九　冰山春色　114

第五章　万历（上）　123

二十　五色氤氲　123

二一　书斋之友　131

二二　屏铭镌刻　140

二三　梅花巽字　147

二四　神移目骇　152

二五　神宗好货　158

二六　凤凰之谜　164

第六章　万历（下）　170

二七　百金论价　170

二八　味水轩里　179

二九　墨华阁上　185

三十　霞客万里　193

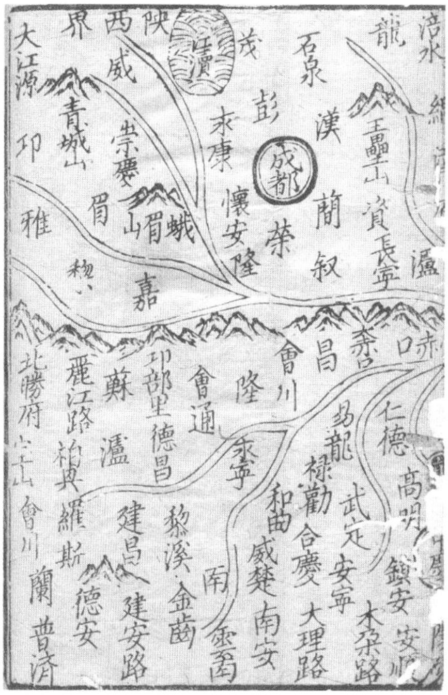

元刻《新编纂图增类群书类要事林广记·大元混一图·大理路》

朱有爋诬告生父，朱棣当亦深恶之，流放大理期间，心情忐忑而故示从容，写有《无为寺记》，兹录全文：

叶榆多名山，紫城西北，有曰银溪山者，盖苍山名峰之一。其麓有溪，出自峰之北崦，其阔约二十弓许，东流入洱海。寒泉清冽，可饮可濯。时雨乍晴，飞澜走湍，泠然可听。溪之旁多秀石香草，翠肌而玉脉，碧叶而金花，好事者往往取为轩窗之玩。由溪而入，榛莽蒙翳，路若穷然，思欲回履，忽闻绝壁峭崖之间有人声，知为幽胜之所。遂披藤扪萝，且歇且进，历幽峦、蹑石蹬，倐然若飘浮蹇腾，则身已在万顷云上矣。流盼容与，愈进愈佳，松涛响空，兰气袭人，乃忘其向之疲也。

行可数里，两山豁然，奇峰叠出，中有龙象之宫。数缁衣导予以入，烧枯松，煮寒泉。有名龙苑庵者，构于风篁云木之杪，海霞岛云来吾目中，天风虚岚牵衣萦发。予即床跏趺对僧无语，不觉时移而夕阳在木末矣。

予乐安佚爱清洁，故身髫岁已抱尘表之想，以时多乖，不克即遂。重蒙伯父皇上拯予于万死之中，置之极安之地，心怡身荣，故得据此胜事，亦足以惬素怀。譬池鱼笼鹤，游泳翱翔于巨壑青冥，向之所谓洁清者，其或庶几乎！噫，兰亭不遇右军，则修竹芜于荆棘，清流混于污池矣！是峰也，使予不记其梗概，则山川秀气湮没于遐陬，将来岂不为云林之愧欤！

唐代始建的无为寺，位于点苍山兰峰东麓，是大理最古老的皇家寺院，天竺僧人赞陀崛多传密教于南诏，在此结茅修行，后封为国师，讲述《楞严经》。大理国第二代帝王段思英逊位出家，修大雄宝殿等建筑，是皇帝大臣出家圣地。朱有爋徙封大理后，不免会有“万死”之惶恐〔朱有爋后于宣德三年（1428）以罪削爵，封国撤除〕，常来

第一章　明早期

一　格古寻石

云南大理，汉代叶榆故地，唐代为蒙氏所据，与吐蕃抗衡，天宝时大败唐军，建立南诏政权。后段氏兴起，建大理国，云南与内地脱离以至隔绝，前后凡三百余年，直到南宋宝佑元年（1253），忽必烈奉元宪宗命率军入云南，至元十一年（1274）建云南诸路行中书省。洪武十五年（1382），傅友德奉旨长驱云南，攻克大理，朱元璋养子沐英留滇封西平侯，沐氏家族从此世代承袭，镇守云南。

大理地区，儒释道三教共存并祀，风土清嘉，苍山洱海风景如画。但在明初，仍属极边之地，风物迥异内地。朱元璋曾多次将犯过宗室徙封、流放于此以示惩戒，如靖江王朱守谦，废居凤阳七年后，洪武十九年（1386）复爵，封于大理，以戴罪谪镇。永乐二年（1404），朱棣立朱高炽为皇太子，同日封朱高煦进汉王，封国云南，深为不满的朱高煦抗命曰："我何罪，斥万里！"始终未就藩。洪武三十一年（1398）建文帝朱允炆登基伊始，就藩开封的朱元璋第五子周王朱橚，遭次子朱有爋举报谋逆，朱允炆派李景隆逮捕朱橚，削周王爵贬为庶人，举家徙往云南，唯独朱有爋举报有功，于建文四年（1402）受封汝南王。同年朱棣入南京，改元永乐，复封朱橚为周王，朱有爋为其父所恶，遂徙封到云南大理。

三一　长物文本　　199

三二　梅颠道人　　210

第七章　万历以后　　215

三三　天启四年　　215

三四　皇极八屏　　223

三五　画上石屏　　229

桃花源（代后记）　　238

说　明　　243

无为寺中听法。《无为寺记》记"溪之旁多秀石香草，翠肌而玉脉，碧叶而金花，好事者往往取为轩窗之玩"句，值得推敲。

曩见有引此段文字，论作采取溪边奇石作轩窗之玩的说法。细察其文，"翠肌而玉脉""碧叶而金花"，恐非形容溪边奇石或水中卵石，而是对香草奇花的描画。苍山植被丰富，多山茶、杓兰、大理百合、苍山鸢尾等奇异花卉，尤其各类野生杜鹃、凤仙花、报春花，是苍山特有名贵品种。朱有燧注意到溪畔奇石累累可玩，确是事实。

苍山采石始于唐宋，元代多用作碑碣、墓志，材质是云灰岩、汉白玉大理石。朱有燧所记，当地称白石溪，"白石"之名，其来有自。

点苍山十九峰，以中和峰为界，北有观音、应乐、雪人、兰峰、三阳、鹤云、白云、莲花、五台、沧浪、云弄诸峰，南为龙泉、玉局、马龙、圣应、佛头、马耳、斜阳七峰。十九峰四季苍翠，其间有十八溪夹涧迸涌，流入洱海，大理城山色环绕翠屏，

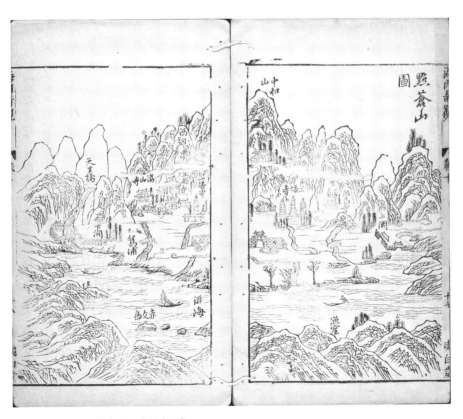

明刻《新镌海内奇观·点苍山图》

美不胜收。谢肇淛《滇略》笔下的点苍山，饶有风致，犹如幻境：

> 一名灵鹫山，在大理龙首龙尾两关之间，绵亘百余里，若屏风然；有十九峰，环列内向，峰各一涧，悬瀑而下，散入市廛村墅，东注于洱海；阴崖积雪，经夏不消，故亦名雪山，山腰时有白云，横亘如带。

白石溪，位于三阳峰、兰峰之间，溪水上游无为寺，在兰峰东麓，白族在此采石已有千年历史，最早采石用作房屋建造之柱础基石，亦称"础石"，出自周边海拔近三千米的采场。另据民国当地石工口述，自古以来，苍山采石场主要分布在苍山第八峰（三阳峰）至第十峰（兰峰）之间，自古称"础石库"，正指这一矿区。《苍山志》载，此地石品丰富，云灰石、苍白玉、彩花、水墨花大理石俱全。白石溪两侧开采历史最早，人称"老矿山"。有理由认定，朱有爋在大理时，仍属大理石开采初期，当地仅有云灰石、汉白玉等"白石"大理石开采，一般用于建材、碑刻，供人赏看的大理石屏，此时尚未出现。

曹昭撰《格古要论》，成书于洪武二十年（1387），体例仿照南宋赵希鹄撰《洞天清录》，分论古琴、古铜器、古画、墨迹、法帖、奇珍、漆器等，分门别类介绍鉴赏古物，也是明代第一部鉴古专著。[1] 据《文渊阁四库全书》本《格古论要》，"异石论"收录灵璧石、英石、桂川石、昆山石、太湖石、竹叶茂瑙石、土玛瑙、红丝石、南阳石、永石、川石、湖山石、霞石、乌石、龟纹石、试金石、石琉璃、云母石共十八种，其中明确提到可以镶嵌制作屏风等家具的奇石，包括有竹叶茂瑙石、土玛瑙、红丝石、南阳石、永石、川石、湖山石七种。

1. 竹叶玛瑙石：花斑与竹叶相类，故曰竹叶玛瑙，然斑大小、长短不一，每斑紫黄色，斑大者青色多，性坚，锯板可嵌桌面，斑细者贵，斑大者不佳。有一等斑如米

---

〔1〕《格古要论》现存最早刻本是万历二十六年（1598）周履靖《夷门广牍》本，但此本存在疑问，详见后文。另一《文渊阁四库全书》本，据《四库全书总目》提要，系根据衍圣公孔昭焕家藏本编修而来，此书来自孔氏世家藏书楼"奎文阁"。孔昭焕家藏本的版本情况已不可考。又，《文徵明年谱》，记嘉靖元年祝枝山手录徵明所藏《格古论》，跋云：徵仲先生翰墨妙天下，鉴赏高古今；然犹稽古不倦，博闻无已。一日，于秘阁中得《格古论》二卷，其中绘翰之事及珍玩之品，无不种种咸集，令观者一寓目间，无不洞如指掌，诚可作鉴赏者之至宝也。按"秘阁"所得《格古论》，或非已刻板流通之《格古要论》，而另为秘笈一种。

豆大者，甚可爱，多碾作骰盆等器，此石甚少。[1]

2. 土玛瑙：出沂州，花纹如玛瑙，红多细润，不搭粗石者为佳。胡桃花者最好，亦有大云头花及缠丝者次之，有红白粗花者又次之。大者五六尺，性坚，用砂锯开板嵌桌面、胡床、屏风之类，又谓之锦屏玛瑙。

3. 红丝石：此石类土玛瑙，质粗不润，白地红纹路，无云头等花，亦可锯板嵌棋桌，大者五六尺，不甚值钱。

4. 南阳石：纯绿花者最佳。有淡绿花者，有五色云头花者，皆次之。性极坚细润，锯板可嵌桌面、砚屏。其石于灯前或窗间照之则明，少有大者。俗谓之硫磺石。

5. 永石：出永州，不坚，色青，上品有山水日月人物之像。多是刀刮成，非自然者。以手摸之，凹凸可验。紫花者稍胜青花者。锯板可嵌桌面、屏风，不甚值钱。

6. 川石：白地青黑花纹如山坡，性坚，锯板可嵌桌面、砚屏，亦少有大者。

7. 湖山石：青黑色，类太湖石，花纹与骰子香楠相似，性坚，锯板可嵌桌面。虽不奇异，亦少有。

以上七种奇石，均可用来镶嵌桌面，其中有四种，即土玛瑙、南阳石、永石、川石明确提到可以作为屏风、砚屏石材使用，而唯独没有涉及大理石制作石屏内容。

曹昭，字明仲，松江人，生卒年不详。据《格古要论》序所述，其父曹贞隐"平生好古博雅，素蓄古法帖、名画、古琴、旧砚、彝、鼎、尊、壶之属，置之斋阁，以为珍玩"，曹昭"自幼性本酷嗜古，侍于先子之侧，凡见一物，必遍阅图谱，究其来历，格其优劣，别其是否"。曹昭自幼喜好鉴古，家学渊源，书内所采录详述四方异宝珍奇，足证其见识广博，"异石论"列举当时鉴赏家流行的十八种奇石，特意注明其中七种可为家具镶嵌。内又有四种可为屏风，无只言片语道及大理石，这种情况无疑证明当时大理石尚未被时人注意。王佐字功载，江西吉水人，生卒年不详。曾任刑部员外郎、主事。《新增格古要论》十三卷虽袭曹昭旧名，而内容倍增。自曹昭《格古要论》问世以来影响颇广，时隔七十多年后，限于作者当时所见，王佐对原书进行重新编校，意在纠正原书错漏之处，增益新发现的一些内容。天顺五年（1461）刻成的《大

---

〔1〕宋王柏有《竹石屏歌谢遁泽》诗："此非物之影，真是竹之形。遗梢坠叶积于土，土化为石竹自存。生物不随凝结变，请观琥珀与水晶。我疑此石生渭滨，土石变化岁一层。岁岁层层应万状，直欲尽磨翠壁铺千亩帐。"宋代曾以竹叶石制屏，而明代无之。

明一统志》已有点苍山石制屏记录，而完成于天顺三年（1459）、现存最早刻本为天顺六年（1462）的《新增格古要论》，虽称"新增"，对照《格古要论》与《新增格古要论》"异石论"内容，共录奇石十九种，基本沿用曹昭所录，新增"不灰木石"一种，对大理石仍一无所记。相比曹昭旧本，王佐对奇石产地记述稍详，如永石产地"永州"改为"湖广永州祁阳县"，指出永石"今谓之祁石"的名称变化；土玛瑙产地"沂州"前增加"山东兖州府"五字外，"新增"本将"胡床"改为"几床"，一字之差，微妙反映当时家具演变、称谓的变化；"新增"本注明了川石产地为四川，亦为曹昭本所无。但是，王佐"新增"本亦存在问题，如将"不灰木石"误归为石类，南阳石条"五色云头"改作"油色云头"。

《新增格古要论》"异石论"中最具价值的"后增"部分，在"永石"条王佐亲历之事：

> 近得二三片石。其大者四五尺，其山水、人物、鸟兽俨然如画，皆出自然，委非刮成者，今已嵌作春台屏风。近又见金陵朱士选[1]侍郎家有一大屏风，四尺许，其上有三峰本佳，以药咬成，三峰相连，又以刀刮成，反不好看，信如前所云者，皆此类耳。五尺者绝少，小者最多。

这是目前明代文献中有关"永石"即今称"祁阳石"最为详细、生动的一则记述。祁阳石（虢石）制作屏风历史悠久，《云林石谱》早有记述，自宋代起即制屏、制器作为赏玩。《新增格古要论》此条记述，包含天顺初年士人石屏审美崇尚尺寸阔大、画面天然、工匠熟练掌握点药改动石屏图案技术等明代祁阳石屏制作、赏玩演变信息。尤其"以药咬成"的记载表明，《云林石谱》曾记述过的人工点药、刀刮"美化"石屏技术，在天顺时期仍为工匠沿用。

---

〔1〕据《明代职官年表》，天顺朝前后担任南京六部侍郎朱姓者，有朱铨。考《正德江宁县志》，朱铨字士选，松江人，洪武中占籍江宁，族兄孔易以书法闻名，朱铨从之游，得钟王笔法。朱铨早年为郡庠子弟员，成祖时选写金经，事毕入翰林习书。宣德时以预修《两朝实录》授翰林侍书，改刑部升任郎中。英宗复辟，以三千金贿赂石亨，骤升南京刑部侍郎，为世人所讥，后改任贵州参政，不久称疾乞致仕归金陵。王佐生卒不详，生平资料罕见，考定"朱士选"身份，可补王佐生平。

而稍早的元末，吴兴钱震《记巫峡云涛石屏后》提到"川石"，亦可为屏：

    ……吾友高彬氏以轴之缥者谒予，言予尝得耳目之所睹，记有所谓川石屏者，洁若素练，左右木两章，枝干参错，木身微绀。一二采石坡陀际水右，映带远岫若在天外，绝类洪谷子荆浩笔。

    客曰：凡吾所见，有若董北苑、僧巨然、陆道士者，嘻，扶舆清淑之气被于物，盘礴郁积犹足以为文，况形人而备万物之理，独不能自文乎？

    蜀故多美石，九州之名山川寓形若此类者，众矣！惟其不为赏鉴者所采，往往不世见。是石也，遇其人而又假诸文以传，兹非其幸与。石韫山川之文，以之而凝巫阳、终南、庐阜可也。或者以为若董、若巨、若陆者，人假物乎？物假人乎？必有能辨之者。

川石之外，犹可注意者为南阳石，《格古要论》所描述的这种绿色花纹石，与存世若干明代绿石屏风石材高度相似，绿色石芯与黄花梨框座组合，色彩古艳，存世数量较明代大理石屏为多，用作镶嵌桌面者亦偶有所见。

《新增格古要论》不曾论及大理石，更不谈屏风制作问题，证明大理石屏问世不久，远未被内地士人所了解，更不可能成为石屏赏玩的主角，祁阳石仍是当时石屏消费主要品种，价格不高。

稽考元末明初文献，"石屏"渐从宋代"砚屏"形制悄然蜕变，而对于石屏材质往往语焉不详，均没有提到大理石的存在。以下略举几则：

1. 元末明初，苏州王行字止仲，以医术闻名，其《半轩集》卷三《石屏记》：

    渤海朱叔重……善画而好事，喜从文人才士游，有小石屏，方不逾尺而温润清古，自言得之石㟏山中，而求予为记……其文之见者，兀而举然，漫而偃然，若菶而树，若奔而垄，浓疑其邃，淡疑其远，黝疑其幽……精致而清润，中温而有文，遇识者致之剖琢砻砥，饰而为屏，则若浑沦始判而万象列焉。若月未生魄而山河鉴焉；若敞绡帷而望嵩华焉；若悬方诸而照华月焉。

明 黑漆绿石座屏 私人收藏

明 黑漆绿石座屏 私人收藏

朱叔重，太仓人，元末画家，所记小石屏温润清古，"石偃山"其地不可考。

2. 王逢（1319—1388），江阴人，诗人，元末避乱淞沪筑草堂以居。洪武时以文学录用不就。《听郑廷美弹琴》诗：

画阑月照芙蓉霜，博山水暖蔷薇香。石屏石几青黛光，郑乡君子琴中堂。榴裙蕙带辞罗洞，玉佩珠璎脱飞輈。何处春深云满林，小巢并语梧花凤。君不见湘灵鼓瑟湘江浒，苦竹祠荒愁暮雨。遗音一听增感伤，使我无言重怀古。重怀古，鸡喔喔。明星烂熳东城角，谁家尚奏桑间乐？

3. 陶宗仪（1329—约1412）潜心著述，隐居不出，其《题梅鹤高士图》诗云：

月明孤鹤唳前汀，一树寒梅护石屏。香篆已消童子倦，道人犹对蕊珠经。

4. 徐贲（1335—1380），南直隶人，画家、诗人，其《北郭集》卷六《石屏》诗：

白鹤山中采石归，绮云翠雨满春衣。补天千古无遗法，我欲因君问女希。

5. 王绂（1362—1416），无锡人，画家。《题静乐轩》诗咏砚屏：

竹几藤床小砚屏，薰风帘幕篆烟青。闲斋几日黄梅雨，添得芭蕉绿满庭。

以上诗文作者多为江南元末明初遗民，所咏"石屏"材质，朱叔重石屏出自"石偃山"，此外或是《格古要论》所记锦屏玛瑙、南阳石、永石、川石四种，产自山东沂州、河南南阳、湖广祁阳、四川。《格古要论》成书于洪武二十一年（1388），或能大致勾勒元末明初石屏赏看、消费的基本面貌，以此论定此时大理石屏尚未出现，当无大谬。

检看云南、大理这一时期的地方志，得出的结论也是如此。明初云南方志，无论是对大理石开采，还是作为土产方物，皆付之阙如。洪武时期所纂两部云南志今已失

元　佚名　《寒江待渡图》　纳尔逊·艾特金斯艺术博物馆藏

水墨绘制荒寒之境，颇具李成风格。"平远寒林"图像自宋代以来，是砚屏、石屏赏看主题之一。

传，《景泰云南图经志书》是现存最早的一部明代云南志，景泰六年（1455）成书，这部志书首次出现点苍石的记录，"土产"条记：

> 点苍石（出点苍山，其色青白相间有山水纹）、青绿矿、感通茶、木莲花等。

《景泰云南图经志书》并未提及以点苍石制作石屏。

天顺五年（1461）成书的《大明一统志》卷八十六，大理府"土产"条，第一次提到了"大理石屏"：

> 点苍山出其石，白质青文有山水草木状，人多琢以为屏。

景泰六年（1455）到天顺五年（1461），二志成书时间相差六年，表述亦从"点苍石"变成"点苍石屏"，大理石屏至此出现于明代国家地理总志，意味着点苍石已被制成石屏消费。这段时间，恰与王佐考校、刻印《新增格古要论》时间基本重合。综上所述，我认为天顺五年（1461）前后，大理石屏虽已出现，但尚未进入收藏鉴赏家视野：

明初石屏赏玩仍以祁阳石、南阳石、锦屏玛瑙、川石为主。

二　杏园雅集

正统二年（1437）暮春三月，阁老杨士奇款步走进了杏园。这是阁老杨荣的园林，地处北京东城。宣德皇帝正壮年，突然驾崩，年幼的英宗继位，内阁在太皇太后摄政下正常运作，政局暂时稳定。仁宣之治，朝野清明。共有九位京官参加的这次雅集，适逢百官每月沐休，杏花绽放，主人杨荣在北京寓所设筵，宴请八位馆阁重臣，有追崇香山九老雅集、东洛耆英率真会之寓意，以图为史，记此盛事，特邀画家谢环绘图留念。

杨士奇、杨荣、杨溥，历事永乐、洪熙、宣德、正统四朝，先后位至台阁重臣，时王振尚未专权，天下清平，朝无失政，中外臣民翕然称"三杨"：士奇为"西杨"，荣为"东杨"，溥号"南杨"。杨士奇时为内阁首辅、少傅、兵部尚书兼华盖殿大学士，主人杨荣，时为荣禄大夫、少傅、工部尚书兼谨身殿大学士，杨溥为礼部尚书，值内阁学士，这次雅集后一年，《宣宗实录》成，进少保、武英殿大学士。

"三杨"聚会，正值政治清明的"三杨之治"后期，国家承平日久，大臣优游燕休，这年杨士奇73岁，杨荣67岁，杨溥66岁，雅集中出现的其余几位官僚王直、王英、钱习礼、周述、李时勉、陈循，亦年过花甲。堪称"三杨写真"的《杏园雅集图》，也是承接宋代雅集图模式，现存最早的明代官员雅集纪念性绘图，兼有肖像画特征。该图现存三种：古籍《二园集》刻本一种，两幅手卷绘本，分别是藏于镇江市博物馆之"镇江本"，藏于纽约大都会艺术博物馆之"大都会本"。

"镇江本"与"大都会本"两卷，尺幅、构图、人物、场景、服色补纹、家具摆设、卷尾题跋顺序，颇有差异。

"镇江本"与"大都会本"两卷中，都画有大理石屏。

"大都会本"，在东道主杨荣左侧，设一朱红条桌，束腰马蹄腿，桌面嵌暗红纹石，类似曹昭所云"锦屏玛瑙"或祁石（永石），书桌上最醒目位置，画家留给了一方大

明　谢环　《杏园雅集图》（局部）　大都会博物馆收藏

明　谢环　《杏园雅集图》（局部）　大都会博物馆收藏

理石插屏，石屏上一抹山峦，白质黑章，峰峦起伏，石屏木座四面攒框，起阳线为饰，简洁疏朗，下饰牙板，墩足之上抱鼓站牙，造型素洁完美，此器座看似不动声色，其实考究，将屏心大理石的美丽烘托到极致。

"大都会"本中的这架大理石屏，几座山峰连绵，黑白分明，气度高雅，暗示着雅集画卷中人物的尊贵清华。从镶嵌红纹石桌上的其他器物看，大理石屏的摆设还是沿用了"砚屏"的功能，屏前设有砚台，以及毛笔、笔架、水盂、笔洗等物。就大理石屏的尺寸大小来说，是作为独立的一件家具予以陈列的。大理石屏与安放它的条桌都是嵌石家具，大理石的沉静与朱漆嵌石长桌的富丽，形成鲜明对比关系。

"大都会"本画卷另一块大理石屏位置相对隐晦，左庶子周述身后有棋桌、投壶，画面上方朱漆方桌上罗列铜觚、香炉、典籍，图画最深处安放着一架大理石屏，也是横屏制式，颜色、质感与书桌上大理石完全相似，只不过图案类似松枝倒挂，树影婆娑，画面因为绢本的原因，大理石看来浑如墨色，与前方古树伸展而出的青绿枝叶对应，愈发凸显石质苍古清润。

再看"镇江本"上两架插屏，石纹深黯，较"大都会本"上石屏鲜明的山水意象显得含混模糊，石屏颜色深黯，画面中间罗汉床、朱漆小几后陈设的一座石屏，隐约有山水形象，另一座石屏前有灵芝青铜器，石屏图案显得更为模糊。

第三份图像资料，是现存美国国会图书馆《二园集》，系嘉靖时刻本，其中"杏园雅集"之版画部

明　谢环　《杏园雅集图》（局部）　镇江博物馆藏

分，构图更近镇江本。木刻版画线条无法表现石屏质感，刻工对屏心未加细节表现，呈"留白"状态，没有刻意表现出石屏上的"云山"景象，与"镇江本"类似。此外，《二园集》中杨荣三人所坐的家具为罗汉床，也与镇江本一致。[1]

"大都会本"画卷上，典型制式的大理石屏，与之后的天顺《大明一统志》中大理地方志中"大理石屏"之记载相吻合，根据石屏画面、制式、尺寸、摆放位置等，可作为明代早期大理石屏形制、选石重要的标本依据。但"镇江本"更为精湛、出色的存在难以回避。陆九皋以外，吴诵芬是较早研究两卷"杏园图"之间差异的学者。在《谢环〈杏园雅集图〉研究》一文中，她注意到大都会藏翁氏本中的人物，动作显得拘谨、呆板，画面显得拥挤，不似镇江本安排从容合理。吴诵芬仔细比对、研究了两卷家具摆设的差别：

> 镇江本的棋盘置于石几上；翁氏本则置于木桌，石几消失成为长石椅，并且其排桌后又多了两张镇江本所没有，布满铜器、花瓶、书函、三足炉与小插屏的桌子……位于杨荣、王直、杨士奇三人附近的家具，镇江本是一张罗汉床和一把单人椅，下面有长短两个脚踏；翁氏本则是分开的三张椅子……镇江本有两张桌

〔1〕本书撰写之初笔者以为《杏园雅集图》仅"大都会本"真迹一种，创作年代有详尽文献可征，初步认定其为明清古画中出现大理石屏形象的最早绘本。但不久得知"镇江本"的情况，若是数百年前古代临摹高手刻意混淆，必须考虑古画鉴定中所谓的"双胞胎"问题。

子，一张香几，上面放置插着珊瑚、折枝花、灵芝等物的铜器，还有两座小屏风及笔架等等。翁氏本则不只两张桌子，紧挨着纵向石屏（另两本石屏为横向置于杨荣等人身后），有一上置盆景的长方形石台……

"镇江本"与"大都会本"的差别，家具、石屏之外，所绘人物也不尽相同，"镇江本"安排画家谢环本人入画，"大都会本"则没有谢环的形象。

"大都会本"卷后，有杨士奇《杏园雅集序》、杨荣《杏园雅集后序》、雅集九人的题诗。卷中人物人身修长，吴诵芬指出，其中官府补纹存在多处错误，违背常识，《杏园雅集序》更有明显的文句错误。

杨荣所作"后序"中提及"倚石屏坐者"，其实是"石屏风"，并非室内厅堂、案头之物，属于园林室外景观设计，如苏州晚清时期建造的怡园，假山部分至今保留有这种石屏风，可供主人品题大量文字，往往以片状巨石装砌而成，其最早的图像追溯到宋人雅集图像中的"题壁"图式。"镇江本"之大石屏图像，与杨荣记述完全吻合，乃圆浑见方的一座天然石屏风，《二园集》木刻与"镇江本"一致，而"大都会本"的"石屏风"，被表现成一块玲珑剔透的太湖石，与《二园集》版画不符。

"镇江本"虽也有令人困惑之处，笔者曾就两卷之画风、笔墨细微差别请教古画鉴定专业人士，若两卷并列只取其一，从用笔、画风看，镇江本或更令人信服：相对而言，"大都会本"描绘树木的笔触拘谨，人物面貌开相、衣纹线条逊于镇江本，"气韵"不够，这一相对"主观"的判定，与吴诵芬从人物、构图、纹饰等角度对"大都会"本提出的质疑一致。

这样的推论令人沮丧。必须承认，笔者更"钟情"绘有大理石屏图像的"大都会本"。"大都会本"上大理石屏高度接近"米家云山"，气息高雅。明代初期大理石屏图像极为稀罕，即便"大都会本"年代稍晚，这幅古画上令人感动的大理石屏图景，仍不失为那个年代重要的大理石屏图像文献。[1]

杏园雅集举行的正统朝，犹如明代官窑瓷器缺少款识的一段"空白期"，大理石

---

[1] 笔者无意得出"镇江本"更为可信的结论。存世明代绘画中的大理石屏图像，能否如其他器物、衣饰、陈设一样，成为考订绘画创作年代的依据，进而辨识摹古仿冒情况，将在下文专门继续讨论。

屏还只是云南地区新出现的玩物，远远没有输入北京乃至整个中原地区，如"大都会本""意外"表现的那样，"祁阳""虢石"用作家具镶嵌仍很普遍。

仅仅是一种猜测：

《杏园雅集图》中石屏的出现，除了为真实再现雅集场景的原因，或与画家谢环本人有关。谢环（1346—1430），字廷循，出身永嘉名门，经黄淮推荐入朝，作为宫廷画师，历永乐、洪熙、宣德、正统、景泰数朝，侍奉过五位皇帝，尤其深得宣德帝赏识，进锦衣卫千户，屡次受到宣宗墨宝宸翰赏赐，他在家乡所建亭子也获赐御制诗文，不可以寻常画工视之。谢环本人温然有君子之风，能文章诗赋，以文人身份与朝臣交游，杨士奇笔下谢环的收藏室号"米家船"："所居深邃闳爽，森列唐宋以来法书名画。造之者，如众宝在目，应接不暇"。

参与过《太祖实录》和《永乐大典》编撰工作的金寔（1371—1439），曾到谢环的收藏室做客，《翰墨林七更》记："翰墨林者，永嘉谢君廷循图书之府也。君以和粹谨饬被眷遇，得美名于缙绅间，藉甚性嗜清玩，畜之颇富，尝名其斋曰：'米家船'……骈罗图书，错置瑟琴，棐几万籤，上下古今，文房百玩，触手可寻。"

谢环好友张宁的《方洲杂言》，有一条记谢环藏石：

> 观音寺衙衖寺僧所收谢廷循一石，方广三四寸，中劈为二，内函鱼骨一具，首尾皆全。

这则轶事，意味着谢环如同时代的许多士人一样，有收藏雅石之癖。[1]

本可成为"明代大理石屏"最早"标本图像"的《杏园雅集图》，其身世、源流疑云重重，尤其两幅绘画中"石屏"部分的差异明显，令人困惑。[2]

---

〔1〕以上谢环收藏情形，转引自尹吉男《明代宫廷画家谢环的业余生活与仿米氏云山绘画》，尹吉男同时提及，米氏云山传统在明代前期画坛非常突出，谢环的师承关系里有米芾的传统，《画史绘要》《明画录》都提到谢环与米芾、米友仁之间的绘画渊源。淮安王镇墓出土有谢环《云山小景图》，有完整款印诗跋，是存世罕见的、可以确认的谢环真迹，"谢环的传世作品凤毛麟角。特别是谢氏仿荆浩和关仝的作品一件都没有流传下来。而他所热衷的仿米作品如果不是偶然在 1985 年得之于江苏淮安王镇墓中的话，他师承'二米'的说法肯定还是一个抽象概念"。

〔2〕按照《杏园雅集图》卷后题跋，以及李东阳、王世贞等人记录，此卷当时绘制多幅，雅集参与者各自珍藏，李东阳就曾亲见三本，"其规置意向皆出一轨"，而王世贞亲眼目睹、题跋亦不止一卷。

尽管"镇江本"与"大都会本"存在时间、真伪问题，但不至于导致两卷古画上的大理石屏的"真伪"成疑。

古代绘画赝鼎时见，两幅画，创作时间存在前后，两卷的构图、设色，关乎石屏数量、质地、颜色不尽相同，若能进一步确定其真伪、前后临摹关系，或可借此考察大理石屏流行、演变的真实过程。

无论如何，是大都会本《杏园雅集图》让我留意明代绘画大理石屏图像的存在。令人稍感安慰的是，"两图"都宣称自己记录下正统时期"石屏"的形制，仅从家具角度观察，"两图"中具有明式家具简洁风格的石屏，开始脱离宋代的砚屏规制，成为一件独立的陈设欣赏品。

在"大都会本"中，靠近"三杨"位置的大理石屏，置放在类似镶嵌兖州锦屏玛瑙石或祁石（永石）的条桌上，石屏前面尚有砚台、毛笔，其陈设尚存"砚屏"遗风，而投壶前朱漆方桌上的石屏与青铜花觚、香炉为伍，纯为欣赏之物。我对此的解读是，这件石屏图案貌似不如前一件石屏优美，山峦起伏楚楚动人，但就陈设位置来看，与这座屏风一起陈设之物不是砚台，"研屏"之意义在此被解构！这座屏风前面也不设床榻，高度不能遮风，毫无"床屏"功能，因其功能单一纯粹，仅供赏看，石屏与商觚、宣炉等古玩并列，摆设位置、格局大为提升，赫然醒目。

"镇江本"石屏的摆设位置尤为突出，两架大理石屏左右对称，陈设在"主位"罗汉榻两侧，画家将石屏安排在画卷重要位置，杨荣等官衔最尊荣者，分左右位于两座石屏正中，为整个长卷视觉焦点，身后另有一庭园大石屏矗立，即《杏园雅集后序》中所"倚石屏"。两座镶嵌石屏，与身后的大石屏，前后、对称陈列，气势不凡，似寓意参加

明　谢环　《杏园雅集图》（局部）　美国大都会博物馆藏

雅集者皆为国家重臣、"屏藩"所在。

镇江本、大都会本《杏园雅集图》开始，大理石屏跻身名贵古玩之列，在"雅集图"长卷局部、"玩古图式"中占据了突出位置，描摹出大理石远山缭绕之美，大理石屏作为图卷里最重要的家具，借以渲染环境之高雅，衬托大臣之仪态尊崇。《杏园雅集图》里的大理石屏，突破宋代砚屏"与砚为伍"的格局，在重要的社交场合表现得卓然自立，位置矜贵俨然，绝非偶然。

《杏园雅集图》作为最早的大理石屏图像资料，出现年代甚至比《景泰云南图经志书》《大明一统志》的文字记载更早。

就奢侈消费行为而言，新生的贵重、新奇物品，往往要经历从少数精英专享，继而得到更多人的艳羡追逐，继而引领流行这一过程。大理石屏的文化特性与矜贵程度，决定了它从一开始就绝非寻常富贾可以享有。大理石屏从云南万里之外输入内地的过程，也是如此。

"米家云山"在南宋后奠定了其文人画崇高地位，大理石屏上的"云山意象"，早于大理石屏输入内地，先就获得上流社会人士的青睐，这是确定的事实。宣德朝，杨荣以三朝元老资格辅佐，宣德皇帝朱瞻基曾赏赐他亲笔绘图三幅，分别是《春山图》《竹石图》《牧牛图》。《杨文敏公集》附录有"杨公行实"，记录赐画时间在宣德二年（1427）：

> 丁未二月戊寅，赐范银图书五，其文曰"方直刚正""忠孝流芳""关西后裔""建安杨荣""杨氏勉仁"，且面致训戒以表眷待之隆。宣宗皇帝尝亲御翰墨作"春山""竹石""牧牛"三图，题诗其上，装潢成卷。（《明别集丛刊》第一辑29册《杨文敏公集》二十五卷附录一卷）

同时赏赐物品包括端砚、御用笔墨、白瓷酒器、茶钟、瓶罐、香炉等。
《杨文敏公集》"诗集卷一"有《钦和御赐春山图诗》：

> 画里云山宛逼真，紫宸挥洒墨花新。微臣愿效封人祝，圣寿如山万岁春。（《明别集丛刊》第一辑29册《杨文敏公集》二十五卷附录一卷）

诗后并题，"臣荣钦蒙赐春山图一幅，并御制诗题于上。伏惟春者，四时之首。山则仁者之所好也。人之仁，即时之春。天以春生万物，皇上以仁育万物，其德一也！"

考《宣宗皇帝御制诗》，宣德二年二月十一日，有《赐少傅工部尚书兼谨身殿大学士杨荣》一首：

> 武夷巍峨青插天，丹山碧水相连延。扶舆磅礴之所产，往昔奋起多名贤。只今维续扬华芬，汉清白吏有远孙，明经策第登词垣。皇祖承天御天下，竭职论思靡馀暇。怀忠秉诚履坚贞，临事果达智识明。禁中颇牧才卓荦，风云骥足千里轻。顾余菲德嗣天位，旰食宵衣急图治。普天之下率土滨，安危休戚系一人。大厦之兴藉梁柱，为邦之资辅弼臣。卿事太祖兼仁考，历年固多身未老，方兹倚重传与保。士有大抱负，尧舜其君民勖哉！弼违补阙辅吾人，齐芳昔贤辉千春。

宣德皇帝此诗，对杨荣极尽推重、褒扬。考察三图记录之顺序，以《春山图》为第一，诗内"武夷巍峨""丹山碧水"等句，所以，《赐少傅工部尚书兼谨身殿大学士杨荣》很可能即是题于《春山图》上之御制诗。杨荣之和诗，记录了宣德绘画的"云山"景色，参照宣德皇帝自己的题诗，春天的"云山"意象，在二人笔端，均以文字诠释，进一步赋予"云山"图式以鲜明的政治色彩，此一君臣间的赠图、题咏盛事，也不妨看作明代对"云山"图式的政治性诠释。随后，在《杨文敏公集》中，我发现杨荣还有《云山图为东里杨公作》诗：

> 云山何岧峣，林木欝而秀。烟岚绚晴光，岚际峥层构。绕庭芳草深，清禽哢春昼。有书可揽适，有田可耕耨。展图念初服，淹留婴组绶。因援峄阳桐，一写丘中奏。

无疑，杨荣曾为杨士奇绘制一幅云山图，并且题诗。题诗除描绘图画景致，最后四句，表现出一位朝廷高官、政治家的抱负与愿景，考虑到杨士奇、杨荣二人在朝局中的显赫地位，不得不考虑这一可能：

因宣德赐图之"典故"，"云山"已从宋代"米家云山"笔墨、审美，演变为一种含蓄的"颂圣""图治"图式。过度诠释其"政治"意味或许冒昧，但不可否认，同为《杏园雅集图》中主要人物，两位高官之间存在过以一幅"云山图"为载体的交流，这不免令人联想到《杏园雅集图》中代表"云山"意象的大理石屏的一再出现，是否纯属偶然？画家谢环本人得到过宣德皇帝的御笔画作，为宣德皇帝去世后不久举行的这次雅集写真，深谙朝廷典故的谢环在创作《杏园雅集图》时，是否考虑过以上因素，将是一个有趣的话题。

以下两则资料，或许对我的好奇揣度提供新的视角：

《杨文敏公集》内，杨荣有《题兵部主事郑厚两峰白云图》诗，"两峰峰上何所有？来往白云闲自飞。英英不逐海风散，冉冉应随山雨归……"

杨溥作为杏园雅集的另一位重要参与者，《杨文定公诗集》内，亦有《两峰白云为杭州郑主事赋》，"两峰屹立亘千古，白云无心时往还。光涵天目万松晓，影落西湖秋水寒……"

二人所题之诗，皆为兵部主事郑厚辞官归隐事，以"两峰白云"意象，褒扬其"高洁"。

"三杨"时代《杏园雅集图》中"云山"石屏，或许并不能简单视为异域奇珍的夸耀。当然，讨论一幅古画构图是否存在某种隐喻性可能，并进行主观的诠释、解读，总是冒险之举。事实上，这"一幅"古画本身真赝、年代问题，尚且存在如此多的悬疑未解，但读画的乐趣亦在于此。

《杏园雅集图》大理石屏所引发的种种猜测[1]，尚待识者赐教。

---

〔1〕北京故宫藏《明宣宗行乐图》为清宫南薰殿旧藏，作者不详。该卷设色鲜艳，为明前期院体工笔绘画。全卷六段分别表现射箭、蹴鞠、打马球、捶丸、投壶及皇帝起驾回宫场景。投壶一段，可见宣德帝左侧设朱漆方桌，桌上摆放一架剔红屏座，屏芯为绢本绘水墨云山，山峦不用线钩纯用点染，与米家云山画法契合，滋润柔和，细察此屏，近景山峰松枝兀立，笔触较鲜明，不至误会为大理石屏。《明宣宗行乐图》朱漆方桌与大都会本《杏园雅集图》中朱漆方桌，形制基本一致，桌面皆镶嵌石材，束腰，《杏园雅集图》之方桌牙条为较繁缛的如意纹，并有卷草灵芝枨，《明宣宗行乐图》之牙条为壸门结构，四腿无枨，造型更简。两图均有朱漆方桌陈列座屏及其他器物，该局部构图、画风较为接近。作为记录宣德皇帝日常生活而创作的图卷，其时宣德所青睐的谢环正在画院供奉，不排除谢环参与绘制的可能。

将《明宣宗行乐图》所出现的水墨云山画屏，与《杏园雅集图》内另一幅朱漆方桌上的座屏比对，不免令人猜测《杏园雅集图》朱漆方桌陈设之屏，是否并非石屏，而仅是一件画屏作品，继而怀疑，同卷内条桌陈设之山峦图案座屏，亦非大理石屏？

三　鹦鹉贡屏

正统二年（1437）三月，北京杨荣私邸举办杏园雅集，海内清晏，到十二月，云南发生一场严重危机。麓川（今瑞丽地区）宣威使思任发叛明，屠腾冲，据潞江，自称滇王。英宗遣使谕令，思任发拒绝接受，引发长达九年的麓川之役，数十万大军远征云南，转饷半天下，国库为之一空，但仍然未取得军事上的胜利。直到正统十三年（1446），明朝与麓川以金沙江立石为界，誓曰："石烂江枯，尔乃得渡。"双方立约罢兵，麓川战役靡费巨大，导致明朝北境对蒙古防御空虚。随着"三杨"时代结束，宦官王振迅速取得对文官集团的绝对压倒优势，"土木之变"发生，内阁重臣优游林下的风度不再，蒙古骑兵席卷而下，接着是诡谲的"夺门之变"。

景泰帝继位之初，对缅甸等国曾有诏，"珍禽奇兽，不许来献"，事载《英宗实录》卷一百九十一。成化朝风气大变，太监梁芳贪渎谀佞，日进美珠珍宝给万贵妃邀宠，宫廷派出采办搜集奇珍异物，骚扰天下。

> 成化四年（1468）二月，黔国公沐琮奏，太监罗珪、梅忠二人同镇云南，今珪卒，乞免更差。盖二人同事，往往相持不决，反致违误，忠明敏不偏，可以独任事。下兵部议，其言可从。有旨不必差官，令写勅与梅忠用心总镇。越四月，内批召忠还，而以御用太监钱能往代之。能，迤北人，弟兄四人俱居内侍，用计谋出镇，云南自此多事矣。（《宪宗实录》卷五十一）

太监钱能是梁芳一党，镇守云南的岁月，他非常得意，希望长期任职，于是就有云南地方官员为他美言：

> 成化六年（1470），巡按云南御史郭瑞，奏镇守太监钱能，刚果有为，政务归一，今能有疾，恐召还京师，乞圣恩悯念，永令镇守，上报闻而已。（《万历野获编》）

沈德符评论，"能之稔恶，天下所恨，瑞以宪臣奏保，寸斩不足蔽辜也。未几，御史戴缙之谀汪直，此已见其端矣"。《明实录》记：

> 时能恃宠罔（图）利，云南人大为所苦，而瑞乃奏留，附势无耻，士论鄙之。

钱能在云南两年不到时间，就为天下人痛恨，其作威作福可想。钱能跋扈嚣张，最出名的一个例子，是居然以镇守太监的权势，豪夺黔国公府沐氏历代收藏的珍贵字画。[1]

成化十一年（1475）五月，黔国公沐琮接到朝廷敕令，要求他紧急移文照会安南国王黎灏，质问其派兵押送人犯，为何不循例由广西过境，而借道云南。

之前，占城内乱，安南已经乘机占领占城，进窥云南。这一外交困局，起于云南镇守太监钱能，之前，他谎称安南捕盗兵擅入云南境内，要求派手下爪牙、指挥使郭景前去戒饬安南王。宪宗批准后，他派郭景赴安南，以玉带、彩缯及其他珍宝玩物送给安南王，赍敕取安南特产邀宠皇帝，又诱使安南贡使改道经云南，郭景随行俨然导游，在云南境内骚扰地方，而黔国公沐琮畏惧钱能权势，一直不敢报告朝廷，待消息传到北京，内阁群僚大为震惊，感觉事态严重：

> 成化十二年秋七月……大学士商辂等言……近年广东云南等处有贡奇花异卉珍禽奇兽珍珠宝石金银器物，盖此物非出于所贡之人，必取于民，取民于不足，又取于土官、夷人之家。一物之进，必十倍其值。暴横生灵，激变地方，莫为此甚。见今安南抗拒渐有内侵之患，亦其所召。乞降诏旨，自后除常例岁贡外，其内外臣无令以玩好之物上进，庶上下绥靖……今两广四川贵州云南系俱边远之地，而云南与安南功近要紧，蛮夷土官衙门，易生事变，宜命吏部推选刚正有为大臣一员，巡抚其地，庶可安靖地方。（《宪宗实录》）

---

[1] 陈洪谟《治世余闻》：南京守备太监钱能与太监王赐皆好古物，收蓄甚多……俱多晋、唐、宋物……钱并收云南沐都阃家物，次第得之，价追七千余。又《万历野获编》"镇滇二内臣"条：太监钱能，女直（真）人，兄弟四人俱有宠于成化间，曰喜、曰福者，俱用事先死，能号三钱，出镇云南，其怙宠骄蹇，贪淫侈虐，尤为古所未有。其时有二事最可资笑：云南有富翁病癫，其子颇孝，能召其子曰：汝父癫传于军士不便，且又老矣，今将沉于滇池。其子大恐，出厚赀乃免。又王姓者，业卖槟榔致富，人呼为槟榔王家，则执其人曰：汝庶民也，敢惑众僭号二字王，复尽出所有方免。后继之者虽贪求无厌，闻斯事未尝不失笑也。

八月，改南京户部左侍郎王恕为督察院左副都御史、巡抚云南。（同上）

王恕（1416—1508），字宗贯，别号介苍，陕西三原人，正统十三年（1448）进士，历任知府、布政使、巡抚、侍郎等职。钱能当时镇守云南已近八年，一直靠采办奇珍异宝获得成化皇帝的欢心，在当地培植私人势力，树大根深，年过花甲的王恕奉敕治滇，带着查案使命而来，彼时外交内政，宫闱朝堂，形势错综复杂，他与钱能之间的冲突势在难免。入滇之始，王恕就颇为警醒，明张志淳《南园漫录》记：

> 成化丁酉，王端毅公恕来巡抚云南，不挈僮仆，唯行灶一、竹食罗一，服无纱罗，日给唯猪肉一、筋豆腐二块、菜一把，酱、醋、水皆取主家，结状再无所供。其告示一，"欲携家僮随行，恐致子民嗟怨，是以不恤衰老，单身自来，意在洁己奉公，岂肯纵人坏事"云云。
>
> ……后见公祭兄文，有曰："昔往抚滇，人皆言钱能势不可犯，犯即有大祸。"惟兄劝从正果，遇祸，兄以死理雪。从是观之，公畏天悯人，固非利害所能怵，而公兄之贤，亦有以助公之气与志也！

王恕到任后，立即遣骑逮捕郭景等人，但在钱能授意安排下，郭景于押解途中畏罪投井自杀。

成化十三年（1477）夏四月，王恕九年考满，循例升右都御史，五月，奏请暂停开办银课、进贡宝石以纾滇民之困。这份奏折里，王恕提出自己年迈衰老，请求致仕，成化帝不允并表示安抚，"诏除岁办并常贡，其余务须禁革，毋令妄取扰人"（《宪宗实录》）。

这年七月，王恕上奏弹劾钱能及其从行指挥卢安。检举钱能派出卢安"遍及干崖、孟密诸夷宣抚司求索宝物"、奸淫妇女的罪行，将犯官卢安押送进京，先后上《奏解犯人及参镇守官奏状》《处置边务奏状》《参镇守官跟随人员扰害夷方奏状》弹劾钱能。云南巡抚与镇守太监势成水火，令人啼笑皆非的是，二人这次针锋相对，竟由一只鹦鹉而起。

成书于万历十三年（1585）左右，东庄居士倪辂集撰《南诏野史》传抄本（后世讹传为杨慎著），有"王恕放珍禽"[1]一则：

　　成化十二年，云南镇守太监钱能差指挥郭英，由小路入交趾求索，安南惊骇。英回，以兵尾之，事闻于朝。命王恕抚滇，捕英，英死于井。恕在云南月余，疏二十上。时钱能有锦背鹦鹉，织金丝八宝箱笼，欲上进，恕差人借观，开笼放去，恐后钦取。

　　虽称"野史"，但倪辂的这则记录，相对还是有所保留。所谓"差人借观，开笼放去，恐后钦取"云云，可见王恕处事之机敏，尚留有回旋余地，但对照王恕本人关于此事的奏折——《乞却镇守官进贡禽鸟奏状》，其文洋洋数千言，述及事情的前后原委、细节，种种内幕，和盘托出，令人瞠目结舌，这只鹦鹉来历之离奇曲折，钱能设计构陷抚臣之毒辣阴险，令人触目惊心。兹照全文节录如下：

　　据云南都布按三司呈抄，蒙钦差镇守云南御用监太监钱能案验，据云南按察司呈，承奉钦差巡抚云南都察院左副都御史王札付：

　　成化十三年六月初八日未时，有云南中卫后所千户段忠，手抬黄袱苫盖一物，由本院中路而进。本职恐是勅书，急走前去迎接，揭起黄袱看视，却是黄鸟一只！

　　有指挥熊志等说称："这是黄鹦哥，公公使我们送来着大人进贡。"本职回说："进贡事与我无干，当令各官将鹦哥抬回外。"今思本院并无奉到进贡黄鹦哥明文，虽已令各官抬回，诚恐镇守太监钱能有奉到旨意公文，寻得前项鹦哥著令本职进贡，本职不知，不行收接进贡，有失敬上之礼，日后累罪不便，拟合行查，为此仰本司即便转行镇守太监钱能处查勘：

　　前项鹦哥产自何方？从何而得？奉何旨意公文行取令本职进贡？或令镇守太监钱能自行进贡？惟复镇守太监钱能寻得前项珍奇之物，自要进贡，于例有无违碍？明白回报施行。奉此理合具呈乞为明示施行。得此：

　　照得当职成化四年三月十六日，皇上勅命前来镇守云南，圣旨面谕："彼处产

　　〔1〕以后存世几种《南诏野史》抄本均无此条，不知何故删去。

有各样禽鸟，寻取进来，钦此！"除钦遵外，续后又奉御用监太监钱义传奉旨意，分付进贡禽鸟。百户福安等除将各色禽鸟进贡五次。

按奏状内王恕所述，成化十一年（1475）二月，钱能探悉孟密宝井有宝石一块，重一斤，黄鹦哥一架，象牙一只，于次年派出指挥郭景前往觅宝。后郭景事发被捕，押送中途钱能迫其自杀，宝石被送到王恕衙门，"遗有黄鹦哥在于金齿司"，指挥熊志、千户段忠嚣张地直入巡抚衙门，盖以黄袱，以贡物之名假御道堂皇而行，谎称让王恕转进皇帝，而安排这一切的钱宁确实包藏祸心，一旦黄鹦鹉有失，可乘机大做文章。王恕沉痛万分，奏道：

因思去年内阁大学士商辂等奏，准却贡献之事，今后不许进贡奇花异卉珍禽异兽珍珠宝石金银器物，今却令臣进贡黄鹦哥，诚恐近日又有奉到敕旨，臣是以转行本官处查理，别无不容本官在边镇守之意。今来文之言如此，臣欲不与之辨，诚恐本官故为此言将以中臣，虽朝廷明见万里，必不为其所惑，然下情战栗，岂能自已？故臣不得不昧死言之。且本官之在云南递年，假以地方为名，差京官卢安、苏本、江和、杨能、福安、铁聪、吴源等前去外夷孟密等处求索金银宝石，扰害夷人，所得之物以十分为率，钱能与卢安、杨能等先克落八九分，止有一二分进上。郭景此去收买宝石等项银两，多是取诸夷人。钱能闻知拏郭景，恐怕郭景到官说出真情，就差人赍帖子及令人写简帖报知郭景，得方便处自讨分晓。因此郭景投井身死。臣前项文移，止是行查有无奉到进贡黄鹦哥旨意公文，今却平空造此浮浪之言，其意亦可概见。臣再思向者学士商辂等所言却贡献，无非为苍生，为社稷计也。陛下慨然准其所奏者，亦无非为苍生为社稷计也。上下同心，朝野称庆，夫何诏旨已颁行于天下，而钱能不为意，公然以进贡为名差人前去夷方索要宝石禽鸟等件，方命扰人，莫此为甚。臣闻昔汉之时鼠巢于树，野鹊变色。识者以为不祥。夫鹦哥本绿羽而今黄，其羽岂非所谓野鹊变色之类，不知钱能何取于此，遣人远涉，徼外扰害，取之将以进献，不知朝廷何少乎此，亦不知朝廷无此何所损，有此何所益乎？然而此物有无，既不足为朝廷损益，抑不知钱能何忍故违目前诏旨而必欲进乎？万一朝廷纳之，何以使天下臣民之无疑乎？是乃因小以失大也。其可乎哉？臣愚以为此物诚不宜受，况云南数年以来盗贼窃发，地方不宁，若禽鸟、若金灯笼、宝石、屏风等项之贡，络绎不绝，行居骚然，近来少息，人心稍宁。若又容进此物而不却，则希宠徼幸者，将必过求奇巧以进之，岂止前数事而已，其弊盖有不可胜言者。臣又闻，不宝远物则远人格，远人不服则修文德，以来之即。今外夷久缺朝贡之礼，交人渐有不服之心，此正朝廷及内外臣邻无怠无荒之日，岂宜设耳目之玩，忽不虞之戒，伏望陛下念祖宗创业之艰难，今日守成之不易，明降诏旨痛却钱能此贡，仍通行各处守备镇守内外官员，今后除常例岁贡外，其余一应花草禽鸟宝石玩好物件，一切禁止不许贡献。愿陛下留心圣学，专意政事，永为华夷之主，天下幸甚！生民幸甚！臣因钱能之言而冒昧及此，臣诚不识时务，不知忌讳，罪该万死！伏惟陛下恕其狂瞽而察其心。为此具题。（《王端毅奏议》卷三）

明代严从简《异域咨周录》"云南百夷篇"，也录有这份奏折，较《王端毅奏议》内容稍有出入。[1]

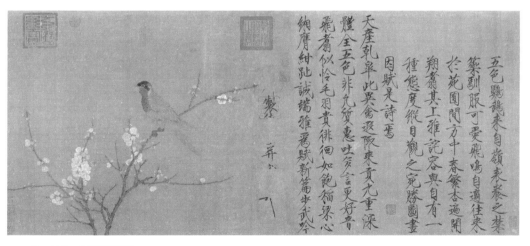

宋　赵佶　五色鹦鹉图

---

〔1〕清人冯甦《滇考》卷六"镇守太监"："能镇守云南久，渐谋不轨，造纸甲极坚利，至百两一副者殆千领，弓刀在公私者必择而藏之二楼，或以告恕将先收其甲兵，而后闻能觉，尽焚之，使所幸厚贿大学士万安、兵部尚书王越，因亦诬奏恕，并下二疏于督察院。恕在滇阅月，疏二十上，直声动天下，时能有锦背鹦鹉，能言，造一金笼，嵌以绝品珠石，号八宝笼，欲以进。"

云南多奇珍，但王恕不认为黄鹦鹉有何"毓德"，实为妖物。[1]

王恕治滇期间所上众多奏折中，"禽鸟奏"可谓寓庄于谐、鞭辟入里的一篇奇文，作为云南一省最高行政长官，上奏皇帝语气恭敬，将黄鹦鹉抬入巡抚衙门的来龙去脉娓娓道来，叙述有条有理，活灵活现，这篇暗喻讽谏，是官样公文、也是谏言奇文的《乞却镇守官进贡禽鸟奏状》，同时也提供了成化一朝云南曾进贡大理石屏这一重要史实：

> 况云南数年以来盗贼窃发，地方不宁，若禽鸟、若金灯笼、宝石、屏风等项之贡，络绎不绝。

王恕上《乞却镇守官进贡禽鸟奏状》，乃成化十三年（1477）事，这样一份时间明确的奏折，记录了成化时宫廷对云南各种奇珍的索取，"屏风"也包含其中，成为与云南贡金、禽鸟、宝石一样成例的贡品，虽仅寥寥数字，极为难得，从这份奏折可以判定大理石屏当时已成为皇家贡品。

详考《明实录》记录，明朝开国到成化之前，云南地方沐氏家族、各地土司所贡

---

[1]《异域咨周录》并录永乐时期黄鹦鹉进贡事，并系大学士金幼孜《黄鹦鹉赋》："緊羽毛之为类，纷总总其莫量，何鹦鹉之独异，禀姿态之非常。既弗白以弗绿，亦匪玄而匪苍，乘纯黄之正色，乃毓德于中英。"永乐朝云南进贡黄鹦鹉事，考沐昂《素轩集》，其中两篇文章分记丽江、元江两地土司，曾于永乐、宣德朝进贡黄色鹦鹉事，其一《鹦鹉跋》："云南之西北去地千余里，玉龙山之阳曰丽江，即古西旅之国也。……永乐庚子春知府木初，获黄色鹦鹉一，遣其子土来奉于兄总戎黔国公，公悦之，然此鸟禀中央之色，得山川之秀□性驯良，辨慧能言而解人意，绀趾丹嘴，柘衣素衿，□无文彩而妙质奇姿，有可观者焉，诚南中之异禽也。公不敢私，遂贡献于朝廷，故绘斯图以纪其略云，后之识者当宝玩之。永乐十八年六月望。"

以珍奇禽鸟进献皇帝，这是不同寻常的做法。考同年七月，黔国公沐晟来朝进白鹿（《太宗实录》），与沐昂《鹦鹉跋》书写时间仅仅相隔一月，黄鹦鹉非常可能由黔国公沐晟一同携往，这次"白鹿"进献的祥瑞之贡，因此显得愈加斑斓多姿。

沐昂为沐英第三子，文武双全，辅佐兄长镇守云南，公暇喜鉴赏书画，与隐者、高僧往还，具有较高的艺术素养。此篇曰"跋"者，大约当时还有画师专门图形此鸟，沐昂此文跋于卷尾。《素轩集》中另有《题黄鹦鹉图》文，记述宣德朝进黄鹦鹉事："逾滇之南五六百里，有府治曰元江，即古之椤槃甸也。治之西北有江曰礼社，江之南有山曰蒙乐，其山多松，郁郁如织，常有鹦鹉翔集，不啻千万，然纯黄者，盖未见也。宣德甲寅春正月，土酋偶于其处获一来献，观其金衣菊裳，绀趾丹喙，形质超异，巧慧能言，诚羽族之珍而山川钟秀所毓者也，遂贡于天庭，此皆圣朝德泽远被，虽羽族之微亦出而效珍也。因绘图复摅其概以识，俾后之观者庶有以知其所自云耳。"

物品多为马匹、金银。永乐、洪熙两朝，大理当地土官皆只贡马：

> （永乐）三年夏四月，镇守云南西平侯沐晟并四夷土官酋长各遣人奉表进贡金银器并犀象马方物，贺万寿圣节。（《明太宗实录》卷四十一）
>
> （永乐）十八年四月，云南大理府云南县土官县丞杨得关来朝，贡马，赐之钞币。（《明太宗实录》卷二百二十七）

这是《明实录》里，大理地区向明朝进贡的第一次记录。

洪熙帝即位之初，对借道云南的交趾方物贡品有过一次指示，对金银贡物不很在意，倒是留意防范内官肆意贪酷，惊扰地方：

> （永乐）二十二年（1424）十一月，……内官马骐传上旨，谕翰林院书勒付骐，复往交趾闸办金银珠香，时骐被诏还未久，本院官覆奏，上正色曰：朕安得有此言？卿等不闻渠前在交趾荼毒军民乎？交趾自此人归，一方如解倒悬，今又可遣耶？遣之非独诏书不信，将坏大事，此人近在内间，百方请求，左右为言，再往当有利于国，朕悉不答，卿等宜识朕意，遂止。（《仁宗实录》卷四）

洪熙元年（1425）五月，洪熙帝崩，宣德即位。当年七月，宣德帝即派出中官云仙镇守云南，特意关照：

> 朕初即位，虑远方军民或有未安，尔等内臣朝夕侍左右者，当副委托，务令军民安生乐业。凡所行事，必与总兵官黔国公及三司计议施行，仍具奏闻，遇有警备则相机调遣，毋擅权自用及贪肆虐。盖尔辈外出，鲜有不恃宠骄傲者，若稍违朕言，治以重法，必不尔贷！

明朝，云南是第一个实施镇守太监制度的地方。宣德皇帝，虽严厉防范镇守太监擅权，上谕中对太监之贪鄙自大习性，亦刻画入骨，毕竟开启了中官外派云南、地位甚至凌驾镇守国公之上的先例，镇守太监权柄之大，凌驾地方三司官员，作为皇帝亲信家奴，镇守太监的到来无疑改变了云南地方政权原有格局。宣德元年（1426）六月开始，云南地区除了旧例贡马之外，开始有其他方物上贡之记载。但"方物"具体不详。到正统六年（1441）伐麓川时，有监军太监曹吉祥镇守云南，成为云南实际最高长官。镇守太监，除了情报搜集、充当耳目，亦负责向宫廷输送地方奇珍异物。《明实录》记录，之前除了贡马，偶有进贡大象、金银器皿等物。英宗天顺二年（1458）二月，《明实录》开始出现"中官市云南珍宝"记载，云南、缅甸等地"宝井"所产宝石奢侈品，在宫廷中得到更多的关注，但云南大理石屏的开采、进贡均无记录。

与后来嘉靖朝敕令云南地方每年成例贡金千两、万历朝多次要求官员进贡宝石的情况不同，钱能入滇后把大理石屏作为奇珍进贡，属镇守太监主动"孝敬"邀宠。考《大明会典》，云南大理石屏从未列为贡品。成化十三年（1477）的《乞却镇守官进贡禽鸟奏状》，是提及明代云南大理石屏输送北京的第一份官方文件，所透露的信息"若禽鸟、若金灯笼、宝石、屏风等项之贡，络绎不绝"，证明几种贡品索需数量不少，次数频仍，照此推测，大理石屏的进贡时间或会早于成化十三年（1477）。之前正统、景泰、天顺三朝没有发现相关资料以前，将成化一朝定为大理石屏最早进贡时间，或符事实。

成化朝，汪直成立了西厂，权势熏天，相比文官集团，太监势力急剧膨胀。钱能的地位，没有因王恕的控告而被撼动，成化皇帝对他在云南的罪行曲意回护，《明实录》载："去年七月由刑部派出郎中钟藩会同云南当地三司会审案件，钱能派出指挥郭景以玉带蟒衣并狗马，私通安南国王，以及卢安罪行皆实。"督察院提出，逮捕钱能等人至京治罪。但成化帝对钱能仅仅降敕"切责"，"念尔在边岁久……毋得任情擅遣无籍之徒，仍前需索诈骗"云云。

这年八月，王恕改任南京，离开了云南。《明史·王恕传》赞称："恕居云南九月，威行徼外，黔国以下咸惕息奉令。疏凡二十上，直声动天下！"

明孝宗后来回忆，自己在宫中为太子时，就知王恕耿直之名。而成化帝"颇厌苦之"，或因"禽鸟奏"之嬉笑怒骂，对王恕不免耿耿，成化末年，宪宗在批复南京兵部侍郎马显乞休奏疏时，莫名其妙地附加一旨，令王恕致仕。[1]

---

〔1〕王恕后在苏松巡抚任上，严惩江南采办太监王敬手下"王瘤"，军民快之。当时有民谣："纸糊三阁老，泥塑六尚书。两京十二部，独有一王恕！"

成化十六年（1480）五月，成化帝召回钱能，令其南京闲住，钱能在云南镇守长达十几年，贪婪暴虐，屡起边衅，"所为多不法，至是知罪不自容，因称病乞还，科道官交章言之，故有是命。"（《宪宗实录》）钱能在南京不甘寂寞，再贡重礼邀宠，得到南京守备太监的任命，王恕时在南京参赞尚书，二人同在一城，钱能深知王恕风骨，稍作收敛。何良俊《四友斋丛说》记，王恕致仕后，新官来到南京，钱能遣指挥胡亮迎宴于平夷，宴会结束后钱能问胡亮："比王某何如？"亮曰："甚好，知敬重公公，与王某不同。"能微笑曰："王某只不合与我作对，不然，这样巡抚，只好与他提草鞋耳。"

四　贵重礼物

成化宫廷风尚奢靡，帝后、嫔妃们对金银珠玉等奢华物品的追逐毫无节制，皇帝本人对春药、房中术的迷恋，被后世传为笑谈；成化皇帝宠爱万贵妃，在景德镇官窑为她特意烧制"鸡缸杯"，瓷器制作穷极人力、物力，耗费之大令人咋舌，到万历时鸡缸杯身价号称"值钱十万"；万贵妃对财货、珠宝的迷恋，导致内监四出搜罗，强征民间珍宝；佞臣万安以珍玩结媚万贵妃，担任内阁首辅，贪鄙之态全无顾忌。太监钱能在云南时横征暴敛，对各种奇物珍宝的大肆搜刮，与当时宫廷的态度息息相关。

也是从成化朝开始，大理石屏作为珍奢礼物，逐步成为新的奢侈流行之物，权要争相购买，作为贵重礼物馈赠。嘉靖二十三年（1544）问世的《古今说海》一书，记录以下一则轶闻：[1]

> 大理石屏，近年朝绅争尚，官其地者以是劳民伤财。而李贞伯独寓此意于送行诗。乃谓："相思莫遣石屏赠，留刻南中德政碑。"可谓德业相劝矣。

---

[1] 该书编者松江陆辑（1515—1552），字叔豫，陆深之子。陆深本人就藏有大理石屏。根据陆深的记录，《古今说海》的另一编纂者，松江沈叔明也是一位大理石屏收藏者。

明太僕寺少卿李公應禎像

抗志不可屈 经疏上无佛 贞伯守正 经无佛言

清《沧浪亭五百名贤像》之李应祯像

这条轶闻在清代褚人获《坚瓠集》、张鹏翮《治镜录集解》、金埴所撰《不下带编》中，均有转录。

"李贞伯"究竟是何人？

明代书法家李应祯（1431—1493），更字贞伯，号范庵，为人耿介，晚年穷困致无钱殓葬，其诗文不传，故此诗出处成疑，考万历时期周晖所著《二续金陵琐记》，"石屏"条：

> 范庵李公送大理太守诗有云："相思莫遣石屏赠，留刻南中德政碑。"此非迂谈也，乃有德者之言。盖大理片石，不远数千里之遥，取以赠朝绅，其劳民伤财为何如也，可不一加念乎？

周晖的这则笔记，以李应祯"范庵"之号载其事，身份得以确认。[1]

当时远赴云南为官者，多有寄赠大理石屏馈赠亲友风气，而以李应祯之狷介，以为劳民伤财，于德政有亏。成化、弘治两朝，李应祯先后任职南、北两京，此诗题赠对象，推断应为李应祯曾任职云南的友人。文中提到"近年朝绅争尚"，关于"近年"确切年代，考李应祯于成化十四年（1478）升南京兵部员外郎。二十二年（1486）晋郎中，弘治元年（1488）转南京尚宝司卿，弘治四年升南京太仆寺少卿，文徵明父亲文林时任南京太仆寺丞。次年，李应祯以南京太仆少卿致仕，与养病回苏的文林同舟

---

〔1〕李应祯景泰四年（1453）举会乡试入太学。以书法闻名，文徵明以同僚子弟，执弟子礼惟谨，推重其书法为明朝第一。能三指尖搦管，虚腕疾书，人有求者多不应，其婿祝允明得其法。李应祯诗文罕见流传，其生平资料除《明史》之外，有文林《南京太仆寺少卿李公墓志铭》（《吴郡文编》卷一九七）等多种流传。成化元年为中书舍人，拒绝司礼监太监牛玉邀请教授私塾，一生清贫，性格倔强敢言。《姑苏名贤小纪》称其为人刚鲠，谔谔不挠。所至与人争辩，引经证典，莫能难也。"性峭介，与人寡合，好面折人过，成化初以中书舍人值文华殿，有旨命写佛经，辞不应，且上疏曰：闻为天下有九经，不闻佛经也。"（《明史·列传》）遭到廷杖罢值处分，文林称其"为人整勒精悍，词旨峻重，性峻介，遇少不平则抗无所讳避"。

东归，根据李应祯任职南都时间推测，故文中提到的"近年"，大致在成化十四年（1478）前后。[1]

李应祯在极度贫困中去世，"天子命之论祭，其文有学优才赡、慎直行方之语。少傅徐公，与公最故，既厚赙其家。沈启南、史名古诸君为议丧礼"（《徵献录》卷七十二）。

徐溥（1428—1499），宜兴人，字时用，号谦斋。成化十五年（1479）拜礼部右侍郎，弘治即位，升文渊阁大学士，参预机务。旋进礼部尚书。徐溥性凝重有度，弘治五年（1492）起担任内阁首辅，在内阁十二年从容辅导，与刘健、李东阳、谢迁等协心辅治，成弘治中兴之治。徐溥与李应祯亲密，据文徵明《楚颂帖》题跋，苏轼的这件真迹本为李应祯旧藏，"以十四千得之，尝欲归阁老宜兴公，未果而卒。卒后宜兴托家君寺丞（文林）致之"，《寓意编》：

> 宜兴徐阁老藏东坡《乞居常州奏状》小楷，谢采伯跋，徐公尝以李少卿所藏《楚颂帖》与此帖共摹刻石。

徐溥在李应祯去世后为其撰写祭文。有意思的是，担任内阁高官的徐溥本人就有大理石屏收藏。明代郁逢庆《书画题跋记》，汪砢玉《珊瑚网画录》，清代《石渠宝笈》，皆录丰坊《真赏斋赋》，其夹注记："真赏斋有点苍石屏，其一春景晴峦，云气吞吐中隐现七十二峰；其二秋岩积翠，山青云白，三远毕具，为伏溪徐文靖物。"

"伏溪徐文靖"就是徐溥，不仅是累朝元老，同时博雅好古，精于鉴赏。徐溥很著名的一件事，是将自己收藏的《清明上河图》慨然转赠李东阳。《怀素自叙帖》，也是徐溥旧藏，《钤山堂书画记》：

> 《怀素自叙帖》一，旧藏宜兴徐氏。后归吾乡陆全卿氏。

---

[1] 考《康熙大理府志》职官卷，成化朝大理知府，有朱让、周易同、蒋云汉、刘怀经，弘治时有马自然、吴文、许坦、徐纲、吴晟。以上九任大理知府中，谁是李应祯的赠诗对象，待考。

文徵明跋《怀素自叙帖真迹》：

> ……成化时，此帖藏荆门守江阴许泰家。后归徐文靖公。文靖殁，归吴文肃。最后为陆冢宰所得。陆被祸，遂失所传。

徐溥对书画极为珍视，曾特别关照儿孙妥为守护。这件怀素真迹，连同大理石屏一起，最后都自宜兴徐氏伏溪书堂、含清楼流出，进入无锡荡口华氏真赏斋，两地近在咫尺，令人感慨。

"真赏斋"，无锡华夏的书斋室名。华夏字中甫，号东沙，当时著名收藏家、鉴赏家，称"江东巨眼"，收藏之物皆为珍品。他所收藏的徐溥旧藏大理石屏，其品质、等级之高可以想见。因《真赏斋赋》，得以获知这两件石屏的最早主人及年代，并追溯到更早的成化、弘治年代，这一时期的大理石收藏记录实在罕见！

徐溥的旧藏石屏，"春秋"二景，正符合最名贵的大理石特征，"春景晴峦"隐约露出七十二峰，揽众山于一石，气势壮阔，尺幅阔大，"秋岩积翠"强调了石质底色洁

明　文徵明　《真赏斋图》　上海博物馆藏

白如玉，可与青黛山色比对掩映，皆为无上妙品。两块石屏，都为传统石屏中典型的"云山"意象。两座大理石屏，品质极优，或从大量优质石材万里挑一而来，才能满足鉴赏家的严苛品味，彼时大理石屏的出产已成规模，深埋点苍山中的宝贵矿藏一旦开采，除贡品外，也成为了高端商品。《禅寄笔谈》的一则记录饶有趣味：

> 兵书华容刘公大夏，吏部拨送云南一承差见之，献点苍石屏风一面，不纳。承差乃恳言："二钱市之，非比重礼。"叩头求不已。公取而玩之，云："置诸室，暇则玩之。"承差喜甚。不数日，呼之曰："看足矣！"遂归之。承差出，语人云："大理买此用银八两，以为上驿计，而值如此，诚命也。"叹息而已。[1]

刘大夏（1436—1516），字时雍，号东山，与王恕、马文升合称"弘治三君子"，成化朝任职兵部职方主事、郎中。吏部拨送前往云南任职的"承差"，以大理石屏作见面礼的原因，承差自述为"上驿"，相当可信。明初朱元璋规定，非军国重事不许给驿，严格限定用驿马、驿船人员，凡是"擅自乘驿传船马"将予以重罚。云南承差属于小吏，没有资格使用驿站系统，送礼希望刘大夏予以关照，按照"军情重务"情形发给他一纸"人情文书"，小吏一旦获得兵部颁发的驿传勘合，就可以使用国家驿站资源，公费回到云南，水陆脚力无需自己出钱。否则的话，万里迢迢耗费数月回云南，一路开支旅费当远不止"八两"。

因为这番算计，刘大夏接触到了大理石屏，此物在京师官员眼中亦属新奇，清廉如刘大夏，一见之下亦为大理石屏魅力打动，兼之承差恳言解释，谎称价格仅为"二钱"，刘大夏遂留置赏玩，饱看数日后完璧归还。换做其他金银财物，以刘大夏之狷介自重，定会断然拒绝。刘大夏对大理石屏真实价格的孤陋寡闻、"不知道"大理石屏价格，以及承差事后沮丧之时道出的"真实价格"，才是这则逸闻关键价值

---

[1]《禅寄笔谈》十卷，明代陈师撰，自刻本，传世仅国家图书馆藏有一部，陈师，字思贞，钱塘人，少时浸淫书籍，明嘉靖间会试副榜，官至永昌知府。"是书乃其自永昌罢归，寓居僧舍时作，故以禅寄为名。书中有称支离生者，有称边吏者……书成于万历二十三年，盖生于正德中也。"谢肇淛《滇略》一书，亦采用了《禅寄笔记》该条轶闻。

所在。[1]

该书作者陈师曾任云南永昌知府，对云南情况相当熟悉，其生平、成书年代距成化朝不远，内容诚为可靠。从《禅寄笔谈》可知，一方面，大理石屏刚刚开始进入内地，相信许多人都是生平第一次见到，如刘大夏留屏赏玩数日，甚感新奇。另一方面，当时大理石屏确已是市场流通之物，"用银八两"约值当时数亩田价，另外考虑到石屏易碎，万里迢迢运送到京城，一路所付出的运费、人力也颇为可观，因此价格不菲，属于贵重礼品。"用银八两"，对大理石屏这样"冷门之物"而言，是明代大理石屏的第一则价格记录，也是极为难得的明代物价史资料。[2]

如前文所述，从钱能开始，云南常规贡品之外，另选珍禽奇宝进献，大理石屏从云南流出，逐渐风行于成化时期。大理石屏确属奢侈之物，非寻常百姓可以消费。大理石屏作为"清玩""赏看"之物，由云南输入内地，在市场甫一出现就获得极高身价，这一点，倒是与它极力仿效的古代绘画真迹如出一辙。

---

[1]《西园闻见录》卷七十九载，木邦宣慰司（今缅甸掸邦东北部）辖下部落猛密，素产宝石，前任镇守太监钱能贪索无厌，女头领曩罕弄乘机侵占木邦。成化十六年（1470），镇守太监王举派人索宝石，曩罕弄"骂不与"，王举上疏朝廷征伐。曩罕弄大惧，江西人周宾五建议，以重宝行贿万安，"万阁老贪闻天下"。万安果然应允，召兵部职方郎中刘大夏，"许以美迁，俾往抚处，大夏辞曰：'某愚懦，不任使。'"不久刘大夏因此遭关押收监。而《禅寄笔谈》所记"承差"赠屏时，刘大夏尚未入狱，其"留看几日"的暧昧态度或因事关云南吏员送礼，别有深意。刘大夏下狱后，都御史程宗承万安嘱托到云南，"率镇守及三司往抚猛密"，迁就再三，同意将所占木邦土地给之，对木邦方面的辩诉横加鞭答。万安授程宗云南巡抚，猛密因此"合法"尽夺木邦之地，引发"孟养诸番大不平"，直到孝宗即位，万安被罢免，派按察副使林俊去云南，稍稍割地回木邦，但猛密与木邦从此世代仇杀不止。

[2] 对大理石屏价格的讨论，参看后文。

第二章　弘治

五　两面石屏

嘉靖时期丰坊为无锡收藏家华夏所作《真赏斋赋》，记录了真赏斋内藏有徐溥旧藏两座大理石屏，而实际上，真赏斋内当时一共收藏有四座大理石屏。

丰坊《真赏斋赋》夹注：

> 又小石屏二：潇湘雨晴，远岫凝绿。最胜者，一面云峰石色深淡悉分，非笔墨所能仿佛；一面春龙出蛰，头角爪鬣悉备，目睛炯然，几欲飞动。旧藏京口杨氏。

这条不引人注意的夹注，摘自《四库全书》本郁逢庆所著《书画题跋记》，记为"京口杨氏"，我判断当是杨一清。

令人意外的是，汪砢玉《珊瑚网》所录《真赏斋赋》，这段夹注文字却改成了"京口江氏"。

明人著述轻慢，且多袭录，韩进、朱春峰两位学者在《〈珊瑚网〉袭录郁逢庆〈书

万历黄花梨砗磲嵌插云石座屏

画题跋记〉考——兼及明代公共编目人的著述困境》一文，[1] 已经对这一问题作过深入探究，并得出汪砢玉《珊瑚网》内容多本自郁逢庆《书画题跋记》的结论，明人出版，抄录誉刻时鲁鱼亥豕时或有之，汪氏"杨""江"之误，一度令我困扰，无从查考所谓"京口江氏"。

杨一清（1454—1530），字应宁，号邃庵，明代名臣，三次总制三边，两次入阁首辅，四朝元老。但他的籍贯问题历来有所争议。他的父亲杨景是云南举人，景泰时曾任广东化州同知，李东阳曾赠诗杨一清，言简意赅总结道：

> 君本滇阳人，还生岭南地。巴陵非故乡，京口亦何意？

杨一清自谓"三南居士"，"祖于云南，长于岭南，老于江南"，"三南"含义非常明确。

杨一清是著名的神童，"少能文，以奇童荐为翰林秀才。宪宗命内阁择师教之。年十四举乡试，登成化八年（1472）进士"。弘治十五年（1502），因刘大夏的举荐，杨一清提拔为都察院左副都御史，正德五年（1510），杨一清设计诛杀刘瑾，朝野额首称庆。他一生经成化、弘治、正德、嘉靖四朝，官至兵部、户部、吏部尚书，武英殿、谨身殿、华盖殿大学士，左柱国，太子太傅，太子太师，两次入阁预机务，后为首辅，官居一品，位极人臣。

成化二十一年（1485），杨一清曾回到云南安宁寻根问祖，与族人团聚，拜祭祖茔，一住九月，杨一清自号"石淙"，就出自安宁一处景致。以云南故土之血脉渊源，杨一清藏有大理石屏，不属意外。《石淙诗钞》中他写有两首"假山"诗，亦爱石之人。

真赏斋四屏，杨一清旧藏两屏，"潇湘雨晴""远岫凝绿"，较徐溥旧藏尺寸稍小，从品题推测，当是山水之景。

玄机之处，在此文如何断句，以及对"面"的理解。

若断句为"最胜者，一面云峰石色深淡悉分，非笔墨所能仿佛。一面春龙出蛰，

〔1〕刊《华东师范大学学报 哲学社会科学版》2015 年第二期。

大理石屏可两面可观者，世所罕见。

头角爪鬣悉备，目睛炯然，几欲飞动"，可解读为其中更为出色的一块石屏，是云峰图像，另一块石屏有春龙图案。按照记录的顺序，前者为"潇湘雨晴"，后一石屏名"远岫凝绿"。

但是，若断句为"最胜者，一面云峰石色深淡悉分，非笔墨所能仿佛；一面春龙出蛰，头角爪鬣悉备，目睛炯然，几欲飞动"，可解作两屏中最好的一块，一面是云峰图案，一面是春龙图案。换言之，这块"最胜"之大理石屏，两面皆可欣赏！

依照不同断句，对"一面"的解释，可以是"一块"，也可以是"一边"，"面"字按照这两种不同理解，断句解读不同，这段文字确实容易产生歧义。

之所以有此假设，因为在明代以来出产的大理石屏中，确实有可以两面赏看之绝品。明清大理石屏，开采后，经琢磨取得理想画面，再以贵重硬木如黄花梨、紫檀、老红木装框为屏，其背面往往施用普通木料做挡板，已然光彩照目。但即使是万里挑一，在传世大理石屏中，偶尔会出现两面可赏之屏。一片云山顽石，石工妙眼识得，琢磨两面，以木制屏框精心包嵌，插入屏座，阴阳两面，甚至上下颠倒，皆成画面。这种听似"不可思议"明代插屏实物，收藏家常罡先生以亲身经历，在《海外拾珍记》一书中作过精彩叙述，那是一块明万历黄花梨砗磲嵌插云石座屏：

> 某日整理参展商广告及展销目录，一云石插屏图片蓦然跃入眼帘。打量其通身气派，夹抱站牙之鼓形圆轮，壸门券口之披水牙子，镂挖透空之绦环板及木质色泽，纯是明黄花梨器。唯披身满嵌螺钿，似稍染清风。开幕日，径入往寻佩奥拉展台。相距数十步，已遥望插屏静立长案上。扑前俯观仰察，果如所料，大明黄花梨点苍云石小座插屏一具也。明代插座式屏风传世甚少。以北京故宫博物院藏品之富，当年王世襄先生走遍庭院馆库，仅访得大者一具。今见诸著录及余曾过目者，摆置地上之大者，仅存两具；陈设案头之小者，不过三四……

> 明季大事开采，制成屏画文具，犹适文人雅意。点苍山石，苍翠泛绿者称春花，黄赭烟褐者称秋花。插屏之石据此应品列秋花。其石貌也沧桑，磨工也古拙，边缘经手泽沁润，已如脂似蜡、酥光熟透，非数百年物不能致。插屏之左右立柱内侧，开槽沟以纳石板，曲背吻合，旧痕陈垢亦随形相符，是原石原座、量体剔凿者也……

谛观既久，兀生好事者心。屏座背后既嵌八宝生辉图案，不妨当作另一"看面"。试之，石屏颠倒上下、翻转反正，均可滑插入槽。如此，每一插摆，得上下两式，每一式又得正反两图。原仅一屏，遂衍成四品。姑不避巧立名目之嫌，题为四品：曰雾峦，曰雨峰，曰云岭，曰雪壑。轮值当令，一季一换。

转引这段著述，再来看丰坊的文字，可证大理石插屏之最珍贵者，有如此两面观看之妙用。

古代石屏存世艰难，传世石屏多只一面，两面石屏虽罕，一旦有缘遇见，正如空谷足音，跫然而喜。

当年石工琢磨一块大理石，完成一面后，抬石靠墙，忽然发觉石屏背面粗糙不平的地方，隐约蕴含着美丽的花纹，透过阳光照看，俨然另一图画……

天然、人工，集于刹那毫端，阴阳变幻，正所谓愈出愈奇，后来居上。

传统文房案头立峰赏石，转换位置或颠倒配座，能看两三面即是佳物。明代莆田画家吴彬，为米万钟"非非石"画《十面灵璧》，震古烁今，空前绝后；乾隆时扬州马曰绾小玲珑馆藏石，辗转北美，得当代画家为之绘图十二面成《雍穆》之册，也是世间奇物。况且大理石屏不似灵璧、英石立峰，阴阳向背就是造化极致！

真赏斋内，天壤之间，是否真有杨一清旧藏之两面大理石屏？堪为艺术史上无解之谜……

六　同年图卷

弘治时期，仍有大理石屏从云南输入宫廷：

弘治三年八月庚子巡抚云南都御史王诏等奏：

故镇守太监王举不遵诏例，造作奇玩器物，额外进贡，请以其物之重大难致，如屏风、石床之类，发本处库藏收贮；金银器皿融化之，与宝石、珍珠、象牙、漆器等物解送户、工二部备用；其寄养象只堪充仪卫者，解京，不堪者付与近边土官，令出马以给驿递。得旨，并令解送来京。（《孝宗实录》）

明　佚名　《甲申十同年图》　故宫博物院藏

这则记录所含信息量很大：

1."不遵诏例，造作奇玩器物，额外进贡"，意味着弘治登基后取消了成化朝各地制作奇巧玩物的做法，同时验证《明会典》所记载云南贡品确实不包括大理石屏，成化时钱能的做法属于"额外进贡"。这种额外贡品，包括加工好的金银器、宝石、珍珠、象牙、漆器，大象等。

2."其物之重大难致，如屏风、石床之类"，除了大理石屏，"大理石床"第一次出现。两者比较，当以石床更为笨重难以运输，但也透露有的石屏尺寸十分巨大。

3."得旨，并令解送来京"，弘治这次对待云南奇珍的态度出人意外。按照《明史》记载，弘治非常节俭，生平不喜声色奢华，爱好只是弹琴。下令云南将这些"不遵诏例"采办的物品全部解送北京，弘治或另有考虑。

云南巡抚提出，屏风、石床"重大难致"，还有贡品中尚有数量不详的大象。皇帝仍要求"并解送来京"，这里需要考虑其运输问题。

当时云南出省，分别由四川建昌、广西田州、贵州镇远出，虽号称三路，从昆明到北京，南北川、粤两路，在万历时期久已荆榛，且一路多土司管辖之处，治安不靖。

唯有自云南之曲靖府入贵州镇远府，抵达湖广常德，千山万水，道经荆州、襄阳、南阳、开封四府，贡品水路陆路并用，可以到达北京。

《天下水陆路程》一书，原名《一统路程图记》，最早刊行隆庆四年（1570），徽商黄汴编纂，细载两京十三省布政司水陆路程、各地道路起讫分合和驿站名称。国内已佚失，孤本存日本山口大学图书馆。《天下水陆路程》卷一：

> 北京至云贵二省，镇远府必由之路。为云贵之东路，即此也。

贵州镇远——云南府（昆明）——大理之间，道路多崇山峻岭，一般商旅视之畏途，罕有往来，朝廷驿站可帮助过往官员进出、传递消息军情，论及运输条件则极为恶劣。按此推理，则这次及以往大理——昆

《甲申十同年图》（局部）

明——北京之贡品运输，都是先经陆路解递到镇远，再走水路赴京。[1]

"杏园雅集"后六十多年，弘治朝北京大臣的另两次雅集，石屏再现。

《甲申十同年图》作于弘治十六年（1503），画面上十位重臣，均为英宗天顺八年（1464）甲申科进士同年。分别是：户部尚书谨身殿大学士李东阳、都察院左都御史戴珊、兵部尚书刘大夏、刑部尚书闵珪、工部尚书曾鉴、南京户部尚书王轼、吏部左侍郎焦芳、户部右侍郎陈清、礼部右侍郎谢铎、工部右侍郎张达。最年长的闵珪当时七十四岁，最年轻的李东阳五十七岁。在取得科举成功后近四十年，十位同年都已身居高位，其中李东阳等九人均在北京任职，王轼在南京任职。弘治十六年三月二十五日，适逢王轼来朝，众位同年因此在闵珪宅第聚会，今存孤本为闵家藏本，经法式善收藏，流传至今。[2]

图卷上十人皆端坐庭院，虽身处室外，一袭官袍乌纱，十位大臣的身体语言与面部表情，是立朝理政的肃穆。梧桐、苍松、修竹、芭蕉、湖石背景下，童仆准备酒馔，几案、书册、酒具描摹细致。戴珊、陈清二人中间，一玲珑湖石在芭蕉衬托上格外醒目，前面设一"四面平"托泥香几，四方镶嵌黛色石面，陈设铜香炉连座、剔红香盒、香瓶中插香匙，为典型炉瓶三式。另有青瓷瓶插花供养，卷籍一函，陈设琳琅。最显目处，是书函后一件石屏风。屏风横式，屏心呈淡淡朱红，暗红色泽质感近锦屏玛瑙石、永州祁阳石，绚烂富贵，背景中的灰色湖石、素雅书函与之映衬，愈显堂皇气派，与整幅画卷刻意营造的"玉堂清贵"之意暗合。

---

〔1〕从南京到云贵，另有沿长江至泸州、纳溪、永宁、乌撒西路一线。该书卷七有"大江上水由洞庭湖东路至云贵"，详述自南京上新河起锚张帆，自镇江府一路由湖南到达沅江，进入贵州之水程，"沅江自桃源之上，水始急，上水一月至镇远"，之前虽波涛险恶、路途遥远，毕竟有舟船运载，此路入滇，万里一线，镇远同样是必经之地。

〔2〕甲申一科称极盛，此卷绘成六十七年后，王世贞于闵家藏卷跋语感慨："人才之盛，独称孝庙时，而孝庙诸大臣，又独称甲申成进士者，卷中十大臣，中间如刘忠宣、戴恭简、李文正、谢文肃、王襄敏及庄懿公，皆扬历中外，位承弼著笃棐声，其他类亦廉洁好修之士，仅一焦泌阳弩耳。"

万历十七年（1589），王世贞在刘大夏家藏本跋语里细数生平所见三本："《甲申十同年会图》余所见凡三本，一本于大司徒益都陈公家，一本于太保吴兴闵庄懿公家，一本于太保华容刘忠宣公家。其序皆太师长沙李文正公手书，而公所赋诗视诸公独夥，又多代人书此图，自弘治癸亥至万历己丑，盖八十有七年矣。而衣綦犹若新，犀玉参差，青紫辉映，神观眉宇，奕奕有生气。试一指问之，其师师而坐、衎衎而食者，将李文正挥洒内制之暇乎？抑刘忠宣、戴恭简亲承天问之后乎？闵庄懿抗阙三尺而得遂志者乎？王襄敏平蜀寇而旋凯者乎？谢文肃讲诵弦歌之余署乎？"（《弇州四部续稿》卷一百六十九）

明 佚名 《五同会图》（局部） 故宫博物院藏

　　《甲申十同年图》中明代石屏制式，对明代插屏研究有极高价值。这架明代石屏，站敦抱鼓，如意站牙，无绦环板，虽然被书函遮挡，披水牙子似被简化，座屏构件削繁就简，衬托屏石气质高雅。将此屏与王世襄先生所藏"明代黄花梨插屏式小座屏风"对照（见《明代家具珍赏》），根据桌子比例，尺寸比王世襄藏屏略大。后世留存古代大理石屏，多有类似样式。从此图看，石嵌家具在当时已经颇为普及，卷尾二童子整理书籍的方桌，上边摆放一床古琴，琴囊下的桌面嵌亦为红色花斑石，斑斓锦绣。

　　除了卷首的朱漆小案外，两件几案家具均有嵌石，连同石屏，这张古画上的镶嵌石材家具数目可观，可见当时风尚。

　　《甲申十同年图》的石屏显然并非大理石屏，这可以解释为大理石屏彼时虽已进入中原，但价格高昂，数量有限，而传统石屏一方面存世数量众多，南阳绿石屏、土玛瑙（碯）石屏、祁阳石屏依然出产且价格低廉，占据了市场主要地位，祁阳石屏直到晚清一直有出产。

　　《甲申十同年图》绘制于弘治十六年（1503），巧的是，描绘苏州籍官员京师聚会的另一幅《五同会图》，也绘制于这一年。该卷末有颜纯抄录、吴宽在弘治十六年（1503）所写序言，所谓"五同"，"同时也，同乡也，同朝也，而又同志也，同道也，因名之曰五同会，亦曰同会者五人耳"。"吴人出而仕者率盛于天下，今之显于时者仅得五人"，卷首始依次为礼部尚书吴宽、礼部侍郎李杰、南京都察院左金都御史陈璚、吏部侍郎王鏊及太仆寺卿吴洪。

这次雅集，五人"坐以齿定，谈以音谐，以正道相责望，以疑义相辨析。兴之所至，即形于咏歌；事之所感，每发于议论，庶几古所称莫逆者也"。画卷设色典雅，有芭蕉怪石、仙鹤麋鹿、童子抱琴，陈璚行于前，王鏊合手立于中，吴洪手持书册，谈兴正浓。童子抱琴而来，吴宽、李杰坐罗汉床上，未设踏脚，铺折枝花卉地毯，罗汉床后有庭园大石屏，与镇江本《杏园雅集图》类似。

庭园石屏后，设一石几，上有围棋枰，蓝封面的册页装法帖，砚笔，香炉铜瓶，带鼓钉乳足天蓝色瓷器盆座，上设菖蒲盆玩一，剔红古董座器置瓷质花瓶一，插花。古玩陈列，琳琅满目，石桌景深处，先是两函古籍，而衬托书函天青色的，赫然是一具云山纹理的黄花梨框大理石屏！

虽只露半幅，但气息高雅，弥漫一卷。

《杏园雅集图》因真赝问题，很难认定究竟"镇江本""大都会本"哪一幅图中的大理石屏，才是明代大理石屏最早的图像，而《五同会图》虽仅露出半个身影的这座大理石屏，因其创作年代明晰，与前文论述大理石屏进入上层士人消费圈的时间完全吻合！

七　蒙山石屏

有理由认为，在《甲申十同年图》、《五同会图》等京城高官们雅集场面中出现的大理石屏，尚属奢侈消费之发端，当时仅是少数人可以享受之物。弘治时代，昆山收藏家黄云的几首石屏长诗，也证实了这点。

昆山黄云，字应龙，号丹岩，嘉靖本《昆山县志》卷十《文学》载：

> ……性度疏豁，议论慷慨，不能作依违软美之态。家贫好学，博极群书，熟于典故。文宗东坡，书法山谷，皆为时所重。

黄云诗文集《黄丹岩先生集》（十卷，存诗集四卷，文集佚），列"四库全书存目丛书"，《四库全书总目提要》略载其生平，弘治中以岁贡授瑞州训导。瑞州古称筠州，府治在高安县，瑞州训导为从八品。他的门生、巡按直隶监察御史朱实昌，在《丹岩先生集叙》描述，黄云为人豪迈，家世一度颇为显赫。《静志居诗话》称其"怀才不遇，尝渡清、淮，尽以文稿投诸水"。

我留意到黄云，因他与沈周、文徵明等吴门画家的亲密关系，以及其家中来历神秘的收藏。陈正宏先生著《沈周年谱》，很早就注意到黄云与沈周的亲密关系，沈周曾特意寄诗安慰黄云——黄云家藏《宋高宗敕岳飞杀贼手诏》被人窃去，痛苦万分，亦见黄云属极端钟情收藏之人。

《黄丹岩先生集》中，有一些与沈周互动的内容，如《沈石田风雨归舟图》《读石田诗选因寄》《次石田闲居韵二首》《寄沈石田求画》，还包括《王孟端江山秋霁图为沈维时作歌》，以及另一首感谢沈维时前来探望的作品，可见他与沈氏父子两代交谊的情况。

清《沧浪亭五百名贤像赞》之黄云像

沈周的儿子沈云鸿，字维时，当时以鉴赏之能名闻江南，古代碑帖书画外，对古器物的兴趣亦颇浓厚，我相信，沈氏父子与黄云的交往，很大程度是因为黄云书画鉴藏的高雅品味，以及他个人数量不详但极为精彩的收藏，如都穆《寓意编》《文徵明集》，黄云至少还有吴傅明《游丝书》、金显宗《雨竹图》《倪瓒二帖》等藏品。

与比他年青许多的文徵明交往，黄云诗集里也有许多赠答内容，《文徵明以所画金焦落照图并题长句见寄，亦继作用答佳施》《文徵明用赵魏公画法为余作山水小幅》《次文徵明啜茶观画》《题文徵明为妇翁吴惟谦画玉山雪景》等诗，表明其与文徵明、昆山同乡、文徵明的岳父吴尚书皆有往来，而交集的纽带仍是书画。文徵明弘治十八年（1505）有《简黄云及题瑞州清风亭诗》。《题黄应龙所藏巨然庐山图》诗，描绘二人同赏此图情形："筠阳文学倦友职，十年归来四壁立。探囊大笑得片纸，不啻琼球加什袭。"再次印证文徵明眼中这位前辈对于收藏的迷恋。[1]

黄云与唐寅的交往，有《送唐子畏游庐山》诗，残存四卷的《黄丹岩先生集》里，还有《谢周伯明惠东坡石刻》《寄顾孔昭乞苏米石刻》等，显示黄云对古代书画精深的鉴别与痴迷。根据黄朋《吴门具眼》中的研究，黄云与当时另一位无锡大收藏家华珵也有极好的交情。华珵（1438—1514）曾刻沈周诗集，号"尚古生"，文徵明为他所写小传令人印象深刻："家有尚古楼，凡冠履、盘盂、几榻悉拟制古，尤好法书名画、鼎彝之属，每饼金县购不厌而益勤，亦能推别真赝美恶，故所蓄皆不下乙品，时吴有沈周先生号能鉴古，尚古时时载小舟从沈周先生游，互出所藏，相与评，或累旬不返。成化、弘治间，东南好古博学之士，称沈先生，而尚古其次焉。"

赘述黄云自己的收藏背景以及他与吴门画家、收藏家的交往情况，是因为在《黄丹岩先生集》里，一下出现了三首咏石屏诗。第一首是《陈推官纹蒙山石屏歌》：

> 凤山望蒙山，百里见烟雨。
>
> 烟迷雨暗山名蒙，山中幽玄英秀聚，韬閟直从开辟年。
>
> 有如玉光金气腾青天，山丁夜识凿岩户，顽苍落手耀以清溪泉。
>
> 昆吾之刀剖而两，古雪寒凝山水样。想是史皇封膜之画墨。[2]
>
> 沦入白防尚无恙，点苍之产品在伯仲间。
>
> 所以争英竞秀森螺鬟，览远近，听潺湲，五岳绝顶思跻攀。
>
> 丹砂不求勾漏令，屏风九叠何日投吾间。试把青莲十丈华，浮槎不系明河湾。
>
> 风林萧疏悬朗月[3]，照见纤秒尽毫发，仙侣凌霞去倏忽。
>
> 陈侯曾入蒙山游，山灵特为十日留，探奇选胜所得更超绝。
>
> 黑龙欲活惊□虬，峦容峰色种种具，天地驱役神鬼穷雕镂。
>
> 安得东坡南宫加藻饰，千金善价行当取我告侯也，毋应千金求。

---

〔1〕黄朋《吴门具眼》根据文徵明《题黄应龙所藏巨然庐山图》长诗写于正德五年（1510），推论其宦游在外十年后回到苏州，若按此推辞，黄云出为瑞州训导时间当为弘治十三年（庚申1500），这年黄云有诗，《重修瑞学石堤，工人没水得古石鲸》。《黄丹岩先生集》有瑞州七夕诗："去年广陵郡，今岁凤山阿。"则担任瑞州训导时间，当是弘治十二年（1499 已未）。

〔2〕《云笈七签》谓黄帝有臣史皇，始造画。《画史会要》引《穆天子传》云，封膜画于河水之阳，以为殷人主。

〔3〕原注：风林月石两屏风名，欧、梅、苏俱有题记。

考同治修《瑞州府志》卷七"秩官"，有推官陈纹，弘治十年任，时间与黄云在瑞州任职时间相符。

"蒙山"究竟是指哪里？考同治《瑞州府志》《蒙岩祷雨二洞记》，当地确有蒙山，"距上高县邑治之西四十里"。这种产自当地的石屏，由瑞州推官陈蒙赠送黄云，黄云赋诗答谢，诗中咏屏，除有欧、梅、苏三人石屏典故，"点苍之产品在伯仲间"句，表明黄云了解当时大理石屏的存在，或目睹过其风采，至少听闻过相关消息。以大理石屏比拟，盛赞蒙山石屏，某种意义上，也衬托出大理石屏的名贵。

黄云还有第二、第三首长诗，也是同样感谢朋友赠给自己石屏。

《黄丹岩先生集》卷三有《礼部侍郎黄公景惠蒙山石屏》诗：

万山雨过生清风，横云乱抹重复重。
日出青天耀众顶，有如山阴积雪春不融。
山中产石石蕴山，俨对两目传容颜。

十七世纪黄花梨嵌绿石座屏

子继厥父克肖象，秀绝一气潜相关。

春卿惠予脱爱恋，曲几平临凤池砚。

荡漾银河秋水光，神工一一劳精炼。

天绘太素翘茎英，玄理大横见庚庚，咫尺郁盘小蓬瀛。

仙娥弄花洞户扃，绡湿水墨眸增明。

宇宙归一握，沧海渺一粟，结巢揽烟霞，振衣啸鸾鹄，酒船倒卧蒙山绿。

春卿时之杰，文之豪，玉立堂堂金坠腰。

古人风概吾宗见，拜嘉何日乘江舠。

考黄景，字文昭，瑞州上高县修仁团人，成化五年（公元1469）进士，曾任礼部主事郎中。同治《上高县志》载：奏对称旨，升左通政，寻迁礼部左侍郎，官至二品。弘治初年（1488）以时议不合致仕。正德间，忤逆瑾，谪戍敦煌，瑾诛，乃得赦，归卒。[1]

据《明代职官年表》，黄景担任礼部侍郎时间为成化二十二年（1486）十月，第二年十一月即带冠闲住，颇为巧合的是，在礼部由郎中升任侍郎位置时，接替之人是礼部侍郎徐溥，我们知道，徐溥雅好书画收藏，并曾藏有大理石屏。不会早于弘治十二年（1499），前礼部侍郎黄景在致仕回乡多年后，以石屏作为礼物赠送府学训导黄云的事实，这段交谊表明石屏适合作为官员、士人之间高雅礼物的属性。尽管不是贵重的大理石屏，但以书画鉴赏家黄云的眼界高迈，寻常礼物确实不能引起他如此的热情，耐人寻味的地方还有诗歌中语词、形容，若不是题目提到了"蒙山"，不妨就此认定这是一首用来歌颂大理石屏的作品，同样匹配完美。

黄云的第三首咏石屏诗，仍是写给黄侍郎，《谢黄礼侍惠石屏》诗：

春卿石屏三惠及，失喜一笑多鬖掀。

石从人琢肖天秀，绝妙一一难具论。

前山后山皆晦黑，倏忽远近无山村。

---

[1]《明武宗毅皇帝实录》卷四九记录：正德四年（公元1509）夏四月初，江西上高县民戴克明与其县人致仕礼部左侍郎黄景，因假贷成隙，诬奏景僭用龙袍诸不法事，时刘瑾欲张焰于天下，即奏遣印绶监左少监李宣、刑部左侍郎张鸾、锦衣卫同知赵良往勘，被逮者数百人。

飞龙出峡卷雾雨，恐是海立波涛奔。

得非岩洞隐日月，文章彪炳虎豹蹲。

昔人画里写生意，石上乃有画意存。

看石成画照晴色，长带冷湿烟霏痕。

化工运神莫可测，元气出入无穷门。

太素以来出古色，幽玄不可探且扪。

峰头云气白于雪，鸡犬何处桃花源？

开屏卧游谋隐处，结茅堪依苍树根。

窪尊饮水繡汙竹，紫翠万状娱朝昏。

我知春卿别有意，周偉传玩到子孙。

怜我穷愁又蟠郁，遣发豪奇期弗谖。

　　此诗所咏，已是黄云在瑞州所得到的第三块石屏了，不妨假设：朋友一再赠送石屏，源自黄云对石屏的由衷喜爱。黄云提到"开屏卧游"的赏玩方式，非常关键——

　　他的老友沈周，有"卧游"诗，沈周好道，出于对绘画本质的认识，借笔墨的万里江山，而浓缩于一床屏，一册页，坐卧之间，举目仰观的种种姿态，卧看烟云，进入艺术创造出的另一宇宙世界，身心皆在虚空，清静自在。黄云对石屏的理解，亦是如此。黄云提到"卧游"，不仅是一种观看方式，"卧游之思"，在第一个层面，直接将石屏当作一件单独成立的绘画，画家人力所绘，是对自然山水的写真或浓缩概括，心象源自物象。在第二个层面，因石屏天成，本是"太素以来"自然蕴育所造之物，石屏上"峰头云气"、桃花源般的画意，乃"化工运神"，"卧游"石屏，即是进入自然！

　　如此，"屏"与"画"，自然与人力所创之二者之间，究竟谁才是被描摹、参照的对象都成疑问，浑不可辨。

　　王世贞《弇山四部稿》卷一百三十八，《文太史云山画卷后》记，文徵明为诸生时，曾为黄云作过一幅米家云山图，黄云"绝宝爱之"，告诫后人"勿为饼金悬购者所得"，六十年后，王世贞从他孙辈处"被动"得到这幅作品，题跋中不胜唏嘘。这一书画题跋的意义，对深入研究黄云"石屏之癖"同样重要。米家父子的云山图像，明代开始已成为上品大理石屏"图式"的典范，黄云对三块蒙山石屏的描述中，有山水、横云、朗月、积雪、烟雨等意象，也都是大理石屏所一一具有的，同时与米家山水图式也有高度契合。

黄云所得皆为蒙山石屏，而非大理石屏，这无疑有"地理"之故。读《黄丹岩先生集》残本四卷，黄云出仕前经济状况困窘，这点令人印象颇深！他曾提到家中老屋系继承自祖父，日常生活有时到断炊程度，还有一些感谢友人赠米救济的记录，虽爱好书画收藏，爱慕风雅，但黄云即使出仕后，也绝非王世贞、董其昌一样身居高位，资材雄厚，区区训导学官，在官员等级中属最卑微之职。[1]

黄云担任瑞州府学训导为弘治中期，大理石屏确实已为黄云这样的江南士人了解。黄云拥有资深鉴赏家的高超眼力以及对美丽事物的敏感，有机会多次得到朋友赠送蒙山石屏，一一答赠赋诗，三咏石屏，爱慕之情跃然纸上，而大理石屏记录之阙如，或因其所处社会阶层与财力原因，弘治时期大理石屏数量稀少，贡品之外市场价格不菲。如《五同会图》展现的那样，同一时期北京大臣雅集场合摆设的大理石屏仍属罕见之物，只有少数精英阶层得以赏玩。

或许存在另一种可能，但有待《黄丹岩先生集》其他六卷的发现。

题外话，小人物的故事往往被历史大笔忽略，一如黄云存世四卷诗集里，竟有《烟江叠嶂图为陈推官题》这样的题目。

北宋王诜的绝世名作，与赠屏给他的陈推官之间，究竟有何关联？

一部画史，多少谜团。

八　三十三屏

《正德云南志》是明代云南第三部通志，"大理府土产"条记：

> 银矿、盐、青绿矿、点苍石（出点苍山，白质青文，有山水草木状，人多以为屏）、感通茶、木莲花。

---

〔1〕黄云七十多岁去世，具体时间，朱实昌《丹岩先生集叙》中提到，刻书时间嘉靖乙酉冬（1525）距离老师去世已多年，大约为正德中期。

明钞本《本草品汇精要》之绿青，
又名石绿、大绿

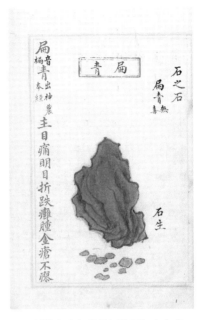

明钞本《本草品汇精要》之扁青，
又名石青、大青

《正德云南志》修于正德五年（1510），对点苍石屏的记录，承袭天顺五年（1461）《大明一统志》的说法，换言之，正德朝，大理石屏成为名列第四的大理方物。

正德皇帝登基后，宠信宦官刘瑾，云南地方官多受镇守太监折辱。正德八年（1513）五月，巡按云南御史张璞下令，裁革镇守太监梁裕所滥取物货以纾民困，诏不许。梁裕向刘瑾行贿诬告，张璞被捕。同年十二月，吏部尚书杨一清上奏说，云南御史张璞、巡按陕西御史刘天和等皆受镇守太监诬陷逮捕，"巡按稍加裁抑，辄成大隙，何患无辞？"张璞后惨死狱中，中外人心骇动。正德一朝，云南的各种珍玩奇宝因镇守太监刻意搜刮，不断流向北京，如正德九年五月，"巡抚云南副都御史洪远奏，镇守内臣贡献方物，虽称自备，无烦军民，然万里去京，输送之劳，供亿（驿）之扰，民情实有不堪，乞停免。礼部议如所请，不从"（《武宗实录》卷一百一十二）。这里值得注意的，仍是镇守太监主动"贡献"给皇帝私人的特别"方物"，虽不属于《大明会典》记录在案的例行贡品，往往困扰当地军民尤甚。明代王鏊《震泽长语》、郎瑛《七修类稿》，以及孙继芳《矶园稗史》《名臣经济录》等书，皆录有查抄朱宁财货的一份清单：

正德间，前有中官刘瑾，后有指挥朱宁，皆擅主权。及籍家资……朱宁计有金七十扛，共十万五千两，银二千四百九十扛，共四百九十八万两，碎金四箱，碎银十匮，金银汤盉四百，金首饰五百十一箱，珍珠二匮，金银台盏四百二十副，玉带二千五百束，金条环四箱，珍珠眉叶缨络七箱，乌木盆二，花盆五，沉香盆二，金仙鹤二对，织金蟒衣五百箱，罗钿屏风五十座，大理石屏风三十三座，围屏五十三扛，苏木七十扛，胡椒三千五十石，香椒三十扛，缎疋三千五百八十扛，绫绢布三百二十扛，锡器磁器三百扛，佛像一百三十匮，又三十扛，祖母绿一尊，铜铁狮子四百车，铜盆五百，古铜炉八百三十，古画四十扛，白玉琴一，金船二，白玉琵琶一，铜器五十扛，巧石八十扛。

曾任内阁要职的王鏊发出这样的感慨，"于嚱！胡椒八百斛，世以为侈也而盛传之。今观二逆贼所籍，视元载何如也。闻昔王振、曹吉祥之籍尤多。官家府库，安得不空。百姓脂膏，安得不竭？"（《震泽长语》）

"巧石八十扛"外，大理石屏风三十三座，赫然出现！钱宁家里为何有这么多的大理石屏？

朱宁本名钱宁，是太监钱能在云南时所蓄一嬖人，或称钱宁本是"倮倮"。明代张萱《西园见闻录》记述尤详，"年十五六，性机警。云南卫指挥卢和，充钱能门下头目，和善相，一见宁，谓将来必大显贵，私结无不至者，诸服用俱出于和"。

钱宁一路攀附刘瑾，首创豹房，引介番僧，成为正德皇帝的宠臣。《明史》列传"佞幸"：

钱宁，不知所出，或云镇安人。幼鬻太监钱能家为奴，能嬖之，冒钱姓。能死，推恩家人，得为锦衣百户。正德初，曲事刘瑾，得幸于帝。性猾狡，善射，拓左右弓。帝喜，赐国姓为义子，传升锦衣千户。瑾败，以计免，历指挥使，掌南镇抚司。累迁左都督，掌锦衣卫事典诏狱，言无不听，其名刺自称皇庶子。引乐工臧贤、回回人于永及诸番僧，以秘戏进。请于禁内建豹房、新寺，恣声伎为乐，复诱帝微行。帝在豹房，常醉枕宁卧。百官候朝，至晡莫得帝起居，密伺宁，宁来，则知驾将出矣。

最终，钱宁因与宸濠往来勾结引起正德警觉，"还京，裸缚宁，籍其家"，"世宗即位，磔宁于市"。

钱宁敛财，无所不用其极，《明史》载："太仆少卿赵经初以工部郎督乾清宫工，乾没帑金数十万。经死，宁佯遣校尉治丧，迫经妻子扶榇出，姬妾、帑藏悉据有之。中官廖常镇河南，其弟锦衣指挥鹏肆恶，为巡抚邓庠所劾，诏降级安置。鹏惧，使其嬖妾私事宁，得留任。"

成化、正德两朝，钱能、钱宁父子在云南借进贡名义，大肆搜刮各种奇珍，查抄钱宁财货清单中，金银珠玉之物外，还有数量不小的字画、古董，钱宁继承了钱能的附庸风雅，据《万历野获编》，钱宁崛起后甚至不惜毒死钱能，夺其家产，"能后守备南京，弘治末老死京师，正德初赐葬最胜寺，人疑无天道。其幼畜钱宁于滇，晚俾专锁钥。能病，宁利其所有，遂进毒于能而死"。

三十三座大理石屏风出现在钱宁抄家清单上，绝非偶然。

嘉靖《大理府志》"物产卷"记：

> 杨士云：按省郡旧志，皆洪武末年所修，不载点苍石。景泰丙戌修《一统志》始载之。夫《禹贡》所载，惟服食器用而耳目之役不与焉。梁州璆铁银镂磬，雍州球琳琅玕，咸器用也。点苍山（石）细玩尔，工匠之伐凿终岁血指，人力之传送何日息肩，君子不以养人者害人，况非养人者乎？不作无益害有益，功乃成，不贵异物贱用物，民乃足。巡按陈公察议请封请闭，民亦有利哉。

清《沧浪亭五百名贤像赞》之陈察像

这段记载提到了正德时期陈察奏请关闭大理石矿开采。考陈察字原习，常熟人，《武宗实录》里，关于他巡按云南最早的记录是正德十六年二月，协助巡抚何孟春征剿弥勒州十八寨叛乱，《明史》记

其事略:

> 俄巡按云南。助巡抚何孟春讨定弥勒州,以功增秩。世宗即位,疏言金齿、
> 腾冲地极边徼,既统以巡抚总兵,又有监司守备分辖,无事镇守中官。因劾太监
> 刘玉、都督沐崧罪。诏并罢还。

《滇系》称,担任云南巡按御史的陈察往往布袍便装,在民间察访官员得失善恶,
监司守令摄服,贪官墨吏望风而逃,"时中官请榷矿银,以佐度支费,察持不可曰,此
兵端也。彼睹其利未睹其害,竟罢议"。他弹劾镇守太监刘玉、都督沐崧事,《武宗实
录》记为正德十六年(1521)八月:

> 云南金齿腾冲地,系极边。既有总兵官、巡抚、都御史统摄,又有指挥使司、
> 兵备副使分治,镇守太监不必兼管,因劾奏太监刘玉记分守都督佥事沐崧党恶害
> 民,请俱行裁革,该部议覆从之。

这一记录显然针对刘玉、沐崧在金齿一带的不法行为,但与大理采石无关。同年
十二月,《武宗实录》载:

> 陈察奏禁革流弊事,谓公差及进贡内臣违例,沿途强索夫马,逼要折乾并夹
> 带船只,装载私货,请行禁约惩治。得旨公差官用强索取,已有旨严禁,以后有
> 犯各巡抚按官参奏重治。[1]

---

[1] 沐崧自正德二年(1507)起,为云南左卫指挥佥事、镇守金齿参将,次年获得织金飞鱼文绮、锦衣卫带
俸之赏。正德五年(1510),沐崧与金齿镇守太监崔和一起,就被当时巡按御史张璞建议裁撤"以苏民困","诏
令不许,惟令和、崧用心抚恤军民,不得贪纵扰害"。正德十二年(1517),沐崧升为署都督佥事,仍旧以参将
镇守金齿腾冲。他的去职在嘉靖四年(1525)十二月,当时担任金齿腾冲等处参将署都指挥佥事的沐崧,以兵部
查核正德间冒功不实者罪名,"云南都司署都指挥佥事沐崧等二十三人降革"。
武宗去世时间为正德十六年(1521)三月,陈察在正德末年武宗在位时入滇,八月建言裁撤镇守金齿腾冲太监
及武官沐崧,是时新帝朱厚熜已经登基,陈察协助何孟春平定苗民之叛,所奏得到批准。李元阳修嘉靖《大理府志》
提到他奏疏"请封请闭"大理石采矿事,似与沐崧无涉。

据《杨弘山先生存稿》序言，杨士云曾孙杨德辑录事略称："苍山石，先时京师繁取为地方患，先生忧形于色，致草与巡按陈公察云云，陈公得之疏请封止。是创议请封请闭者实弘山先生。"如此，陈察奏罢采石实出于杨士云的建议。

正德时期点苍山大理石开采确已渐成害民之举，大理士人如杨士云、李元阳等都深感忧虑。正德十六年（1521）八月，云南巡抚何孟春上嘉靖皇帝《陈革内官疏》，何孟春痛陈往年进奉方物之累：

> 自正德年以来，刘瑾、钱宁、江彬相继擅权……先年镇守太监钱能张威恃势，贪财害人，至今人犹切齿……景泰太监到来，取用不訾，每岁于云南左等六卫、曲靖等二十七卫所，各府县，子粒银、米酒之外，麂皮、纸张、墨锭、槟榔、鸡枞、数珠、蜂蜜。……正德十四年，云南镇守太监进贡棕衣、锁索、杠架、油纸、笼罩、黄红毡罽、铜环、小嚼、脂皮、草綯、旗仗等物。……成化间，钱能镇守云南，以巡抚都御使王恕之德望，累形于建白而竟不获伸。正德间，梁裕镇守云南，以巡按御史张璞之风裁，一与之争辩，而遂为所陷。……无人申救，卒死诏狱。（《武宗实录》）

这份文件让人惊讶之处，在于钱能大肆搜刮云南各种物品，敛财已到细大不捐的地步，凡有一可取用之物都不放过，云南虽处西南极边之地，荼毒全境涓滴不遗，而大理石屏作为名贵方物，以供奉皇室之名巧取豪夺，钱宁私库中的三十三座大理石屏风，即是证明。巡按御史陈察请闭石矿之疏，或见于《都御史陈虞山先生集》，此书珍罕，笔者迄今无缘目睹，若该集收录有陈察此疏，正德时大理石罢采情况或有更多发现。[1]

---

[1] 后据《明别集丛刊》辑入《都御史陈虞山先生文集》，其中有请闭银矿之奏议若干，但并无直接言及大理石矿开采情形。《杨弘山先生存稿》成为陈察奏罢采石唯一证据。

第三章　嘉靖（上）

九　禁采撤镇

南海人黄衷（1474—1553），字子和，别号病叟。弘治丙辰（1496）进士，授南京户部主事，出为湖州知府，历福建转运使、广西参政。正德十六年（1521）五月，任云南右布政使，嘉靖二年（1523）升左布政使，嘉靖三年（1524）八月，升右副都御史，巡抚云南。他在云南任官时间，正在正德、嘉靖两朝，《矩洲诗集》（《四库存目丛书集部第47册》）卷十《草堂续稿》，有《石屏》诗：

> 点苍山骨老，尺寸具嵌崟。藻绘神工巧，磨砻哲匠任。
> 溟濛疑雨洞，矗霭想云岑。木杪猿长挂，岩端月不沉。
> 秋临泉欲冷，冬玩雪愁深。丛簇窥衡霍，毫芒指桂林。
> 铿锵鸣璞玉，珍重敌兼金。卷画纷纷起，何人解赏音。

黄衷在云南一开始就担任了较高职务，并由布政使升为巡抚，从《矩洲诗集》看，这位云南高官对奇石一直颇有留意，集中另有咏太湖奇石诗。据《矩洲诗集》编辑顺序，这首《石屏》诗大约作于嘉靖初年。作为一省行政长官，黄衷的大理石屏诗未涉及因开采大理石引发民怨问题，显得从容超脱（我们很快就可以看到许多云南官员诗文中对采石累民的声讨），全诗专注于欣赏石屏之美，细致描绘了石屏图像的不可思议，盛赞石工在加工石屏过程中展示出的高超技艺与眼力，看得出来，黄衷巡抚对于当地能够开采出如此奇妙之物深感自豪。

"嵌崟"，山峰的巍峨气象，浓缩于方寸石屏间，"磨砻"加工而成的理想构图，诗句里对石屏图像细节的描摹，令人产生丰富的联想，云雨变幻，老猿挂木，月在山巅，秋水冬雪，众多意象纷至沓来，大理石屏在正德、嘉靖时期已经有如此惊人的表现力，黄衷诗中赞叹，是自然"神工"与"哲匠"石工共同造就石屏奇观的看法，非常深刻。另外，作为一省巡抚，黄衷诗中关于"兼金"的说法，再次印证了正德、嘉靖时代大理石屏价格的高昂。黄衷在嘉靖初年担任云南巡抚，《石屏》作为一首"咏物诗"，事实上是继明初地方志、笔记以外，第一首专门吟咏大理石屏的诗歌，对于我们了解当时大理石屏的情况大有帮助。

欧阳重（1483—1553），字子重，庐陵人。正德三年进士，历任刑部主事、郎中、四川、云南提学副使，累官福建按察使，嘉靖六年（1527）十一月迁为应天巡抚，同年十二月既改任巡抚云南。

这一任命，皆因云南出了大事。

嘉靖六年十一月，云南寻甸马头安铨为官府征粮、妻子遭知府系狱裸挞，愤而起事造反，攻陷寻甸、嵩明等城。黔国公沐绍勋传檄征调各土司讨伐，武定府土舍凤朝文率千余人参加平叛。但凤朝文之前因实权旁落，一直对明朝心怀怨恨，安铨之妻与他同出凤氏一族，于是在次年春（1528）也发动叛乱，攻陷武定府杀官夺印。嘉靖七年（1528）二月，凤朝文与安铨合兵二万进攻省会昆明，昆明城西北门外"焚军民房屋"，云南全省大震。兵部尚书伍文定提督云贵川湖军务，但援军尚未入滇。沐绍勋征剿失利，戴罪主持平叛，逐步取得战场主动，安、凤各自率军逃回老巢。伍文定部队五月抵达云南时，战局已经完全扭转，六月奏捷于朝。世宗诏令升赏有功官兵，沐绍勋以平叛之功，得加太子太傅衔，又得岁加禄米。

之前，嘉靖六年（1527）年底，欧阳重临危受命前往云南，到任后恰逢安铨之乱升级，凤朝文也反叛明朝，次年二月省会昆明遭叛军围攻，沐绍勋使用怀柔、分化计策逐步获得军事胜利，但大局稳定后，巡抚欧阳重与黔国公府之间似有矛盾发生。

沐氏家族在云南势力庞大，但历经几代，黔国公的威权逐渐不如明初显赫，最重要的一个标志，就是独揽云南土司官舍袭替保勘事务实权一度旁落，沐府威信虽高，但部分土司不再如昔日那样对沐府惟命是从。沐绍勋乘平叛立功之际，嘉靖六年（1527）上疏希望重掌此权，这年八月，明世宗批准了这一要求："今自承袭事宜，皆令镇守、巡按会行三司如例催勘。"沐氏家族再度获得土司世袭、任免的权利，等于剥夺了部分云南抚按三司行政实权。

欧阳重性格强悍，颇具风骨，《明史》载："刘瑾兄死，百官往吊，重不往。张锐、钱宁掌厂卫，连构搢绅狱，重皆力与争。"正德时期他因此获罪下狱。欧阳重在云南与镇守太监杜唐随即产生矛盾。《世宗实录》载：

（九年）二月甲戌　云南巡抚右佥都御史欧阳重、巡按御史刘彙，劾奏镇守太监杜唐，役占军余，巧肆渔猎，每岁科取民财以万计。因极言镇守内臣当裁革。诏下，抚按官勘实以闻，唐回京听勘。

《明史》载：

云南岁贡金千两，费不赀。大理太和苍山产奇石，镇守中官遣军匠攻凿。山崩，压死无算。重皆疏罢之，浮费大省。当是时，镇守太监杜唐、黔国公沐绍勋相比为奸利，长吏不敢问，群盗由此起。重疏言，盗率唐、绍勋庄户，请究主者。又奏绍勋任千户何经广诱奸人，夺民产；唐役占官军，岁取财万计。因极言镇守中官宜革。帝颇纳其言，频下诏饬绍勋，命唐还京待勘。二人惧且怒，遣人结张璁，谋去重。

明代中期开始，云南沐氏势力渐遭削弱，巡抚与黔国公府之间明争暗斗，双方势力此消彼长。沐绍勋与杜唐相比为奸，大肆劫掠民财，部分原因或为拉拢镇守太监，借以提升自己势力，围绕大理石开采，镇守太监与黔国公府以及地方官员三股势力纠集成同一阵营，疏中"擅发民匠"，证明这次开采并非出自宫廷授意，系黔国公勾结镇守太监、地方官所为，疏中"贪残"的指责暗示采石可获巨大利润。欧阳重接连上疏弹劾沐绍勋，同时得罪镇守太监，引起对方惊惧，暗中派人联系正炙手可热的张璁，希望将其撤换。欧阳重在云南上任不满一年，就接连得罪镇守太监、黔国公府势力，世宗虽下令召回镇守太监回京待勘，多次下诏申饬沐绍勋，但欧阳重很快遭到了报复。

嘉靖八年（1529）十月，昆明巡抚衙门前发生一件大事，导致欧阳重免职。

之前，欧阳重奉诏查清异姓投充冒顶军粮之事，又将其事移交云南都司查办，事情久拖不决，军粮发放一再延期，云南六卫军丁被激怒，聚集鼓噪于云南巡抚衙门外，"击石呼噪"，虽被劝喻解散，巡按御史刘皋弹劾欧阳重"处置失宜"。镇守总兵沐绍勋也被弹劾以"职专总领，钤束不严"之罪，但免于处分，更奉命与其他官员一起追查倡乱首领。军士聚众鼓噪事件，《明史》认为是杜唐、沐绍勋势力暗中操弄所为。世宗对发生这样的事情极为不满："上曰军士击石呼噪，法不可贷，欧阳处置疏怠，致其酿乱。难居巡抚，令其致仕。"当时担任都给事中的夏言为欧阳重辩护，"今以军士一喧，而抚按俱得罪，则纪纲法度，人将谓何？"因为替欧阳重说话，言官夏言竟然也遭夺俸一月处分！

欧阳重"致仕"时间为嘉靖八年十月，接任者为贵州布政使胡训。《明史》载：

> 重罢归在道，闻御史王化劾其为桂萼党，不胜忿，抗疏陈辨，请录"大礼"大狱被逐诸臣，而自乞褫职。又言得绍勋所遣百户丁镇私书，知行贿张璁，乞其覆护；璁奸佞，不宜在左右。璁疏辨。帝以重失职怨望，黜为民。重以皋被谪，言等夺俸，皆由己致之，复疏乞重谴代言官罪。帝益怒，以已除名，置不问。重家居二十余年，言者屡荐，竟不复召。[1]

欧阳重罢官同年九月，云南巡按御史毛凤上疏，要求"裁革云南镇守太监，太监杜唐取回"。

世宗批准了这一奏请。

---

〔1〕《明史》记欧阳重上疏举报杜唐、沐绍勋私采石矿等罪行在前，随后发生士兵围堵巡抚衙门事件，欧阳重因此免职。奇怪的是，《世宗实录》卷一百七，欧阳重奏请关闭石矿的奏疏时间在嘉靖八年（1529）十一月，具名"云南巡抚右佥都御史"欧阳重，当时应已罢官；又《世宗实录》载欧阳重弹劾沐绍勋侵占民田、劫掠乡村罪行的奏疏时间更晚，为嘉靖八年（1529）十二月，《明实录》所记显与《明史》矛盾，待考。

十　沐府之藏

沐氏，是明代除了朱姓皇族之外最显赫的家族。

从沐英入滇，世受封爵，明朝的沐府产生过一王，一侯，九国公，四都督，所谓"开国功臣传世久而克保令终者，惟沐氏一门"。沐氏家族以武人镇守云南，但对流放云南之文士多礼遇照拂，如杨慎入滇，得到沐氏关照其多。沐英二子沐晟袭爵，为第一代黔国公，史书称"盖所谓悦礼乐而敦诗书者也"，尤其是沐晟三子沐昂（1379—1445），右都督领云南都司，辅佐兄长镇抚西南，公事之余暇"适情吟咏"，曾辑当时流寓文士诗刻成《沧海遗珠》，多咏元四家等古今画作，集中奇玩器物题咏，如有杨宗彝《谢斗南禅师惠竹杖》、王汝玉《湘竹箫歌》等。[1]

沐昂诗集《素轩集》有许多题画诗，咏物诗，如《赋博山炉》：

> 博山巧制出良工，用久斑生翠间红。长日水沉香散处，白云堆里小崆峒。

《琵琶》诗：

> 紫檀断成精且华，辉辉纹彩凝云霞。龙香拨下曲初度，若比忽雷音转嘉。碧鸡山头凉月明，钩廉重听调新声。大弦钑钑若鸾啸，小弦铮铮如凤鸣。玉管银筝若为乐，湘灵掩瑟那能作。夜深惊起老龙眠，颔下骊珠应迸落。

《沧海遗珠》书中，四明范宗晖《鸣凤歌》，专咏此琵琶与沐昂之文采风流：

> 黔宁公子国之桢，远镇南服为干城。奇材异汇重题品，山川草木俱增荣。近

---

〔1〕《湘竹箫歌》："君家洞箫天下奇，碎红乱点香淋漓，浓如丹砂沁冰肌，淡似猩血封琼枝。持来世人莫能识，疑是秦王女儿之所贻。几回吹向霜江晓，皎月不明风悄悄，一声卷入碧云中，惊散飞鸿落天表。君不见重华去兮归路遥，二妃泣向湘江皋，江皋之竹竹间泪，万古千年长不消。我将挟君携此同上黄鹤楼，醉弄一曲离鸾秋。曲终飞度洞庭去，试听苍梧猿夜愁。"

从滇池得紫榆，锦纹玉质含霞颜。斫成琵琶极华丽，宝之不异金与琼。鹍弦犀轸龙香拨，鸦青绦绾猩红缨。方当下指曲未成，一座已闻鸾凤声。初疑秦台度箫管，复似缑岭随弶笙。又如昆仑断巘竹，雌雄应律相和鸣。大弦铿鍧若呈瑞，喧呼杂沓声锽锽。又疑乔林噭竹实，天风披拂飘琤琤。小弦骈连如出穴，俄闻哕哕凌高冥。忽若相呼饮醴泉，余音袅袅流春冰。大弦小弦或并作，却疑啄碎琼瑶英。彩云飘飘激遗响，百鸟不敢翔中庭。开元玉环未足数，大和忽雷空有名。何如公子制鸣凤，坐令六诏闻韶頀，请从席上赋长句，愿备乐府歌升平。

以沐昂对艺术品、各种新奇之物的兴趣，若欣赏、收藏石屏，定当有所吟咏，而全集中不见大理石屏踪迹，考沐昂去世时间为正统十年（1445），彼时石屏出产已经有一段时间，或出于个人喜好原因，沐昂对本地所产大理石屏不甚看重。

沐氏镇守云南数百年，优礼文人墨客，府中奇珍瑰宝、书画、古玩收藏不在少数。成化朝云南镇守太监钱能，附庸风雅，沐氏家族此时迫切需要得到钱能支持，夺回被朝廷收回之云南土司官舍袭替保勘之权，沐琮为此刻意结纳钱能，钱能得以低价购买沐氏家藏字画，原因或在于此。到成化六年（1470）九月，沐琮如愿以偿获得宪宗批准，再掌土司世袭保勘大权。钱能从沐府所"购买"物品主要是珍贵的古代书画，以钱能当时地位，负责贡品事务，自然不需要沐府效纳区区一屏。

第五代黔国公沐绍勋，也是为逢迎镇守太监，利益所驱，组织军民开采大理石矿。

令人感到好奇的是，历代黔国公府收藏大理石屏的记录几乎空白，笔者检看若干与历代黔国公府有所往来的明人诗文集，以及沐氏家族人物的文集诗集，希望能找到一些线索，但毫无收获。如夏言，他早年曾奉旨往云南，在黔国公府做客期间写有纪实赠答诗多首，其中对主人的盛情款待、园林之美多有赞美，但没有一字言及大理石屏。

关于沐府的石屏记录，一则出自郑仲夔所撰《玉麈新谭》：

大理府凌家有点苍石屏，高一丈五尺，阔丈许，上有三顾图，生成如画。又有犀牛望月屏。二屏沐府以重价购之不得。

结局出人意料，黔国公府最后并没有得到这两块石屏。

《玉麈新谭》遗憾之处，在于没有沐府收买石屏的具体时间，令整个记录显得含混。但其中的信息依然重要，"三顾图"屏属于人物故事图案，与寻常山水不同，最可注意者，是其尺幅惊人。《玉麈新谭》记录这屏风高度达到一丈五尺，宽一丈多，硕大无比，是见诸记载的大理石屏中较大的一块，以这样的屏石尺寸，再配以华丽的木座承放，气势恢宏，绝非寻常桌案上物，主人身份之显赫也不言而喻。"凌家"敢于拒绝沐府的购买，想来也定非寻常人家。

按照此屏尺幅，不适宜置放书房案头，一般会用来陈设于照墙对面，进门大厅前作为迎宾，具有空间隔断的实用功能，若主人地位显赫如王侯，也可当作宝座后面屏风衬托威仪。这样等级的大型屏风，大理石图案全出自然，非百姓可以享用，这般巨屏，当时若以水陆舟船运输出滇难于登天，出现在大理府本地人家，恐怕也是

十七世纪黄花梨大理石座屏　美国加里福尼亚州中国古典家具博物馆旧藏

有道理的。

"三顾图"屏虽未入黔国公府，但据清代的史料，沐府确实曾经收藏过大理石屏。刘键《庭闻录》：

> 三桂有三奇物：一虎皮，一大理石，一帽顶。虎皮白章黑纹，得之宁远，即驺虞皮也。大理石屏二，沐氏旧物也。一高六尺，山水木石，浑然天成，似元人名笔。一差小，山巅一莺，溪旁一虎，上下顾盼，神气如生。帽顶大红宝石，径寸，长二寸许；光照数丈，炎炎如火。

《庭闻录》载吴三桂事颇详，晚清《清朝野史大观》沿用此说，稍有差异：

> 三桂所宝三异物：一驺虞皮，白章黑纹，得之宁远；一红宝石帽顶，径寸，长二寸许，光照数丈，炎炎如火；一大理石屏，高六尺，山水木石，浑然天成，似元人名笔，本沐氏旧物。

《庭闻录》记清初平吴三桂事，继而转述石屏来历，不算第一手资料。南昌刘昆《南中杂说》最早记述此屏。刘昆，字西来。康熙初官云南府同知。是书篇首云："殉难腾卫，流落十载，滇中山川，跋涉者十六七，彝汉阅历颇熟，故据其身经目击，著为《杂说》。"《南中杂说》记刘昆于康熙十二年（1673）吴三桂反清前夕，"入逆藩便坐，见一石屏高六尺宽四尺余，山水木石与元人名笔无异。或云此黔宁旧物云"。

王世贞《弇州史料·前集》卷二十一，"西平王世家"记沐府早期的财富情况：

> 晟父子前后置圃墅田业三百六十，"吾日食其一可以周岁"。珍宝金贝充牣库藏，几敌天府，后摇曳罗绮者恒数百人，役使阉奴亦可数十百，而善事中贵，多通遗执政不绝。

到明末时期，据《明季南略》卷九"沙亭（定）洲袭破沐府"记，顺治三年（1646），永历帝尚未入滇，末代黔国公沐天波被蒙自土司沙亭洲所袭，"时沐府富厚敌国，石青、砗砂、珍珠、名宝、落红、琥珀、马蹄、紫金，装以细筵篚。每篚五十斤，藏于高板库。每库五十篚，共二百五十库，他物称是。八宝黄龙伞一百四十执"[1]。

沐府在云南世代镇守，凡各族夷人土司，侍奉沐府黔国公如主人，威权之下，沐氏财富积累，富可敌国。

寻常的大理石屏，沐府是不屑陈设的吧。

十一　醒酒石辩

大理杨士云（1477—1554），字从龙，号弘山，云南太和人。弘治辛酉（1501）云贵乡试第一，学问追慕白沙，研究性理之学。正德丁丑（1517）进士，"改翰林院庶吉士，授给事中。以养母乞归不复出"（《明史》列传）。

嘉靖朝，杨士云是著名人物，在北京名动公卿，为人清高，厌恶官场生活回乡闲居数十年。在洱海苍山种竹修兰，筑庐五台峰下，左图右史，"清气逼人，可敬可畏"，被尊为弘山夫子。云南抚按、部院、科道论荐章疏交出迭至，希望他再次出山，杨士云不为所动。"人问其故，曰吾岂能俯仰人以求进乎？居里二十余年，郡县罕见其面……自少至老手不释卷。"（《明史》列传）

嘉靖十七年（1538）四月，特旨起用给事中杨士云于兵科。十八年（1539）五月，改左春坊清纪郎，兼翰林院侍书，报罢。闰七月，升左给事中。（《世宗实录》）

杨士云辞疾不就，病退里居，成为一名甘于清贫的隐者，七尺书楼独处，究天文、易数之精微，徜徉山水，与杨慎、李元阳等交好，《杨弘山先生存稿》有《苍洱图说》：

> 苍洱之景，嶂峦万迭。戴雪腰云，如列屏十九，曲峙于后者，点苍山也。波涛万顷，横练蓄黛，如月生五日，潴于前者，叶榆水也。按郦道元《水经注》：叶榆水，一名洱水，西汉于此置益州郡叶榆县。夏秋之交，山腰白云宛如玉带，昔

---

〔1〕《明末滇南纪略》记，沐天波对沙氏一度信任有加，"更携逆酋之手出入黔府，凡内室书舍无地不到，古物玩好，繁华之物，无一不设于几案"，于是沙亭（定）洲叛志益坚。

人题云，天将玉带封山公。五月积雪未消，和蜜饷人，颇称殊绝，峰峡皆有悬瀑，注为十八溪，溪流所经，沃壤百里，灌溉之利不竢锄疏，舂碓用泉，不劳人力。剖山取石，白质黑章，以蜡沃之，则有山林云物之状。唐相李德裕平泉庄命曰醒酒石，香山白侍郎命曰天竺石，好事者往往取为窗几之玩。

郡之方位，延庚挹辛，宾夕阳而导初月。盖与临安之西湖，洪（蜀）、永之西山，嘉之峨眉，齐安之临皋，滁之琅邪，同一快丽。若夫四时气，常如初春，寒止于凉，暑止于温，曾无襁襨冻粟之苦。此则诸方皆不能及也。且花卉蔬果迥异凡常，岛屿湖波偏宜临泛，一泉一石无不可坐。风帆沙鸟，晴雨咸宜，浮图巨丽，玉柱标穹，杰阁飞楼，连幢萃影，翠微烟景，阴蔚葳蕤，千态万貌，不可为喻。至其地者，使人名利之心消尽。崇圣鸿钟，声闻百里，诸峰钟韵，递为连属，沧波渔火，满地星辰，峡壁涧峰，植圭攒剑，时有隐君子诛茅其中。唐人诗云"悬灯千嶂夕，卷幔五湖秋"，此语殆为斯地设也。又山水环抱如两弛弓，弓弨交处是

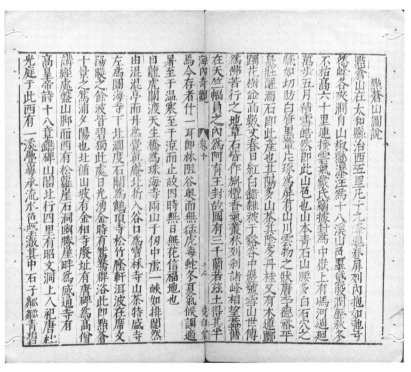

明刻《新镌海内奇观·点苍山图说》

· 67 ·

名两关，天设之险，兵燹不及。水东摩崖题云："此水可当兵十万，昔人空有客三千。"是为奥区奇甸，世称乐土，顾僻在西陲，非宦游莫至也。[1]

后世颇有以"醒酒石"为大理石说，《苍洱图说》系目前文献中最早将"醒酒石"与大理石相提并论者。李元阳稍晚在《默游园记》中承袭了这一说法，认定天竺石、醒酒石就是大理石：

> 苍山之石，白质黑章。石工凿取，近而易得。此石即白宫傅池中之天竺石，李赞皇平泉庄之醒酒石也。

嘉靖四十二年（1563），李元阳再修《大理府志》，其"地理志·山川"记点苍山，将此说进一步发挥：

> 山本青石，山腰多白石，穴之腻如切脂，白质黑章，片琢为屏，有山川云物之状，世传点苍山石，好事者并争致之。唐李德裕平泉庄醒酒石即此产也。[2]

唐代李德裕（787—850）出将入相，累世卫公，留守东都洛阳，建平泉山庄，搜罗天下奇石花木，珍木怪石，为园池之玩。晚唐康骈《剧谈录》："东都平泉庄，去洛城三十里，卉木台榭，若造仙府。有虚槛，前引泉水，萦回穿凿，像巴峡洞庭十二峰九派，迄于海门，江山景物之状。竹间行径，有平石，以手摩之，皆隐隐见云霞、龙凤、草木之形。"

"平石"即"醒酒石"。相传醉卧其上，立时清爽。《云林石谱》明确记载："平泉石出自关中，产水中。"康骈《剧谈录》说："初德裕之营平泉也，远方之人，多以土产异物奉之。"按天宝战争（751—754），唐军两次出兵三十万，皆惨败，主帅李宓自杀，点苍山下万人冢尸骨累累，蒙氏得以雄踞自立，云南、大理孤悬天南，唐朝完全

---

〔1〕或有因嘉靖《大理府志》收入此文，认定系李元阳撰此，误。

〔2〕不同于杨士云、李元阳的个人记述，这是明代官方志书首次将点苍石与醒酒石联系在一起，但显然同时忽略了与之曾并列的"天竺石"，其因不详。

失去对这一地区控制，李德裕时代断不可能获得大理地区异产。李德裕自撰《平泉山居草木记》，历数收藏的各地奇石，有"日关（泰山石）、震泽（太湖石）、巫岭（巫山石）、罗浮、桂水（广西桂江）、严湍（严子陵钓鱼台之钓石）、庐阜（庐山）、漏泽（山东费县）之石……己未岁又得……台岭、茅山、八公山之怪石，巫峡、严湍、琅邪台之水石，布于清渠之侧；仙人迹、马迹、鹿迹之石，列于佛榻之前。"《平泉山居草木记》对这些异产奇珍，郑重一一注明产地，分别来自大唐帝国何地，若真有自南诏万里而来的奇石奉上，李德裕在文章里不会只字不提。

明代《素园石谱》记平泉醒酒石，后为北宋皇家道观玉清昭应宫所得，玉清昭应宫于仁宗时焚毁，裂地分赐六王，冀王之子、丹阳郡王在道观园林旧地，挖土得石，刻有"蕴玉抱清辉，闲庭日潇洒，块然天地间，自是孤生者"字，绍圣中有旨辇入大内，筑月台以供，又置宣和殿云。醒酒石受世人关注，也因为其身世传奇。尽管李德裕曾说："以平泉一树一石与人者，非佳子弟也。"唐末战火纷起，《新五代史》："监军尝得李德裕平泉醒酒石，德裕孙延古托全义复求之，监军忿然曰：自黄巢乱后，洛阳园石，谁复能守？岂独平泉一石哉！"《旧唐书》对此事亦有记载。

《素园石谱》所绘醒酒石画图，"孤生""块然"之态，与大理石完全不同。近代藏石家张轮远先生《大理石谱》指出，《大清一统志》首倡"醒酒石"大理石之说，但该志成书时间更晚，故难以采信。

此外，《苍洱图说》里，杨士云还提到白居易喜爱的"天竺石"，以为也是大理石的别名之一，这更混淆了概念。天竺石非产自印度，是杭州天竺山所产，白居易长庆二年（822）为杭州刺史，任三年，携带而归，赋诗：

> 三年为刺史，饮冰复食蘗。唯向天竺山，取得两片石。此抵有千金，无乃伤清白。（《三年为刺史》之二）

"醒酒石""天竺石"在唐代成为著名赏石，皆因名人典故。李德裕与白居易为石友，风雅吟石，赠诗往来，杨士云在《苍洱图说》中以文学性的语言，用唐人爱石典故，为家乡奇石增添传奇色彩，这是可以理解的做法。《苍洱图说》本是艺术创作，其中"郡之方位，延庚挹辛。宾夕阳而导初月，盖与临安之西湖，洪（蜀）、永之西山，嘉之峨眉，齐安之临皋，滁之琅邪，同一快丽"句，与宋人陈郁《藏一话腴》章句多有重合，不妨按应酬文章看待，李德裕、白居易二公醒酒石、天竺石之附，文辞比兴，即兴发挥而已。以杨士云的个性，为人之端介，若是书史立传的文字，必谨慎持重。

"醒酒石"说流传颇广，杨士云的《苍洱图说》实为源头。

十二　升庵长歌

杨慎（1488—1559），字用修，号升庵，祖籍四川新都，父亲杨廷和，官少师兼太子太师，"相两朝，有除难定策之功"。杨慎天资聪颖，正德六年（1511）殿试第一，任翰林修撰。嘉靖三年（1524）七月朝会集议，"议大礼"矛盾激化，张璁以欺罔十三事折廷臣，吏部何孟春一一难之，金殿上大臣们群情汹汹。杨慎对众人言道："国家养士百五十年，仗义死节，正在今日！"群臣撼门大哭，嘉靖下令逮捕、下狱一百多名官员，廷杖之下血雨翻飞。嘉靖对杨慎尤其恨毒，两次下令廷杖酷刑，杨慎几乎毙命，后被充军云南永昌卫极边蛮荒之地，时年三十七岁。[1]

刚到云南永昌时，杨慎得到同年、知府严时泰的关照，在军中充当文书，随后移居昆明附近安宁。杨慎一度想移居到气候宜人、山水清嘉的大理，却一直未果，直到嘉靖七年（1528），安宁瘟疫流行，杨慎乃避居大理。

杨慎当年充军途径此地，见苍山洱海，顿觉昔日所见山水皆为逊色，大理妙香国度，气候宜人，心生向往。嘉靖六年（1527）到嘉靖二十五年（1546），杨慎曾几次来到大理，在感通寺写韵楼著书，并在李元阳、杨士云等当地士人陪同下，游览了石宝山等众多名胜古迹。大理一直是杨慎最喜爱的地方，徜徉日久，对大理的一山一水，深有领会。

---

〔1〕杨慎离开北京，南下湘黔入滇，前后历时半年多才到昆明，一路艰险跋涉，抵达昆明时身患重病，几不能起。当时的云南巡抚黄衷，不敢挽留这位"钦命犯官"养病，催促其动身。从昆明到永昌，还有一千多里，沿途有二十四个驿站，经安宁、楚雄，过白崖驿站时山势陡险，悬崖斩绝，杨慎在雨中攀登而行，惊险异常。此行经过大理，杨慎对此地的山川秀美留下了深刻印象。之后，过龙尾关，渡澜沧江虹霁桥，到达永昌戍所时，"肉黄皮皱形半脱"，杨慎万里充军之行可谓九死一生。此后数十年，杨慎放情山水，簪花饮酒，履痕所至遍及昆明、大理、临安、丽江、保山等地，交友、授徒、游历、著述，得到当地许多官员的照顾，其人品学问极受仰慕，但始终没有机会再回北京官场。

嘉靖十一年（1532），为修《云南通志》，正在大理的杨慎接到云南布政使高公昭邀请，返回昆明参加修志工作，住武侯祠。其时，有傅姓乡绅，冒认傅友德后代，想要谋取世袭爵位，杨慎坚决抵制。当时，云南巡抚欧阳重上疏告发镇守太监杜唐与黔国公沐绍勋"朋比为奸利"，杜唐、沐绍勋密谋驱逐欧阳重，不久昆明就有谣言出现，风传犯官杨慎与巡抚欧阳重"清异姓冒军弊"之事有瓜葛，杨慎在昆明停留两月后，惧祸匆匆回到安宁。第二年春天，杨慎再游大理，住李元阳宅默游园，二人同游石宝山，刻禹碑于大理。杨慎曾为《大理府志》作序，其《游点苍山记》历数家珍，推崇备至：

　　　　自余为僇人，所历道途，万有余里，齐、鲁、楚、越之间号称名山水者，无不游。已乃泛洞庭，逾衡、庐，出夜郎，道碧鸡而西也。其余山水，盖饫闻而厌见矣。及至楪榆之境，一望点苍，不觉神爽飞越。比入龙尾关，且行且玩，山则苍龙叠翠，海则半月拖蓝，城郭奠山海之间，楼阁出烟云之上，香风满道，芳气袭人。余时如醉而醒，如梦而觉，如久卧而起作，然后知吾曩者之未尝见山水，而见自今始……

杨慎写有《题梁生霄正苍山奇石屏歌》，并有诗卷留传至今：

　　　　苍山嵯峨十九峰，暮霭朝岚如白虹。
　　　　南中诗人有奇句，天将玉带封山公。
　　　　赋形比物亦何似，昔闻今见将无同。
　　　　何年巧匠斫山骨，缩入君家石屏中。
　　　　恍如黄鹤楼前晴川芳草景，历历又若滕王阁上长天秋水烟蒙蒙。
　　　　海岳研山何足贵，坡仙雪浪难争雄。
　　　　我言非夸君不见，去年曾献明光宫。

　　杨慎以极高的艺术修养与领悟，将点苍奇石屏"秋水长天""烟雨迷离"之景，比喻为充满诗意的黄鹤楼前晴川芳草，充满文学之美。石屏上的山峰嵯峨，暮霭朝岚，正如点苍山十九峰浓缩尺寸之间，造化神奇，石屏与点苍山高度重合的"赋形比物"令杨慎赞叹，称赞苍山奇石屏远胜米芾海岳砚山、东坡雪浪奇石。亲眼目睹到一块大理石屏，赫然将熟悉的点苍山阔然纳入，一石虽微，而其上云烟雾霭、山川景色与点苍山浑然不可方物，以杨慎之渊博识多，亦大为惊奇。

考梁霄正其人，曾作为丽江木公使者多次拜访杨慎，往来丽江昆明之间。杨慎为他的石屏赋诗，源自杨慎与丽江木公的交往。丽江木氏，原为丽江纳西（古称么些）土酋，自元始盛，明洪武十五年（1382）归顺明朝有功，朱元璋赐木姓，封为丽江世袭土知府。木公（1494—1553），字恕卿，号雪山，又号万松，世袭丽江土知府。生平好学，曾多次修书杨慎致候，派使者梁霄正带诗集前去昆明，请杨慎指教。二人交往情

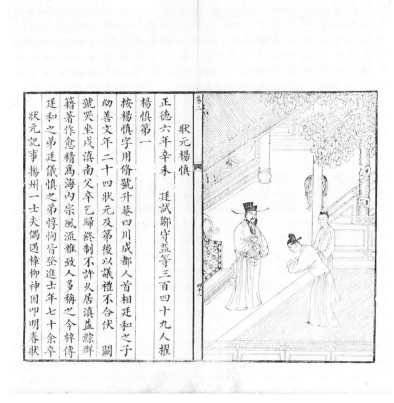

明刻《明状元图考·杨慎》

况，从现存史料、文献考稽，有嘉靖二十二年（1543）十月，应木公所请，杨慎为《万松吟卷》诗集序并书；嘉靖二十四年（1545），杨慎为《木氏宦谱》写长序；嘉靖二十八年（1549），杨慎为木公编成《雪山诗选》一书，再次为诗集作序等事。杨慎《雪山诗选序》：

> 予感雪山之神交于千里，跫音于空谷，乃因南园诸公之批评，选十一于千百。于《雪山始音》得廿四首，《隐园春兴》选十四首，《庚子稿》得廿二首，《万松吟卷》得二十首，《玉湖游稿》得十一首，《仙楼琼华》得廿三首，总之一百十有四首，是足以传矣……

杨升庵与木公之交谊，是亦师亦友的文字之交。杨慎为木公诗集编订，与使者梁霄正交往，按此推论，杨慎为梁霄正写下石屏诗的时间，应在这一期间，时间当在嘉靖二十二年（1543）至嘉靖二十八年（1549），但不排除杨慎与木公更早交往，换言之，赠石屏诗给梁霄正的时间，可能早于嘉靖二十二年（1543）。

诗中令人费解的，是最后"去年曾献明光宫"一句。按照词意推想，指大理石屏进贡给宫廷，因本诗写作时间不明，"去年"具体时间无法考证，似成悬案。

笔者根据史料零星记录，试图解开这一谜团——

1. 关于"去年"。

从嘉靖九年（1530）开始，嘉靖皇帝裁撤各地镇守太监，九月云南率先裁撤。据《世宗实录》记载，时隔八年，嘉靖十七年（1538）四月，嘉靖再次派出太监分往镇守云南、两广、四川等地，兼理矿课。考嘉靖四十年（1561）云南巡抚蒋宗鲁曾上疏奏罢石屏，提到之前两次采石情况：

第一次取石时间为"嘉靖十八九年，曾奉勘合取大屏石"，恰为镇守太监再次入滇的第二年；

第二次取石时间为嘉靖三十七年（1558）。当时杨慎已经七十一岁，正在泸州，离去世仅一年，且杨慎这年十月突遭巡抚械系回滇。

杨慎所咏"去年曾献明光宫"的具体时间，若在二者之间，以"嘉靖十八、十九年"可能性更大。[1]明世宗在位期间，紫禁城内工程浩繁，特别是从嘉靖十四年（1535）开始，到嘉靖十九年（1540），数年之内，紫禁城内有众多宫殿陆续兴造。综合《明实录》等史料初步梳理，计有：

嘉靖十四年（1535）五月，重建未央宫（后改名启祥宫），并建钦安殿祭祀真武；

嘉靖十五年（1536）四月，开始慈宁宫修建；

嘉靖十六年（1537）六月，新建养心殿竣工；

嘉靖十七年（1538）七月，慈宁宫竣工；

嘉靖十八年（1539）正月奉先殿竣工；十月永寿宫竣工；

嘉靖十九年（1540）十一月，慈庆宫本恩殿、二号殿、三号殿竣工。

如前文所考，杨慎为梁霄正所作咏屏诗，可能写于嘉靖二十二年至二十八年（1543—1549）之间，但也有可能早于嘉靖二十二年（1543）。

2. 关于"明光宫"。

"明光宫"，典出"武帝求仙起明光宫，发燕赵美女二千人充之"，为汉宫殿宇，汉武帝在此修仙，后泛指天子宫室。张凤翔《西苑宫词》记："锦屏斜立百花春，玉貌三千侍主人。"王世贞《西城宫词十二首》其七，对嘉靖采女炼丹的变态行径直白径书：

两角鸦青双筯红，灵犀一点未曾通。自缘身作延年药，憔悴春风雨露中。

杨慎所写"明光宫"，可能泛指以上新建宫殿，也可能特指其中一处。

当然，嘉靖热衷修道，不排除"明光宫"为西苑皇家道观的可能性。[2]

综合以上，为营造新宫而输入大理石屏，我相对倾向于紫禁城内的宫殿，而嘉靖十九年（1540）之前紫禁城最重要的"大工"，无疑是慈宁、慈庆二宫之鼎建！

---

〔1〕云南在嘉靖十八九年的再次采石，显是镇守太监为宫廷营建之需奉命而为，后文将再作考证。

〔2〕嘉靖二十一年（1542）十月发生"壬寅宫变"后，嘉靖皇帝政务倦怠，一直住在西苑，并大建道观，累年不断，岁费二三百万，工场二三十处，役匠数万。如建于嘉靖二十一年（1542）的大高玄殿，供奉道教"三清"，太监、宫婢在此斋戒演习科仪，是一处最高等级的皇家道观。《日下旧闻考》载，大殿面阔七间，"钩檐斗角，极尽工巧，明中官呼为九梁十八柱"。神殿建成后，百官斋戒、行香、禁刑屠十日。夏言曾有诗："炉香缥缈高玄殿，宫烛荧煌太乙坛。"

十三　慈宁新宫

慈宁、慈庆两宫修建，其实慈宁宫之修造才是重点。

武宗母亲张太后，对初入皇宫的嘉靖帝母子，曾有折辱，嘉靖内心一直耿耿于怀，掌握实权后对待张太后非常刻薄。嘉靖希望以两宫营造的差别，抬升、彰显生母蒋太后地位之尊崇。

嘉靖十五年（1536）四月，嘉靖帝下旨，为生母章圣皇太后营建新宫。《世宗实录》：

> 今朕拟将清宁宫存储居之地后即半，作太皇太后宫一区，仁寿宫故址并除释殿之地，作皇太后宫一区，分造两宫。

嘉靖十五年（1536）五月，紫禁城内元代所建大善殿被拆除，崇信道教的嘉靖下令焚毁金银佛像以及佛骨、佛牙等物一万三千斤，在大善殿旧址建造蒋太后所居慈宁宫。《世宗实录》：

> 六月壬寅朔，上谕礼部曰：朕恭备祖宗一代之制，命建慈庆宫为太皇太后居，慈宁宫为皇太后居。今上有次弟，以慈宁奉圣母章圣皇太后，以慈庆奉皇伯母昭圣皇太后，一应供帐悉取给内府如祖宗例行。

建造蒋太后的慈宁宫，耗费巨大，装饰奢华，远非"伯母"的慈庆宫可比。慈宁宫于嘉靖十七年（1538）七月建成，嘉靖特封赏武定侯郭勋、大学士李时、夏言等人。而慈庆宫，则迟至嘉靖十九年（1540）方才建成。

嘉靖时期一位曾任云南巡抚官员的墓志资料，侧面佐证了慈宁宫修造与云南采石之间的关联。

胡训（1474—1548），字海之，号南山，江西南昌人，弘治进士。据《江西通志》记，他出仕初，由行人擢御史，历任浙江按察佥事，改广东兵备，缉捕海盗有功，后任湖广、浙江布政使。《明代职官年表》记，嘉靖八年（1529），胡训由贵州布政使任

北京故宫慈宁宫

上接替欧阳重，担任云南巡抚。第二年丁忧卸任。嘉靖十二年（1533）至嘉靖十五年
（1536），继续担任云南巡抚。《国朝献征录》卷四十二《太子少保南京兵部尚书南山胡
公训墓志》：

> 时八寨诸蛮煽动，滇民震恐。公独督守巡兵备，率汉土官兵设法防守，且抚
> 且捕，边徼以宁。是岁，修饬七陵及预建山陵，勒取青绿万计，时山脉探竭，民
> 甚苦之。祷于神，不数日，夜半雷风大作，晨视则雷霹处皆青绿也，以故得如期
> 取盈。至于欲取大理石，办纳岁例赋金，奏封禁宝井、银矿而民困姑苏。

考修饬七陵及预建永陵，为嘉靖十五年（1536）事，这也是胡训在云南巡抚任的最
后一年。胡训面对叛军，组织军民抵抗，而这年嘉靖皇帝为修皇陵，仍向云南索要大
量青绿矿石，胡训左支右绌，所谓"雷劈出矿"的异象，并没有令大理石矿得到喘息
之机。胡训在云南任上最后一年，提出终止宝石矿、银矿、大理石场采矿。这一年恰
是嘉靖十五年（1536），四月，嘉靖帝刚刚下旨，开始为生母营建慈宁宫，胡训的闭矿

奏折没有下文，也就不难理解。[1]

唐顺之《荆川先生文集》卷二，《点苍山歌赠雪屏赵考功》诗，也提供了同一时期大理石屏进贡的情况：

> 点苍山，十九峰，峰峰巧削玉芙蓉，炎天赤日雪不融。
> 峰顶涌出十九泉，一峰一泉相萦缠，流到峰前共一川。
> 雪花乱落绿波里，迷岛连洲镜中起，是为巨海名西洱。
> 蒙舍当年控百蛮，山水中间凿两关，一夫守此百不攀。
> 圣代垂裳九夷附，此地千秋罢烽戍，洱海行人日夜渡。
> 剪除蓬藋疏街衢，歌钟绮衣盈路隅，昔日不毛今雄都。
> 山中鸡犬散不取，山下乌蛮种禾黍，况乃儒风似邹鲁。
> 纷纷犀象走王庭，怪石亦具山水形，尽挈中州作画屏。
> 羡君结庐山之窟，窗里诸峰互出没，夜夜读书常映雪。
> 十年簪笏系朝班，位高官要身不闲，惟有清梦到故山。
> 余亦平生好奇者，一说名山心若洒，何时与君共坐雪峰下。

"赵考功"为赵汝濂，字敦夫，号雪屏，云南太和人，嘉靖十一年（1532）进士，选庶吉士。嘉靖十四年（1535）授考功司主事。嘉靖十五年（1536）调文选司主事。嘉靖十九年（1540）升考功司郎中，与李元阳同称"大理三公"。

此诗所作年代，据"十年簪笏系朝班"句，赵汝濂已为官十年推算，当为嘉靖二十年（1541），但从诗题"考功"称谓，赠诗时赵汝濂尚在吏部任考功司郎中。据《明代职官年表》，嘉靖十九年（1540）升吏部考功司郎中不久，赵汝濂就因赵文华事得罪严嵩，由吏部转任南京尚宝卿。若赠诗时间为嘉靖二十年（1541），唐顺之已不便再以"考功"相称。

考嘉靖十九年（1540）十二月，唐顺之与罗洪先、赵时春上疏请太子来岁元日出御

---

〔1〕胡训后升任南京都察院右都御史，嘉靖二十六年（1547），以南京兵部尚书加太子少保致仕，次年去世。嘉靖对他的好感，大约源自其湖广布政使任上，修建显陵有功。

景仁宫　元末明初大理石影壁

文华殿受百官朝贺，为世宗所恶，由右春坊右司谏罢黜为民。[1]

唐顺之年底罢官，赵汝濂同年遭贬，唐、赵二人科甲相近，前后任考功司郎中，同在嘉靖十九年（1540）官场失意，"位高官要身不闲，惟有清梦到故山。余亦平生好奇者，一说名山心若洒，何时与君共坐雪峰下"云云，正合二人此时心情。[2]

另《荆川先生文集》卷二，紧接此诗为《李中麓文选藏书歌》，考李开先卸任吏部文选司职务、调任太常寺少卿的时间，恰为嘉靖十九年（1540）春天。如此，可推定《点苍山歌赠雪屏赵考功》写于嘉靖十九年（1540）。

厘清此诗年代，回头再看"纷纷犀象走王庭，怪石亦具山水形，尽辇中州作画屏"句，这些具有"山水"之形、"画屏"之制的奢侈品，在嘉靖十九年（1540）之前一段时间里，由云南输入"王廷"、纷纷进贡大内禁苑的情形，宛在眼前。

此时，慈宁宫已经竣工，而大理石屏仍依靠人力车马舟船颠簸履险，穿越了数不尽的重山峻岭，激流险滩，一路向北运往京城……

考万历《工部厂库须知》卷九"都水司"，有"内官监成造慈宁宫铺宫物件"条：

> 前件，查万历十三年正月，该监成造铺宫物件，出过实收计银一万九千六百三十五两二分。

慈宁宫是太后寝宫，其铺宫装饰费用之浩大，可见一斑矣。

---

[1] 唐顺之，字应德，号荆川，常州武进人。嘉靖八年会试第一，授兵部主事，十一年转吏部考功司主事，十二年选翰林院编修，参修实录。十四年致仕，嘉靖十八年起补右春坊右司谏，十九年起罢黜为民，居家十八年，嘉靖三十六年起为南京兵部车驾司主事，协赞浙直兵务，三十八年擢督察院右佥都御史，巡抚淮阳，不久病卒任上，时年五十四。

[2] 赵汝濂为人简默，言呐呐若不出口，性格刚毅。主内察时，赵文华在黜中，宰冢以其为严嵩私人不可。汝濂曰："若文华不黜，则无可黜之官矣。"（《明代传记资料索引》引李元阳为撰墓志铭、《国朝徵献录》）其后履历，皆为南都闲职。嘉靖二十三年，赵汝濂由南尚宝卿转南太常寺少卿，嘉靖二十五年转南京通政使。嘉靖二十六年十一月，迁南京太仆寺卿。嘉靖二十九年，改任南太常卿，寻升南京都察院右副都御史，协掌院事。次年调外任，不久致仕。嘉靖三十三年以原职致仕家居，隆庆元年（1567）进正奉大夫。隆庆三年卒于家，年七十五。不治产业，归来营一草庵，推俸兄弟，志节高尚。

十四 俨山屏铭

云间陆深，可谓大理石屏的忠实拥趸与欣赏者。明人诗文集中，以《俨山集》对大理石屏关注最多。

陆深（1477—1544），字子渊，早年与吴中才子徐祯卿友善，书法、文章皆有名于时，称江东奇才。弘治十四年（1501）应天府乡试解元，弘治十八年（1505）进士，同年有顾鼎臣、严嵩、徐祯卿、湛若水、崔铣等。孝宗遣中使问徐祯卿及陆深名，徐祯卿以貌寝不与，陆深馆选为庶吉士，正德二年（1507），授翰林院编修，不久丁忧还家。陆深因刘瑾擅权，直到正德六年（1511）才复起，正德十二年（1517）简派科考官，舒芬、夏言等皆为陆深所得名士，后来都成为名臣。嘉靖七年（1528），特诏征为侍读，五月，未至国门接任严嵩职务，再迁国子监祭酒。在担任经筵讲官时，陆深曾遭桂萼打压贬官，历任山西、浙江提学副使，四川左布政使，嘉靖十六年（1537），召为太常卿兼侍读学士。世宗南巡时，皇帝御笔删侍读二字，掌行在翰林院学士印。

嘉靖对他颇为赏识，《明史》称陆深"尝鉴博雅，为词臣冠。然颇倨傲，人以此少之"。

陆深为人精明，在北京官场获得了声誉，且与严嵩也保持着良好的私交。"深长身玉立，神采朗豁……磊落瑰奇，嬉笑成文。品骘古今，商确事义，辩识书画古器，谈锋倾一座，书法学赵吴兴，光彩焕然，天下之人闻深名者，师慕踵至"。（《名山藏》卷七十四）

同乡吴履震《五茸志逸》说："吾乡自陶南村撰《辍耕录》及《说郛》，嗣后，陆祭酒俨山最称博雅。"

称博雅君子的陆深嗜好广泛，藏书万卷，珍贵书画如《韩画马八骏图》为其箧中长物，还有专记古董鉴赏的《古奇器录》传世。陆深文集中有《京中家书二十三首》，其中一则专门与儿子陆楫讨论收藏古玩心得：

> 吾儿不欲收买古董，甚正当！正当！吾所以为之者，欲为晚年消日之资，亦不可为训也。若是，古来礼乐之器，又不可直以玩好视之。今寄回钧州缸一只，

可盛吾家旧昆山石，却须令胡匠做一圆架座，朱红漆。前寄回银朱两包，此出涪州，俱是辰砂研成，只宜入漆，不可杂用了，知之！知之！钧州葵花水盉一副，又有菱花水底一个，可配作两副，以为文房之饰余，不再收可也。玻璃瓶、彩漆架不佳，可令苏工制一乌木架，可宝也！

有古玩嗜好之人大多爱石，陆深也是如此，他对石屏素有留意，有《岐阳石屏歌喻太守子乾所惠》诗：

岐阳之民像侯德，远致山中一片石。依稀宛见城郭面，彷佛尚带山川迹。一从乘骢换五马，雾渚烟村坐来隔。摩挲三复如有情，指麾从吏贻江滨。长卿多病枕书卧，惊起门外高嶙峋。倒屣相迎问来使，开械再拜生阳春。荷侯此惠百感集，愧我家徒四壁立。忽焉屋底开暮晴，摇荡虚无翠寒湿。新恩旧惠俱在眼，万壑千

清宫旧藏祁阳石屏

· 81 ·

岩互相入。滇南大理空自珍，江上数峰尤绝伦。天然飞走肖麟凤，瑟尔莹润同瑶珉。坐当保障屹不动，岂免睹物终怀人。自是侯家有余积，留待他年隔朝席。泥金孔雀映芙蓉，郎君近作乘龙客。胡为致之向儒素，恐使湘灵动深惜。君不见唐朝太宗重畿甸，遍题姓字留宸眷。天生异质当大用，安得随君献入光明殿。

考"岐阳石屏"，当为"祁阳石屏"，非产自关中。

《岐阳石屏歌喻太守子乾所惠》诗，当正德年间喻时任松江知府时作。据陆深年谱，正德七年（1512）陆深痰疾忽作，回籍治疗，杜门江东里第，罕入城市。直到正德十一年（1516）七月，才起告入朝，第二年任礼部会试同考官，从全诗语气推论，喻时派人赠屏致意，当是正德七年（1512）陆深回乡养病之初。[1]

"滇南大理空自珍，江上数峰尤绝伦"句，虽是客套酬答，亦见陆深此时尚无大理石屏收藏，如前文黄云一样，得到友人赠屏，虽非滇产大理石屏，但久闻大理石屏之名，为感谢友人情谊，受赠者特意将石屏与珍贵的大理石屏比肩而论。

陆深后来得到了一座大理石屏。

《俨山续集》中有两首诗，专为答谢友人赋大理石屏诗而做。《俨山续集》卷二，有《次答沈叔明石屏歌》：

> 效古初开绿野堂，偶置屏石增清光。
>
> 此屏来自万里道，产向滇南山水乡。
>
> 点苍秀色多烟景，云雾重重玉龙隐。
>
> 星斗高侵太白峰，海天常拂扶桑影。
>
> 疑有阴阳变晦明，卧游坐对俱峥嵘。
>
> 若非黑白分明见，必是丹青点缀成。

---

[1]《明人传记资料索引》中"喻时"有两位，其一"喻时内江人，弘治九年进士，授祁阳知县，历任南京户部主事，监察御史，正德时擢升松江知府"。松江顾清有《松江歌送吴宿威太守》，言及松江历任知府，"子乾以丙子春（正德十一年，1516）卒于官。邵宝《容春堂后集》卷十二有《哭喻子乾》："数口西悲蜀道难，一骢五马旧相看。风传天上春光近，月堕云间海气寒。事志已修千里郡，功名俄盖百年棺。惟馀南省相知意，独取焦桐忍泪弹。"

狷予少日多游兴，今已白头寻蔗境。

爱月时登庾亮楼，归田重理陶潜径。

摩挲此石得大观，羲娥来往双转丸。

独倚岩峦酒醒后，便觉空同眼界宽。

微茫云外见新月，晃漾峰头余积雪。

长夜高堂如有神，衣冠满座皆含洌。

多君珠玉罗胸中，落笔宛有唐初风。

为我石屏歌一阕，安得持献天子明光宫。

《俨山续集》卷二，另有《次答姚子明石屏歌》:

乾坤奇秀皆储精，老我俨山偏多情。

是中犹有爱石癖，一见奇石双眼明。

十年去国行八省，参谒咨请兼逢迎。

晚蒙圣恩召自蜀，置之金马白玉京。

晨趋黄扉暮紫闼，左图右史心无营。

赐金月俸有余锱，买得一屏当座横。

人言此屏本无价，我亦得意还若惊。

烟云缥缈天台路，岩壑隐映芙蓉城。

瑶池东来降王母，仙掌擘出烦巨灵。

有时坐对一长啸，便觉毛骨随风轻。

滇南蒙段昔开国，此石充贡万里程。

携归东海添秀气，聊与平泉作后尘。

得君长歌更增重，五色光焰辉文衡。

"是中犹有爱石癖，一见奇石双眼明"，再次确认陆深的石癖。《次答沈叔明石屏歌》《次答姚子明石屏歌》这两首长诗，都特别强调大理石屏万里而来，"此屏来自万里道，产向滇南山水乡""滇南蒙段昔开国，此石充贡万里程"。

宋 米友仁 《云山墨戏图》（局部） 故宫博物院藏
若非黑白分明见，必是丹青点缀成。大理石屏，追摹"米家云山"画意。

　　第一首答沈叔明诗，对这块大理石屏的描绘，有烟景，云雾，云外新月，峰头积雪，黑白分明等语，大理石屏画面完美之极，几乎具备所有上品石屏应该出现的"优雅"元素，陆深也以"卧游"标榜自己的赏看心态，"有时坐对一长啸，便觉毛骨随风轻"，得意之情跃然纸上。

　　"长夜高堂如有神，衣冠满座皆含冽"，道出大理石屏陈设的位置，为"堂"，是主人正式接待宾客的地方。群贤毕至，对坐清言，或觞酒联诗，乃是宅邸最重要的场合，大理石屏赫然陈列在这里，从明代家具等级意味看，大理石屏"登堂入室"，从宋人"砚屏"书斋案头的位置一跃而升，意义自明。

　　考沈叔明，即沈希皋，号瞻岳，叔明或为其字。明嘉靖二十二年（1543）"癸卯乡科"举人，《云间人物志》称"学务综博，时称通儒"，著有《海风天轨》《玉兰堂诗》，与陆深之子陆楫年龄相仿，陆楫《蒹葭堂稿》中有《元旦祝圣寿和沈瞻岳》《送沈瞻岳上太学》诗。

　　第二首答姚子明诗，陆深透露大理石屏的购买时间，是从四川召回北京以后。京城市场里有大理石屏出售，反映出当时京城玩古之风的盛行。晚明刘侗、于奕正《帝京景物略》卷四"城隍庙市"记：

月朔望，廿五日，东弼教坊，西逮庙墀庑，列肆三里。图籍之日古今，彝鼎之日商周，匜镜之日秦汉，书画之日唐宋，珠宝象玉、珍错绫锦之日滇、粤、闽、楚、吴、越者集。器首宣庙之铜……次窑器……次漆器……次纸墨……

有内府扇曰宫扇，带曰宫带，香曰宫串。外夷贡者，有乌斯藏佛，有西洋耶稣像，有番帧，有倭扇，有葛巴刺碗。数珠则有顶骨禄，有番烧，有腻红，有龙充，有鳅角。段帛，有蜀锦，有普鲁，有猩猩毡，有多罗绒，有西洋布，有琐附，有左机等。

皇城西市的繁华市场，几乎就是一个大古董市。吴江沈孟城有《城隍庙市观宣炉歌》，从一个外地人的眼光，记录了诸方职贡齐聚京师，北京市场的极度繁荣：

初入帝京大观光，皇城西头张庙市。未到庙市一里余，杂陈宝玉古图书。公卿却舆台省步，摩肩接踵皆华裙。阿监飞龙内厩马，高出人头俯屋瓦。锦衣裘帽出西华，二十四衙齐放假。亦有波斯僧喇嘛，西先生老鼻如瓜。挤挤挨挨稠人里，华与邻交市一家。……

城隍庙市四方乡音混杂，高官平民，内监中使，碧眼波斯胡商，乞丐僧人，均混迹其中，各地奇珍、货物琳琅。晋江黄景昉《城隍庙市》的描绘更为传神：

……木客来秦地，鲛人出海隅。兼复善拂拭，手爪自然殊。十榻十毡围，问君何所需？买琴得蛇蚹，买剑得鹿卢。双玉谓之瑴，五毂谓之区。钗头金凤子，饰以明月珠。仙家高靺鞨，石室富珊瑚。珊瑚何离离，枝叶自相扶。金膏差大国，水晶如小邦。是日政三五，顷城争此途。如在玉山行，不觉白日晡。好物好售主，大家各欢娱。

陆深在北京所购买的大理石屏价格不菲，"赐金月俸有余锱，买得一屏当座横。人言此屏本无价，我亦得意还若惊"。

嘉靖二十年（1541），陆深致仕回到家乡，石屏携归松江，置放在园宅中。[1]

据《俨山集》"与姚时望"二首，考定姚子明为姚时望之子。姚家三代书香，陆深集中有多首赠姚时望诗。特别是《俨山集》卷九十四，还收有一封写给姚子明的信：

伏暑过庐岳，得报小试获隽，为之喜慰，为我时望亡友含笑而挥涕也。但不能奉饯耳，薄仪别具，鉴之。楫儿学未成，遂蒙当道与进，诚所谓附青云也，何幸！何幸！已命相侍世契之，雅想敦念之，洗耳听捷音，容致贺，极草草，石屏承佳篇，感谢！感谢！但作长篇，须要转折变化，转折在换韵，变化在押韵，若押韵不稳贴，便成薄弱，昨明卿歌，颇得意，可同此言参之！

信札提及陆深与姚时望、陆楫与姚子明的两代交谊，还特别提到了"石屏篇"，由此可知姚子明写咏石屏诗，出自陆深邀请。陆深信中允为"佳篇"，并论及长诗创作技巧。能将这封信札与"石屏篇"参照印证，确实难得。

陆深两首咏屏诗的写作年代，据《俨山续集》卷次排定参，前后都是谢答聂豹赠吴中新刻《临川文集》诗的内容，其中有"苏州太守古邾侯"句，考聂豹任职平阳时间在嘉靖二十年（1541），二十二年（1543）升陕西按察副使，兵备潼关。另，《俨山续集》卷《七十歌》，陆深自叙"我生二十五始仕，自计五十归须早。余年二十付闲适。等此三分少壮老，迩来倏忽四十五"句，按此推算，则陆深大理石屏邀咏之事，系于嘉靖二十年（1541）致仕松江之后，当无大谬。

---

〔1〕正德十六年，陆深四十五岁，父亲去世，陆深南下奔丧守制。嘉靖二年，除父服，《松江府志》记载陆深"买田一顷，作楼六楹"，筑后乐园，辇土筑五冈，望之俨然真山，每日与诗友徜徉林泉花木石间，从此号"俨山"。这是他私人园宅最初的建造记录。

第四章　嘉靖（下）

十五　流行礼物

嘉靖时期，大理李元阳曾赠送一座大理石屏给无锡华察。

华察（1497—1574），字子潜，号鸿山，出身无锡望族，仕宦二十四年，交游广泛。嘉靖二十四（1545）年，不愿受严嵩拉拢，辞官归隐，与喻义、顾可久、秦瀚、张选、华云等重建碧山吟社，有《岩居稿》传。[1]"华泓山"相当出名，皆因后世"唐伯虎三笑点秋香"弹词，将他刻画如好好先生，老迈颠顸。实际上华察素有谋略，辞官回到无锡后有倭寇扰乱，华察捐金筑城。隆庆二年（1568），季子·叔阳中进士，姻亲王世贞来贺，劝他"减产树德"，三日后，华察毅然卖田三千亩赈济孤贫，深自韬晦。钱谦益《列朝诗集》丁集《华读学察》：

---

〔1〕华察于嘉靖元年（1522）中举，嘉靖五年丙戌（1526）取进士，选庶吉士，历任户部主事，兵部主事、员外郎，嘉靖十二年（1533）升翰林编修，与唐顺之等校录累朝《宝训实录》，十六年（1537）升侍读学士。嘉靖十八年（1539），以皇太子立，正使赐一品服宣谕朝鲜，历时一月。嘉靖二十二年（1543），华察主持应天乡试，一时名士收尽，录王世贞、徐学谟等人。次年为侍读学士署院，与门生茅瓒同考会使，录李攀龙、皇甫濂等名士，因此也遭人嫉恨，萌生退意，不久被言乞休。

家本素封，罢官里居，修其业而息之。田园第宅，甲于江左。食不三豆，室无侍媵，其俭约韦布如也。

华察精于鉴赏，与吴门文徵明、祝允明、唐寅等多有交谊，文徵明于嘉靖二十六年（1547）秋，为华察补绘《纺绩督课图》，石刻今存无锡华孝子祠。与之往来的族人华云、华夏皆为收藏大家。《泾林续记》卷四记：

无锡华虹山家藏古玩玉器甚多，偶有卖古董者至，出数种求售。中有玉孩儿一，其白如脂，长可五寸许。但从首至腹俱有细墨点直洒而下，制造甚工而攒眉蹙频，作悲啼态，见者恶之其不祥，鲜有市者。华独谛玩不去手，因询所值，以三金对，华即如数予之，喜形于色。卖者问市此安用？华微笑不言，固诘其故，乃命童于书房持一玉孩儿来，与之相比，形体颇肖但失所得者，手持笔作挥洒状，开口而笑，此则若因墨污而泣耳。玉工真巧手哉。[1]

这则笔记生动记录了华察鉴赏古董的眼力之高，华察经常去华夏真赏斋鉴古赏画，上海图书馆藏嘉靖四十三年（1564）刻《岩居稿》（王士祯批点本），有"谢李仁甫元阳赠石"诗：

故人消息阻河关，万里题缄泪欲潸。
云寄远心将片石，月随清梦到苍山。
诗成却笑穷逾拙，身退犹怜老未闲。
怅望昆明池草色，春风南雁几时还。

李元阳（1497—1580），字仁甫，号中溪，大理人。嘉靖元年（1522）云贵乡试第二，嘉靖五年（1526）进士，与华察同年，选翰林院庶吉士，为十四才子之冠，名动北

---

[1]《泾林续纪》作者周玄暐，昆山周复俊孙，字叔懋，号绳吾，万历乙酉（1585）举人，丙戌（1586）进士，历任河南清丰知县、广东电白县知县。据潘祖荫考证，周玄暐"行取入都为御史，坐事，瘐死狱中"。万历丙辰（1616）因"谤书案"瘐死狱中。是书记载明代嘉靖、万历年间的朝野轶闻颇多，流传甚罕。

京。因"大礼议"，嘉靖六年（1527）出为分宜知县，次年因母亲去世，回乡守制。嘉靖十年（1531）任江阴知县，嘉靖十二年（1533）任户部主事，改江西道监察御史，嘉靖十五年（1533）巡按福建，十八年（1539）回到北京，上疏反对皇帝护送太后灵柩前往湖北巡陵，几受杖责，侥幸未得罪，但銮驾才到安陆就被外放荆州知府。嘉靖二十年（1541），父亲去世。李元阳守制回乡，致仕闲居四十余年，穷究性命之学，后寄情山水，有《李中溪全集》传世。另外，他还编纂了《云南通志》和《大理府志》等地方史志。[1]

李元阳与华察既是同年，寄赠石屏可证二人交谊深厚，李元阳作为大理人，对大理石屏的关注在其诗文中比比皆是，如《露树石屏七尺》：

> 丹青为骨玉为肌，压倒人间老画师。
> 韦偃帧中桥断处，平泉墅里酒醒时。
> 胡床倚玉炎蒸薄，棐几移琴格韵奇。
> 借问子云萧字壁，可能风雨不离披。

柯律格《雅债：文徵明的社交性艺术》一书，曾深入讨论了文徵明书画生活中"礼物"交换的概念。书画、诗文作为士人交往间的"礼物"，属于士人掌握的文化资本，秉承古人"礼尚往来"的理念，可用于流通、交换，但明代士人、官员的日常生活记录中，交际中"礼物"的概念，仍以物品居多，所谓"书帕"，仍有实际的金钱价值。王世贞《觚不觚录》：

> 先君巡按湖广还，见诸大老，止以刻曾南丰集大明律例各一部为贽。严氏虽势张甚，亦无用币也。二年在楚，所投谒政府，绝不作书。当时匪直先君为然，

---

[1] 李元阳为人耿直，曾弹劾夏言选官舞弊。杨慎戍滇数十年间，和李元阳结下深厚友情。文徵明在翰林院供职期间，杨慎以翰林院编修与文徵明互为钦仰，文徵明很可能因为杨慎的关系，与李元阳结交。衡山与大理杨士云之交往，亦可能因杨慎介绍。嘉靖十一年，李元阳任江阴县令，衡山在江阴与李元阳一起游山并有诗，为他收藏的东坡学士院批答做跋，考证颠错。李元阳回乡后，文徵明还画过一幅画，题诗寄赠。李元阳与吴中文士皇甫汸等亦多有赠答。

有用币者，知之则颇以为骇矣。

　　以金钱直接投赠，毕竟不雅。大多数情况下，书画图书之外，如时令食物、药品、各地土产、茶叶、纸墨、扇子等"清物"，时常充作礼物。在某些情况下，将昂贵的古玩文物赠给他人，也非罕见，如柯律格在《雅债》引言部分指出："现存绝大部分的中国古物，都具有相当明显的礼物关系。"

　　这种礼物的赠送与接受与否，自有分寸。《文徵明集》中有一札，系派人送回所赠礼物："古铜天鹿，适副文房之用，领贶珍感。但数渎雅意，不敢当耳。"而另一札，为答谢张献翼赠送犀角杯。接到礼物，文徵明适有远客在座，匆匆一草，信中称许

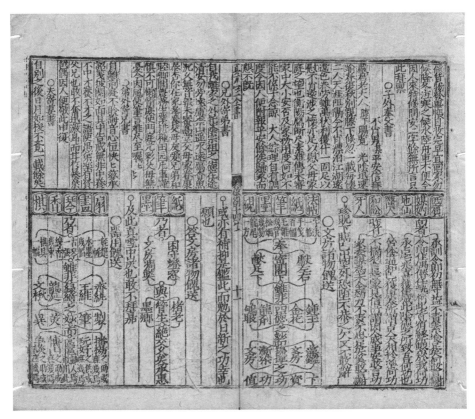

明刻《新板增补天下便用文林妙锦万宝全书·启札门·书柬活套》

　　从"文房诸物馈送""答文房诸物馈送"看，当时文房、器用馈赠常见之物，多为纸、笔、砚、墨、法帖、扇、画、琴、香、棋。

"……犀杯,盖旧制也"。"当就试之,共饮盛德也"。

与犀角杯、古铜器等文玩之物一样,大理石屏事实上很早就作为官员交往互赠的风雅礼品,官员士人互惠、应酬、和赠礼的过程中,大理石屏一再出现,这在李元阳著作中能找到更多佐证,不过这次他是受赠者,送出石屏的是一江姓县令。《石屏歌》:

> 点苍山石白如玉,琢为屏风和腊沃。
> 山峦重重画不成,近浓远淡青还绿。
> 郭熙松,韦偃鹘,古今画手纷相属。
> 帧子移将一处看,意态翻嫌画师俗。
> 初疑皴法无笔锋,又疑摹印无墨踪。
> 荧荧冰片现云物,产在仙山第几重?
> 云根试叩球琳质,铿然正应清商律。
> 丝木烦猥匏土喑,苍蝇绝迹朱炎失。
> 江候清真偏好吾,饷吾片石琼瑶肤。
> 直之露坐永为好,莹莹秋月涵冰壶。
> 长安侯家锦布幛,缀珠嵌钿夸宫样。
> 五金七宝作屏风,朝护暮妨神恍荡。
> 石屏天巧还本初,世上珍奇百不如。
> 骤雨狂风不收拾,年年岁岁在阶除。

"点苍山石白如玉,琢为屏风和腊沃",提到了大理石屏琢磨后的"沃腊"工艺,这种加工方法至今沿用。以腊烫石,与紫檀、红木家具细致抛光后的烫腊实为一理,可使器物光彩焕发,令石屏不染灰尘、轻拭即莹润如初。

《石屏诗》盛赞大理石屏"世上珍奇百不如",汉唐的锦布幛、五金七宝镶嵌屏风,缀珠嵌钿,人工巧极,都不如天然的大理石屏。历来欣赏石画,宋代周密注意到"米家云山"的图式以及石屏图像的肖似程度;黄云面对蒙山石屏,惊讶赞叹造化神奇;陆深《次答沈叔明石屏歌》诗,更多地表达出大理石屏带给自己视觉以外精神上的愉悦,这些欣赏、观看者的审美体验,都更多留意大理石屏天然图画的逼真程度,李元阳再进一步,"初疑皴法无笔锋,又疑摹印无墨踪",直接以国画"皴法"审视大理石屏的绘画性。

一座石屏要经受如此细致的"审看",固然可能是李元阳写作时的随兴发挥、想象,但这样"苛刻"地品赏石屏,反映出当时出产大理石屏品质之高,画面之奇绝,如画师笔端纤毫毕现。自成化朝开采大理石制屏,五六十年间,随着各种开采、加工技艺日臻完备,高品质原石矿区不断挖掘,优质矿脉一旦勘定,几代石工琢磨技艺积累,到嘉靖中期,大理石屏的出产量、品质都有较大提高。老道的鉴赏者如李元阳观察入微、要求如此之高,与数量可观的高品质大理石屏得以问世互为因果,正所谓"愈出愈奇"。

李元阳集中另有一《酬友人贻鲸石》诗,印证了这一时期石屏的图案千变万化,奇绝程度前所未有:

> 韩君赠石势如舞,跋浪鲸鱼在堂庑。竖尾生狞直欲飞,鳞甲苔纹存太古。左蹲右努如有神,千仞江崖谁攫取。翠波沄沄千竹院,轩窗仿佛惊雷雨。却忆良工取得时,驱使六丁提鬼斧。划然分断岱宗云,留待青莲醉骑汝。君不见河边织女支矶石,沦落人间傍尘土。[1]

鲸鱼在波涛涌动的大海上破浪而行,这块象形石屏迥异于之前常见的"云山图式",李元阳也赞叹这位石工琢磨的巧思与果断,理想画面的取得,需要老手相石、相机琢磨取画,这一关键步骤需要石工相当的经验,以及较高的鉴赏能力,"却忆良工取得时,驱使六丁提鬼斧。划然分断岱宗云,留待青莲醉骑汝","断然"方显手段,一旦迟疑失手,过犹不及,将错失良材,美石瞬间就沦为瓦屑。

这块鲸石屏,也是李元阳获得的友人赠礼。[2]

---

〔1〕"翠波沄沄千竹院",大理城中文化坊石马井巷,是李元阳祖宅。回里后,邻人以隙地求售,李元阳辟为园林,取名嘿游园,竹树花卉,芳香艳丽,园中藏书几千卷,"在江南买得曹御史古琴一张,文待诏赠宋贡砚一枚,丽江木公雪山送石鼎、石磬、西洋鹤两只",建有尚友楼,怀仙亭,绿荫轩,碧山槛。"月明鹤唳之夕,雨霁风清之时,命觞煮茶,洗砚,弹琴,击磬,游于人世外。"李元阳《嘿游园记》自述:"心满意足,更无他愿,如鸟归巢,不知林深。"杨慎曾住此园。

〔2〕鲸石屏之石材,可能是古化石品类,而非大理石。

十六　真赏陈列

真赏斋的收藏，天下闻名。

华夏，字中甫，号东沙，光绪本《无锡金匮县志》：

> 少师王守仁。守仁谪龙场驿，夏周旋患难，中岁与吴下文征明、祝允明辈为性命交。金石缣素品鉴推江东巨眼。

《华氏本书》：

> 师阳明先生……于学未得称入室，于文祝则称合志之友……弃举子业，乃寄情古图史金石之文，其所珍三代鼎彝，魏晋书法，皆品极上之上者，大江以南赏鉴家则首推华东沙，项叔子次之。

《鹅湖华氏通四兴二支宗谱》《华氏传芳集》均载，华夏曾为南京国子监生，师事阳明先生。后来因病弃举子业，寄情于古图史金石之文，"阳明先生遭谗祸且不测，从游者日避匿。府君日侍左右，士论韪之"。据蔡淑芳的研究推断，华夏生于弘治三年（1490），卒于嘉靖四十三年（1563），年七十三岁。

嘉靖二十八年（1549），丰坊应邀为华夏的真赏斋作赋，根据丰坊赋中文字，同一年更早些时候，八十岁的文徵明为华夏绘制了第一幅《真赏斋图》。[1]

---

〔1〕周道振《文徵明年谱》考订，文徵明与华夏二人最早交往时间为正德十四年（1519）五月，当时文徵明为华夏藏《淳化祖石刻法帖》六卷做了题跋，当时文徵明五十岁，华夏不到三十。《郁氏书画题跋记》记，嘉靖九年（1530）文徵明新作"淳化帖"题跋，华夏藏有"淳化帖"祖本六卷，犹有遗憾，以不全为恨事。文彭从坊间得知有三卷出现，告知华夏"以厚值购得"，纸墨刻拓无不与前得六卷相同，"盖原是一帖，不知何缘分拆？"据董其昌其后题跋："《淳化》官帖，宋时已如星凤。今海内止传一本，是周草窗家物，在项庶常所。吾闻项本初在华东沙、史明古家。华得其九，史得其一。文待诏为之和会，两家各称好事，连城不吝，延剑终乖，其难致如此。"清代卞永誉《式古堂书画汇考》卷三十一，记载了华夏为与项氏家族相争的另一个故事：梁溪华学士收藏法书名画为江南冠，檇李项子京后起，与之斗胜。元季四大家无所不有，惟倪迂画寥寥。画犹易致，画卷绝少，项所藏《狮子林图》，华则《鹤林图》耳。文太史父子尝欲两家合一，各不相下。文徵明又一次出现在了华、项争夺藏品的事件里。

嘉靖三十六年（1557）四月，文徵明八十八岁，为华夏再作《真赏斋图》。

《真赏斋图》流传至今，传世两本都有文徵明所书《真赏斋铭序》：

　　真赏斋者，吾友华中甫氏藏图书之室也。中父端靖喜学，尤喜古法书图画，古金石刻及鼎彝器物。家本温裕，蓄畜所入足以裕欲，而于声色服用一不留意，而惟图史之癖，精鉴博识，得之心而寓于目。每并金悬购，故所蓄，咸不下乙品。自弱岁抵今垂四十年，志不少怠。坐是家稍落，弗恤而弥勤。徵明雅同所好，岁辄过之，室庐靓深，庋阁精好。燕谈之馀，焚香设茗，手发所藏，玉轴锦幖，烂然溢目。卷舒品骘，喜见眉睫。法书之珍，有锺太傅荐季直表，王右军袁生帖，虞永兴汝南公主墓铭起草，王方庆通天进帖，颜鲁公刘中使帖，徐季海绢书道经，皆魏晋唐贤剧迹，宋元以下不论也。金石有周穆王坛山古刻，蔡中郎石经残本，淳化帖初刻，定武兰亭，下至黄庭、乐毅、洛神东方画赞诸刻，则其次也；图画器物，抑又次焉。皆不下百数。於戏，富矣……

文徵明的《真赏斋铭序》，侧重于主人书画收藏。对真赏斋所蓄古董器物，仅记为"图画器物，抑又次焉，皆不下百数"，忽略而过，代表了当时收藏家的态度。沈周、文徵明、王世贞等人收藏，皆以晋唐法书名帖为最，看重古代书画，若鼎彝古玉珍玩之属，往往贵戚富豪公子才有所偏好，虽三代古物，风雅士人不屑亦无力置办。相比之下，丰坊的《真赏斋赋》，一直鲜有重视者，而恰恰是在《真赏斋赋》中，华夏"不下百数"的古董玩器，由丰坊详细记录了下来，其中大理石屏的资料尤为重要。

丰坊（1494—约1570），字存礼，后改名道生，号南禺，鄞县人，正德十四年（1519）解元，嘉靖二年（1523）进士，家世显赫，为北宋枢密丰稷后人，父祖皆为高官，家传"万卷楼"自北宋传至十五世，牙签锦笈，缥缃五万卷，至丰坊晚年止，历时四百七十年左右，是中国传承最久的家族藏书楼。

丰坊在书法上造诣极深，同时也是著名的鉴赏家。丰坊为真赏斋而写的这篇大赋，实为明代鉴赏史上一篇很重要的文献，只因丰坊个人的起落遭际，声誉一落千丈，《真

明　文徵明　国博本《真赏斋图》全图

赏斋赋》连同他的文集都遭受冷落，与望重海内的文徵明相比不啻云泥之别。[1]

嘉靖十七年（1538）丰坊辞官归里后，遂浸淫书墨，更嗜搜法书名帖，当时祖传"万卷楼"尚未遭遇不测，"聚书"五万余卷，其中包括很多珍贵的魏晋、唐宋法书名帖，丰坊以当时顶级鉴赏、收藏家的声望，与同乡天一阁主人范钦往来频密，嘉靖二十三年（1544），范钦由袁州知府改任赴江西九江兵备副使，丰坊赠写《底柱行》。尤为奇妙的是，在丰坊传世的文集中，可以找到他为当时另一位收藏家项元汴邀其所作《天籁阁赋》。

若将《天籁阁赋》与《真赏斋赋》并列而看，华夏、项元汴两家收藏，在明代乃至中国收藏史上都是公认的顶级私人收藏，华、项二氏同邀丰坊为自己的收藏作赋，

---

〔1〕嘉靖三年（1524）丰坊随其父熙争谏"大礼仪"，触怒世宗，受杖阙下。丰熙遣戍福建镇海卫，丰坊调为南京考功司主事，后再降通州同知，嘉靖十五年（1536）因病去职回家，不久儿子意外去世。嘉靖十六年（1537）丰熙卒于戍所，丰坊在嘉靖十七年（1538）上疏，说前谏"大礼仪"非出其父本意，世宗纳其言准备起用，因南京吏部尚书张邦奇反对，未予以重用。《明史》及其他史料均认为："丰坊素有文无行，以故世宗用其言，薄其人。"丰坊不久归里，自刻三枚印章，"既明且哲，以保其身""土木形骸，仙风道骨"及"精研笔墨，人生一乐"，决绝仕途，不问政事。其后万卷楼珍籍善本被门生辈窃去十之七八，又不幸遭火而毁。心疾更重，改号"南禺病史"。王世贞《艺苑卮言》称："其于《十三经》，自为训诂，多所发现，稍诞而僻者，则托名古注疏，或创外国本。"黄宗羲《丰南禺别传》称其"伪造六经""訾毁先贤，放言无忌"。沈德符《万历野获编》记，丰坊"不为乡人所容，客居吴中，贫死萧寺"。张时彻为丰坊刊印了《丰考功集》，序言里评价："公质禀灵奇，才彰卓诡，论事则谈锋横生，摛词则藻撰立成，士林拟之凤毛，艺苑方诸逸骊，然性不谐俗，行或骜中，片语合意辄出肺肝相啖，睚眦蒙嗔，立援戈相刺，亦或誉姆嬺为婵娟，斥兰荃为蕡菉，旁若无人，罕无顾忌。知者以为诡激，不知者以为穷奇也，由是雌黄间作转相诋谟。"

明代庭院

明代英石

考虑到丰坊的官场生涯毫无辉煌可言，其诗文创作也并没有获得全国性的声誉，我更愿意相信，丰坊确实是以一位资深鉴赏家与收藏大家的身份，应邀而来。除了家学渊源，他们一定了解丰坊自己的藏品情况，如王羲之"敕本真神品"《十七帖》，被誉为"书中之龙"，有此一帖，足可傲视天下。

嘉靖二十八年（1549），丰坊应邀为华夏所作《真赏斋赋》，真赏斋之匾额，由李东阳隶书，丰坊赋中描绘的真赏斋，坐落于庭院幽深处，他以鉴赏家的敏锐，注意到这处庭园的环境布置，奇石累累，琳琅满目：

> 梧阴垂砌，荷香满庭，太湖、灵璧、英山、武康、锦川之石，霞涌浪积，鸟栖兽蹲，蛟旋鱼跃，茵岫英圻，若醉若舞。

太湖、灵璧、英山、武康、锦川等石，都是明代庭园铺陈、装饰常用之石，或独峰耸立，成为视觉焦点，或堆砌成山，沟壑盘绕中见匠心运用，或用于铺设地面，装饰花坛盆景，各地名石汇聚一园，赏石与园林艺术高度融合，假山施工技法在当时已日臻成熟。参看文徵明《真赏斋图》二本所绘图景，华夏对奇石的爱好，一如晚明士人"集体性"将奇石作为"日常美学"消费品，当时风尚如此。

丰坊笔下描摹的精室，真赏斋内，迥非人间景象：

> 东沙于是扫绝尘嚣，独怡岑静，巷无车马之音，庭鲜襟裾之影，置轩辕之棐几，拭殷侯之金鼎，爇旃檀之珍香，侑汝官之陶皿，涤端州之紫砚，列点苍之秀屏，佩不衰之汉熊，握如脂之古印。

需要特别留意丰坊记述器物的次第顺序。首先出现的是"鼎"，这种象征权力的上古礼器，主人以此焚香；其次，是窑器，名贵的宋代汝窑传世极少，世人珍重；第三件物品为砚台，出产端溪的紫砚，乃是端砚中典型一种，这件砚台象征着主人的学养。令人诧异的是，丰坊将第四件的位置留给了大理石屏。这样排列的顺序或仅是行文需要，前后次序并不特别表示这些器物的重要性，赋文所记器物，按门类分为家具、青铜器、名香、古瓷、砚台、石屏、古玉、印玺。在大理石屏之后，才是汉玉，这样的顺序在今人看来也许并无不妥，实际按明代风尚则尚有疑问。

沈德潜《万历野获编》卷二六，论"古玩"之外的"时玩"：

> 玩好之物，以古为贵。惟本朝则不然，永乐之剔红，宣德之铜，成化之窑，其价遂与古敌。盖北宋以雕漆擅名，今已不可多得，而三代尊彝法物，又日少一日，五代迄宋所谓柴、汝、官、哥、定诸窑，尤脆薄易损，故以近出者当之。始于一二雅人，赏识摩挲，滥觞于江南好事缙绅，波靡于新安耳食。诸大估日千日百，动辄倾橐相酬，真赝不可复辨，以至沈、唐之画，上等荆关；文祝之书，进参苏米，其敝不知何极！

沈德符的观点颇能代表当时士人的一种观点。在他们看来，"玩好之物，以古为贵。惟本朝则不然"，但实际可能市场中的古玩越来越少，绝大多数已经为有力者攫取，如王鏊的儿子王延喆，藏青铜器数量多达千件，十倍前代而深藏不露，古物不再流通于市场。又如王世贞《觚不觚录》记：

> 画当重宋。而三十年来忽重元人，乃至倪元镇以逮明沈周，价骤增十倍。窑器当重哥汝。而十五年来忽重宣德，以至永乐成化，价亦骤增十倍。大抵吴人滥觞，而徽人导之，俱可怪也。今吾吴中陆子刚之治玉，鲍天成之治犀，朱碧山之治银，赵良璧之治锡，马勋治扇，周治治商嵌，及歙吕爱山治金，王小溪治玛瑙，蒋抱云治铜，皆比常价再倍。而其人至有与缙绅坐者，近闻此好流入宫掖，其势尚未已也。

新一代收藏者无古可藏，无物可玩，转而开始重视当代工艺精湛之物。周晖的《金陵琐记》卷三"良工"，历数万历时南京本地工艺家：

> 徐守素，蒋彻，李信修补古铜器如神。邹英学于蒋彻，亦次之。李昭、李赞、蒋诚制扇骨极精工。刘敬之，小木高手。

王士性《广志绎》卷二，记当时苏州玉器、扇骨制器高手，作品大受追捧：

嘉、隆、万三朝为始盛，至于存竹片石，摩弄成物，动辄千文百缗，如陆子匡之玉，马小官之扇，赵良璧之锻，得者竞赛，咸不论钱，几成妖物，亦为俗蠹。

　　《万历野获编》也记录了新制扇骨价格："今吴中折扇，凡紫檀、象牙、乌木者，俱目为俗制，惟以棕竹、毛竹为之者，称怀袖雅物……其值数铢。近年则有沈少楼、柳玉台，价遂至一金。而蒋苏台，同时尤称绝技，一柄至值三四金。"

　　袁宏道在万历二十三年（1595）任吴县令，根据他的观察，"古今好尚不同，薄技小器，皆得著名……经历几世，士大夫宝玩欣赏，与诗画并重……近日小技著名者尤多，然皆吴人。瓦瓶如龚春、时大彬，价至二三千钱……锡器称赵良璧，一瓶可值千钱，敲之作金石声。一时好事家争购之如恐不及"。这些都是当代手工艺品。

　　张岱《陶庵梦忆》记当时情形，"时玩"竹器亦价格不菲：

　　　　吴中技绝，陆子冈之治玉，鲍天成之治犀，周柱之治镶嵌，赵良璧之治锡，朱碧山之治金银，马勋、荷叶李之治扇，张寄修之治琴，范昆白之治三弦子，俱可上下百年，保无敌手。南京濮仲谦，古貌古心，嘤嘤若无能者，然其技艺之巧，夺天工焉；其竹器，一帚一刷，勾勒数刀，价以两计。

　　沈德潜为此提出"时玩"的概念，以示与"古玩"区别。但是，作为真赏斋主人，华夏已经收集了大量古代书画、古玩精品，丰坊笔下的真赏斋头陈设，令人诧异地突出明代大理石屏的存在，耐人寻味。当然，我们早就留意并详细考证出这四座屏风的来历，之前分别为徐溥、杨一清两位内阁首辅递藏，进入到真赏斋之际，传世年代也颇为久远，虽不能与三代青铜、汉玉相比，亦可以看作"旧物"。华夏密室里出现"本朝"的大理石屏，丰坊又如此突出地予以渲染，所重者似乎并不在"古"之程度。

　　李日华《味水轩日记》曾戏为排定鉴赏之次第：

　　　　晋唐墨迹第一，五代唐前宋图画第二，隋唐宋古帖第三，苏黄米蔡手迹第四，元人画第五，鲜于虞赵手迹第六，南宋马夏绘事第七，国朝沈文诸妙绘第八，祝京兆行草书第九，他名公杂札第十，汉秦以前彝鼎丹翠焕发者第十一，古玉珣璁之属第十二，唐砚第十三，古琴剑卓然名世者第十四，五代宋精版书第十五……老松苍瘦、蒲草细如针并得佳盆者第十七，梅竹诸卉清韵者第十八，舶香蕴藉者第十九，夷宝异丽者第二十，精茶法酝第廿一，山海异味第廿二，莹白妙瓷、秘色陶器不论古今第廿三，外是则白饭绿斋，布袍藤杖，亦为雅物。

李日华的收藏、雅物次第排名，是鉴赏家根据藏品艺术价值、珍罕程度、年代、价格等诸多因素，综合考量后形成的。按照这个标准，真赏斋内藏品，无疑以锺繇《荐季直表》、王羲之《袁生帖》为冠，次序一如文徵明所撰《真赏斋铭序》。文徵明看重书画碑帖，可谓"目中无器"。这种情况到晚明，因风尚有所变化。李日华书画癖极深，对古董器物的喜爱也发自肺腑，各种花木盆景奇石名香等等清物，一概写入了鉴赏名单，这种对"器物"的重视，源于士人日常生活美学的进一步发达。大理石屏即使年份有限甚至没有显赫的递藏身份，这一介于古玩与"今玩"间的清物，自成化以来流传人间，百年时间渐入人心。正如文震亨《长物志》所强调的，文人雅士的"清斋位置"，切不可草率而为，务必讲求次序。丰坊在《真赏斋赋》中不仅对于书画之外的"古董"有足够的重视，做出详尽的注解、记录，庶几亦可看作主人对于书斋秘室器物喜好程度的内心写照。大理石屏出现在这份名单上且位置靠前，显示了大理石屏在收藏家心目中的地位，足堪与三代古铜、汉玉为伍。

再次揣摩《真赏斋赋》中关于四座大理石屏的夹注文字，越发感觉其重要：

> 有屏二，其一春景晴峦，云气吞吐中隐现七十二峰；其二秋岩积翠，山青云白，三远毕具。伏溪徐文靖物。
>
> 又小石屏二，潇湘雨晴，远岫凝绿。最胜者，一面云峰石色深淡悉分，非笔墨所能仿佛；一面春龙出蛰，头角爪鬣悉备，目睛炯然，几欲飞动。旧藏京口杨氏。

除了记有主人品题之名，描述石屏图像，丰坊"山青云白，三远毕具"寥寥数字，凿空而起，将大理石屏审美标杆提升到了空前境界。

徐溥旧藏的两块大理石屏"春景晴峦"与"秋岩积翠"，皆为经典"米家云山"，石屏的题名出自宋代郭熙《林泉高致》"画论"一篇："春山澹冶而如笑，夏山苍翠而如滴，秋山明净而如妆，冬山惨淡而如睡。"题名首次突出了季节概念，对天然石屏画面提出了更为苛刻的赏看标准，要求石屏上的山水四季特征鲜明。不知两屏题名作者是石屏的新主人华夏，还是前一位主人徐溥？（我更愿意相信是嘉靖时代的产物，毕竟这些文字出自丰坊之手。）无论如何，用"季节"概念，对屏风画意，按四季不同景色予以区分、品题，是一次创举，灵感源自宋人画论。

大理石屏的山水图像，在不同季节所表现出的差异与美感，产生一种新的"观看"方式，而这极致的观看方式，由石头自身产生、促成，真是不可思议的执念，令人惊叹。这一更为精致的石屏鉴赏美学，有别前代，在画面空间之外，赋予大理石屏前所未有的时间之美。[1]

丰坊借用《林泉高致》画论中的"三远"概念，将"以画喻石"的做法推向了极致。如果说黄云赏屏，以收藏家、画家的眼光注意到石屏的"笔墨"细节，丰坊则以一个资深收藏家的敏锐，将赏石与赏画之道融会贯通，使大理石屏进入到山水画论鉴赏体系，自此浑然一体，妙会于心，足为后世模楷。[2]

真赏斋里，四座大理石屏错落陈列，卓然与三代古器相抗撷，时间迅速流过这座秘密花园，光滑如屏。

十七　罢石屏疏

嘉靖三十六年（1557），紫禁城发生严重火灾，外朝主要建筑烧毁，惨状前所未有。《世宗实录》记：

> 四月丙申，奉天、谨身、华盖三殿灾，是日申刻，雷雨大作，至戌刻火光骤
> 起。初由奉天殿延烧华盖、谨身二殿，文武二楼、左顺、右顺午门及午门外左右

---

〔1〕徐溥去世后三百多年，清代中期，这种四季品题成为普遍的做法，云南总督阮元撰写《石画记》一书时，对这种"时间性"把握已至炉火纯青的境界。

〔2〕丰坊晚年潦倒失意，但在嘉靖二十八年（1549）前后，仍以其显赫家声及收藏，受到诸如华夏、项元汴等收藏家的尊重，某种意义上，丰坊父子因"大礼议"遭到的不幸，起初没有影响到他个人的声誉，反而可能引起社会广泛同情。丰坊因"心疾"导致的种种癫狂行径，以及因此令王世贞以文坛领袖身份对他的道德指责，此时都尚未发生。

廊尽毁，至次日辰刻始熄。

大火烧了整整一夜，延烧奉天门、左右顺门、午门外左右廊，灾后打扫焦土，就动用了军工三万人，"上大惧"，嘉靖皇帝下罪己诏，诏曰：

> 朕本同姓之侯嗣，初非王子之可同。惟皇天宝命所与，暨二亲积庆在予。夫自入奉大统于兹三十六年，昨大遭无前之内变，荷天恩赦佑以复生，此心感刻难名，一念身命是爱，但实赖臣劳之一语，而原非虚寂之二端。天心丕鉴朕心朕忠，上天明鉴。昨因时旱祷泽于雷霆洪应之坛，方喜灵雨之垂，随有雷火之烈，正朝三殿一时烬焉。延及门廊倏刻燃矣。仰惟仁爱之昭临，皆是朕躬之咎重，兹下罪己之文，用示臣民之众。吁！灾祥互有，感召岂无？凡在位者，宜同祇畏之情，首体相关，未有幸乐之肆……

嘉靖内心对这次宫廷火灾惊惧不已，深崇道教的他曾特意在西苑建大高玄殿、雷坛，供奉玄天大帝、雷神，但神明不佑，紫禁城烧毁大半，皇帝派遣专人奏告郊庙、社稷，命令文武百官、宗室一起省愆，素服办事，两京四品以上大臣循例自陈，还要求科道官务必直言时政阙失。

君臣商议重建被毁三大殿，大学士严嵩奏称，"大工兴修一节，臣等查得永乐十九年三殿灾，至正统方议复此"，严嵩建议逐步重建"殿与门或以次兴工，伏望谕下工部，会计财力何如，将一应事宜备细开具"。嘉靖对此极为不满，责问严嵩："彼时尚有门代，今满区一空禁地可乎？"

当年永乐宫灾，"金銮殿"被毁后在午门听政，时隔二十多年才复原宫殿。如今午门皆毁，嘉靖皇帝无处坐朝问政，只能暂设朝仪于端门，心情懊恼异常，故御批中嘉靖对严嵩语气严厉，句句诛心："殿、廷无不复之理，当仰承仁爱，毋卖直为忠，扭时作敬！"八字批语令严嵩胆寒。商议结果，决定先把奉天殿、午门、太和门重建起来，"五月，工部会议修复殿堂朝门、午楼，请先查神木、山西二厂。通州漷县至议真龙江关芜湖等处遗留大木解京兴造"。"查木料过半方可兴工，因遣虞衡司郎中戴恩查验各处大木"，为重修门殿，举国征集，采大木于四川、湖广，大量军民伐木于险道深山，

扰害千里。（以上均录自《世宗实录》）

大工骤起，嘉靖心情急不可耐，"大火延烧"到了云南。紫禁城重建，需要云南大理石。

嘉靖末年，云南巡抚蒋宗鲁上《罢石屏疏》：

臣准工部咨照，依御用监题奉钦依事理依式照数采取大理石五十块。见方七尺五块，六尺五块，五尺十块，四尺十五块，三尺十五块等因案行金沧道，分委大理卫、太和县督匠采取。据耆民段嘉琏等告称：

嘉靖十八九年，曾奉勘合取大屏石，崖险难寻，压伤人众。及至大路，行未百里，大半损缺。众复采补，沿途丢弃，所解石块，二年外方得到京。

至三十七年取石六块，见方三尺五寸，自本年六月至十一月始运至普溯小孤山，因重丢弃在彼。且自大理至小孤山，止有三百余里，自六月以半年行三百里，未免有违钦限，徒劳无功。乞转达奏请量减数目尺寸等因。又据石匠杨景时等告称：

原降尺寸高大，石料难寻，且产于万丈悬崖，难以措手，纵使采获，势难扛运等因，俱批行布政司会议。为照云南地方僻在万里，舟楫不通，与中州平坦不相同。先年采取三尺石，自苍山至沙桥驿，陆运抵五程，劳费逾四月，供给不前，所过骚扰，军民啼泣。

今复取六七尺者，其难十倍，况值上年兵荒，民遭饥窘，流离困苦，实不堪命，应请量减尺寸，通详巡抚蒋宗鲁、巡按孙用会题议。照锡贡方物为臣子者均当效忠，民瘼艰难，凡守土者尤宜审度。前项屏石，臣等奉命以来，催督该道有司，亲宿山场，遵式取进，匠作耆民人等，俱称采石处所，山洞坍塞，崖壁悬陡，三四尺者设法可获，其五六尺者，体质高厚，势难采运，且道路距京万有余里，峻岭陡箐，石磴穿云，盘旋崎岖，百步九折，竖抬则石高而人低，横抬则路窄而石大，虽有良策，委无所施。

今大理抵省仅十三程，尚不能运至，何由得达于京师？是以官民忧惶，计无所出，议将采获三尺四尺者先行进用，五尺者一面设法采取，六七尺者或准停免，以苏民艰，实出于军民迫切之至情，万非得已，冒罪上闻。

蒋宗鲁，字道父，普安卫（今贵州盘县）人，嘉靖十六年（1537）参加贵州乡试，这是明朝开国后贵州第一次开闱，蒋宗鲁在一千余名士子中脱颖而出，成为举人，翌年会试中进士，成普安进士第一人。历任河南浚县知县、户部郎中、主事。嘉靖三十一年（1552）出为云南临沅兵备副使，升右布政使。嘉靖三十八年（1559），发生"东川阿堂之乱"，云南巡抚游居敬遭弹劾下狱，嘉靖三十九年（1560）蒋宗鲁接任云南巡抚。

《康熙大理府志》载："蒋宗鲁……嘉靖仕巡抚，精明严毅，弭盗爱民，时诏取点苍山石，百姓苦无宁。字公疏请罢免，民至今德之。疏载艺文志。"

这份奏疏本身没有时间记载，也不见载于《明史》《康熙大理府志》等史料。起初，笔者参照奏折中"况值上年兵荒"语，大致定在阿堂叛乱发生不久的嘉靖三十九年。同时试图根据疏中开采石料用途，参照《世宗实录》大工兴建情况斟酌判定上疏的时间，因为《世宗实录》相关部分同样没有明确的时间记录。

奏折中称，"采取大理石五十块，见方七尺五块，六尺五块，五尺十块，四尺十五块，三尺十五块"，其用途为装饰宫殿之用。紫禁城外朝、门殿灾后再建，一年完"门工"，四年完"殿工"。"门工"在火灾不久的嘉靖三十七年（1558）即告完成，《世宗实录》载，"六月辛卯，新建朝门、午楼、东、西角门，左、右顺门，阙左、右等门工完"。"三大殿"在嘉靖四十一年（1562）建成，"九月壬午，以三殿工成，命公朱希忠，侯顾寰，驸马许纵成，伯陈鳁、方成裕，尚书雷礼，督都朱希孝，分告南北郊、太庙、社稷"。重建后的奉天、谨身、华盖三大殿，于嘉靖四十一年（1562）九月更名皇极、建极、中极殿。

外朝大殿，庄严肃穆，所需丹陛大石皆采自京郊房山，而大理石屏供殿内装饰之用。在这之前，工部要求云南在竣工前进献屏石五十块，用于"三大殿"装饰，这样的推测也符合情理。蒋宗鲁在紫禁城"三大殿"重建期间，一直在云南担任巡抚，嘉靖四十一年（1562）二月，他第一次受到御史弹劾"，"贪纵不职，吏部因颇悉夷情不当遽罢，得旨调外任用"，但实际仍在云南。直到嘉靖四十二年（1563）二月，蒋宗鲁被再次弹劾，才遭罢官闲住。

据此大致推断，蒋宗鲁上奏《罢石屏疏》的时间，或在嘉靖四十一年（1562）之前。

意外来自《滇史》。

万历四十六年（1567）刊行的《滇史》，仅存上海图书馆万历戊午（1618）刻本，方国瑜先生称此书"明代事迹有出自见闻所及"者。作者诸葛元声，号味水，浙江会稽人，在云南生活了三十多年，这部地方编年史《滇史》，明确了蒋宗鲁上疏为嘉靖四十年（1561），与清冯甦《滇考》卷六"珍贡"所记"四十年，又行取五十块，高六七尺不等，巡抚蒋宗鲁抗疏谏止……"记述完全一致。

　　这份奏折是继王恕、欧阳重之后，第三位云南巡抚就大理石开采事宜，上疏罢采。

　　《罢石屏疏》非常重要，作为正式公文，指出采屏缘起，因御用监提出，奉旨下达指令。"御用监"三字背后蕴藏着丰富的信息，试为解读：

　　御用监，明代宦官二十四衙门之一，主要职掌御用器物的造办及武英殿书籍画册等，是较为重要的宦官机构。《明史》"职官志"：

　　　　御用监，掌印太监一员，里外监把总二员，典簿、掌司、写字、监工无定员。凡御前所用围屏、床榻诸木器，及紫檀、象牙、乌木、螺甸诸玩器，皆造办之。又有仁智殿监工一员，掌武英殿中书承旨所写书籍画册等，奏进御前。

　　晚明太监刘若愚《酌中志》卷十六"内府衙门识掌"，对御用监的职能诠释，更为详细：

　　　　御用监，掌印太监一员，里外监把总二员，犹总理也。有典簿、掌司、写字、监工。凡御前所用围屏、摆设、器具，皆取办焉。有佛作等事，凡御前安设硬木床、棹、柜及象牙、花梨、白檀、紫檀、乌木、鸂鶒木、双陆、棋子、骨牌、梳栊、楪甸、填漆、雕漆、盘匣、扇柄等件，皆造办之。仁智殿有掌殿监工一员，掌管武英殿中书承旨所写书籍、画扇，奏进御前，亦犹中书之于文华殿中书也。

　　《酌中志》记录御用监所负责的物品，较《明史》多出"摆设、器具""佛作（造像）""御前床、桌、柜"，名贵材质及物件，增加有"乌木、鸂鶒木、双陆、棋子、骨牌、梳栊、楪甸、填漆、雕漆、盘匣、扇柄等件"，两则材料统一的提法"皆造办之"，明确了御用监皇家造办身份，如清代康熙起实施的"养心殿造办处"制度。这些名贵材质制作的御用品，多属于高档艺术品范畴，因此御用监实际还兼有"武英殿中书承旨所写书籍画册等"职能。

明代宫廷因为建造宫殿要求云南输入大理石屏，然而对应的输缴衙门为"御用监"，而非"内官监"。这一发现肯定了大理石屏是以艺术品陈列、装饰之用输入内府，《罢石屏疏》第一次提到这点。《明史》"职官志"记：

> 内官监，掌印太监一员，总理、管理、佥书、典簿、掌司、写字、监工无定员，掌木、石、瓦、土、塔材、东行、西行、油漆、婚礼、火药十作，及米盐库、营造库、皇坛库，凡国家营造宫室、陵墓，并铜锡妆奁、器用暨冰窨诸事。

《酌中志》卷十六"内府衙门识掌"：

> 内官监掌印太监一员，其所属有总理、管理、佥书、典簿、掌司、人数、写字、监工。自典簿以下，分三班，宫中过夜。每班掌司第一人曰掌案，所管十作，曰木作、石作、瓦作、搭材作、土作、东作、西作、油漆作、婚礼作、火药作，并米盐库、营造库、皇坛库、里冰窨、金海等处。凡国家营建之事董其役；御前所用铜、锡、木、铁之器，日取给焉。外厂甚多，各有提督、掌厂等官。真定府设有抽印木值管理太监一员，则内官监之外差也。四年一拨，只有本监公文，无敕书关防。及宝坻县收籽粒，西湖河差，大石窝、白虎涧等处，各有提督，俱外差也……

刘若愚文内提到"石作"，随后有"大石窝"（在京郊）字样出现，证明内官监分管的的"石作"，是为大工营建采大石的管理机构。"石作"管理御道、铺地、砌栏等建筑用石。

在嘉靖朝这份奏折里，大理石屏进贡属于御用监管理，因其特殊珍罕性，与象牙、雕漆、螺钿等高档工艺品并列。大理石屏"御前陈设"的功能呼之欲出！[1]

---

〔1〕大理石屏，"屏"之赏看、陈设功能本已经清晰，但后文我们将看到，随着"凤凰石"概念在万历一朝出现，情况又变得复杂。

其次，奏疏提到了运输问题与石屏大小问题。按照蒋宗鲁的说法，六七尺巨屏采石艰难十倍，按照以前经验，即使从万丈悬崖采下，从山间险峻小路肩扛，往往压伤民夫，侥幸运至山下，一路颠簸，因巨屏脆弱易碎，大半损毁，只能弃在路旁，剩余的石屏运输沿途如履薄冰，历时两年才到北京：

> 三十七年（1558）取石六块，见方三尺五寸，自本年六月至十一月始运至普淜小孤山，因重丢弃在彼。且自大理至小孤山，止有三百余里，自六月以半年行三百里。

考当时省内驿路，从大理到省会昆明，一路经赵州、红岩、云南县、普淜、沙桥驿、吕河、禄丰、老雅关、碧鸡关等处，蒋宗鲁所奏石屏运到的普淜"小孤山"，在大理东与楚雄交界，距今大理祥云县尚有百余里，这次运输的还只是三尺五寸的石屏，自点苍矿区到小孤山，四程、三百余里就花费了半年时间，"即使今大理抵省仅十三程，尚不能运至，何由得达于京师"？

奏折还提到，"先年采取三尺石，自苍山至沙桥驿，陆运抵五程，劳费逾四月，供给不前，所过骚扰，军民啼泣"。这次按照上面驿路，也不过比普淜多走一程而已。

嘉靖三十九年（1560）九月起，蒋宗鲁从河南布政使任上接替游居敬担任云南巡抚。《滇史》确认《奏罢石屏》疏写于嘉靖四十年（1561）非常重要，这一时期，正是嘉靖朝"三大殿"即将竣工之际。全国各地纷纷进献大工所需物料，如《世宗实录》记，嘉靖三十九年（1560）三月，蒋宗鲁任巡抚前半年，云南丽江知府木高"进买木银二千八百两"受到嘉奖，授予木高"文职三品服色并给应得诰命"；嘉靖四十年，"故黔国公沐朝辅夫人陈氏，献银三千两助大工，赐银四十两彩段三表里，诏云南抚按官以礼奖谕"。御用监向云南索要大石屏，正当其时。

而作为云南巡抚，蒋宗鲁对御用监提出"六七尺石屏"的苛求望而生畏，"万非得已"上疏。前任游居敬卸任不过三个月，被黔国公沐朝弼弹劾"妄以军门自处，擅兴军旅，激变夷民"而遭逮捕拷问，次年被充军戍边，当时云南巡抚以下官员也都受到警告。巡抚衙门与黔国公府之前的矛盾错综复杂，蒋宗鲁履新，处理各种政务如履薄冰，对大理石开采不可谓不重视，"奉命以来，催督该道有司，亲宿山场，遵式取进"，

"采石处所，山洞坍塞，崖壁悬陡，三四尺者设法可获，其五六尺者，体质高厚，势难采运"，种种实情，当非故意推诿，确有苦衷，故不得不提出"罢采"建议。要注意的是，蒋宗鲁的"罢采"建议仅针对六七尺大石屏，"采获三尺、四尺者先行进用，五尺者一面设法采取，六七尺者或准停免，以苏民艰"。[1]

嘉靖四十一年（1562）二月，刑科给事中赵灼弹劾蒋宗鲁"贪纵不职"，弹章送到吏部，给出了"宗鲁颇悉夷情，不当遽罢，得旨调外任用"的处理结论，蒋宗鲁黯然离开云南。第二年，嘉靖四十二年（1563）三月，蒋宗鲁再次遭到吏科都给事中沈醇"考察拾遗"性质的弹劾，因此罢官。考察拾遗制度，是对在考察中应当查处而未被查处的官吏，在考察结束后由有关官吏对其进行查处的制度。

修复三大殿的"大工"，乃嘉靖晚年最重视的一件事情，《世宗实录》卷五百二十八记，嘉靖四十二年（1563）十二月，"以进献大木功升……掌宣慰事、云南布政司右参政彭翼南，加授本司右布政使，赐飞鱼服，仍各赐奖励"。湘西土司受封云南，起初以抗倭有功，而因大工献木再次升官者，何止一个彭土司？蒋宗鲁罢官，其"贪纵"与"不职"罪名，"不职"二字颇可玩味，其仕途终结于云南，或因《罢石屏疏》所流露出的对待"大工"的"消极"态度吧。

蒋宗鲁被正式罢官的嘉靖四十二年（1563），李元阳主持再修《大理府志》，"地理志·山川"记点苍山：

> 山本青石，山腰多白石。穴之腻如切脂，白质黑章，片琢为屏，有山川云物之状。世传点苍山石，好事者并争致之。

---

[1] 凡宫殿营建"大工"，工部需要置办一系列物料，如烧砖，凿石，油漆彩绘等。其中采石、采木两项耗费最大，动辄耗银数百万。采木多在四川、贵州、湖广峡谷深山，多毒瘴、虎蛇，悬崖高入云端，采木之役夫往往九死一生。此外，宫廷建造所需要的特大石料虽采自京郊房山，重达百吨，运输也极为困难。如嘉靖二十三年（1544）夏建造九庙，大柱石取自北京房山大石窝、门头沟青白口山区，每块石头用骡二百头拉拽，二十五天才到北京城。万历二十五年（1597）"三大殿灾"，亲自参加再建的工部官员写有《冬官纪事》一书，记当时采石情况，工程需用许多万斤以上的巨石，如太和殿前所需的御路石，要求"阔一丈，厚五尺，长三丈余"，为此派出顺天府等八府民夫二万人，造旱船拽运，"每里掘一井以浇旱船，资渴饮，计二十八日到京，官民之费，总计银十一万两有奇"。此石重达一百八十多吨，但是仍然不及原来御道的长度。

与之前故意将大理石称作"醒酒""天竺"石的赞美、揄扬态度不同，李元阳在这部官方志书中，写下"好事者并争致之"，显得别有意味。嘉靖时期宫廷一直在大兴土木，紫禁城、西苑频建殿宇、道观，其他如郊坛、九庙、陵寝等大工，也是经年累月，对大理石屏的需求远超前代。正德时钱宁家抄出的三十三座大理石屏，可视作私人受贿之物，如今的宫廷索需更为惊人，采石规模不断扩大。

蒋宗鲁奏疏中提到前几次采石时间，分别是嘉靖十八、十九年[1]、二十七年[2]，连同嘉靖四十年受命进贡的大理石屏五十块，因采石累积起的民怨与不满，在李元阳一首《登城感时事》诗中流露无遗：

> 城头闲步屣，拔闷当登台。黄菊从人乞，空江对酒开。
>
> 无衣三户在，负石几村衰。工役何时息，科金有檄来。

李元阳笔下整个村庄为逃避采石劳役而逃亡一空的惨状，直到崇祯时徐霞客入滇时还曾亲眼目睹，石户逃亡，村庄荒芜。

曾经，李元阳在自家园宅之内陈列、赏看石屏，心境恬淡自得，"无牵挽运载之劳，坐致古人罕得之珍玩"。如今，大理石成为累民祸根，骚扰地方，"牵挽运载"背后，是血泪斑斑、死伤逃亡的景象，李元阳将个人感受写入大理地方志，显得不同寻常。

十八　所宝惟石

相比李元阳身为大理本地人、对大理贡石所表达的不满，同一时期，当时在云南任职的"游宦"张佳胤，也对征石导致的劳民伤财，表示了极大愤慨。张佳胤（1527—1588），号崌崃山人，重庆铜梁人，明代"嘉靖五子"之一，嘉靖四十四年（1565）任云南按察使兼提督学政，他的《三石篇》长诗，侧重于谴责云南地方官的

---

[1] 巡抚时为汪文盛。
[2] 巡抚时为吴章，七月后顾应祥接任。

邀宠害民：

太滇以西三巨石，错列荆榛对孤驿。

文彩天开海岳图，面面晶光盈十尺。

吁嗟此石生点苍，云谁置之古路傍。

停车顾盼日将晏，仆夫语罢泣数行。

往年天子新明堂，厥材万国争梯航。

燕山之石白胜玉，何求此物劳要荒。

守臣当日功名亟，檄书夜飞人屏息。

程途初不计山溪，男妇征佣无汉獠。

鞭石难寻渤海神，凿山谁是金牛力。

那许终朝尺寸移，积尸道上纷如织。

中兴令主尧舜姿，一苇圣德超茅茨。

天门万里竟不知，几使滇南无孑遗。

君不见旅獒古训老臣策，枸酱虽甘亦何益。

三石硁硪风雨深，千载行人增叹惜。

因为贡石，"积尸道上纷如织"。诗中语气，对当时云南主政者极为不满，"守臣当日功名亟，檄书夜飞人屏息"饱含讽刺意味。作为渊博的学者，张佳胤引用《尚书》"旅獒"篇表达了自己的义愤：

玩人丧德，玩物丧志。志以道宁，言以道接。不作无益害有益，功乃成；不贵异物贱用物，民乃足。犬马非其土性不畜，珍禽奇兽不育于国，不宝远物，则远人格；所宝惟贤，则迩人安。

按"旅獒"篇文辞之意，"玩物丧志"已经是非常严重的指责，"不宝远物""所宝惟贤"乃是按照儒家理想对古代君王提出的道德期许。当然，张佳胤诗中不忘颂圣，矛头始终对准当时云南地方官员，将巨石遗弃之灾归结为邀宠害民，那么，他所讽刺的云南主政者为谁?

若非文学夸张,根据张佳胤所咏被弃三石"盈十尺"之大小而论,与《罢石屏疏》所提到的"嘉靖十八九年""沿途丢弃"之石相符。

但诗中提到了"往年天子新明堂",所谓"明堂",为"天子之庙",代表国家、皇权。明代分祭天地,不设明堂,张佳胤诗此处"明堂",抑或泛指嘉靖四十一年(1562)九月竣工的奉天殿等外朝新建三大殿。

考张佳胤嘉靖四十四年(1565)七月到任云南,巡抚为吕光洵。嘉靖四十五年(1566)十二月嘉靖皇帝去世,遗诏"云南采买宝石金矿""悉皆停止",隆庆登基。隆庆元年(1567)二月,张佳胤即升贵州按察使离开云南,云南任职时间仅一年多,在嘉靖去世前、隆庆继位初。如此,据"中兴令主尧舜姿,一苇圣德超茅茨"句,记新君登基,则《三石篇》写作时间不可能早于嘉靖四十五年(1566)十二月。之前,云南巡抚蒋宗鲁上《罢石屏疏》,极言大屏巨石之不可开采,疏中曾提到嘉靖三十七年(1558)"取石六块,见方三尺五寸,自本年六月至十一月始运至普淜小孤山,因重丢弃在彼",嘉靖三十七年(1558)距距嘉靖四十五年(1566)不满十载,正合诗中"往年"之说。

因此,"三石"应是《罢石屏疏》所记嘉靖三十七年(1558)为重建三大殿而"取石六块,见方三尺五寸,自本年六月至十一月始运至普淜小孤山,因重丢弃在彼"所弃之石![1]

嘉靖三十七年(1558),云南先后有两位巡抚,分别为王杲、游居敬。

《罢石屏疏》记载,被弃巨石"自本年六月至十一月始运至普淜小孤山",据《明代职官年表》王杲七月即离任,巡抚之职由游居敬接替,两位巡抚交接之际,正是被弃巨石运输之时。

考王杲字承晦,号杏里先生,济南章丘人。嘉靖二年(1523)进士,嘉靖三十六年四月,从湖广左布政使升任云南巡抚,次年闰七月升任南京工部侍郎。结合当时朝政局面,其升迁为南京工部侍郎,绝不可以南都"闲职"视之。南京六部中,工部相比其他各部,本来就更具实权,事务繁重,兼以当时"三大殿"大工兴起,各种物料运输、采办,需要能干的官员操办。王杲获得这样一个职位,属委以重任性质。但王杲

---

[1] 清张轩祚《滇中三石歌》,按语云"三石系指大理点苍石,武定狮山石,石屏砚山石三种"。

在不久就遭弹劾，《世宗实录》卷四百七十记，嘉靖三十八年三月，王昺被革职为民：

> 南京给事中刘尧诲等御史黄希宪等，论劾原任湖广布政使今升南京工部右侍郎王昺。……各冒滥京堂，当罢诏。昺革职闲住。

《明实录》没有说明王昺等人罢官的具体罪责，但任职不到一年就遭革职，事情亦为蹊跷。关于王昺的历史记载资料中甚少，考《献征录》卷五十三，李开先为其作墓志铭《通议大夫南京工部右侍郎杏里王公合葬墓志铭》：

> 以言者致仕归，大抵守法奉公，责备所属，不以法假借于人，任情而不徇私情。遇事而刻期集事，未免因而取怨。

王昺历官太常寺博士、监察御使、巡按御史、按察使、布政使等职，宦迹大半中国，先后在江西、陕西、甘肃、浙江、福建、山西、湖广等地为官，仕途可谓顺遂，他第一次官场遭贬发生在嘉靖二十八年陕西左布政使任上，当时四年任满，考核后王昺"为织造事，降为浙江左参政"，从二品骤降为从三品，之后由福建按察使、河南右布政使等职再次逐步升迁，数年后方转任湖广左布政使，恢复到降职前的品秩。

王昺宦海生涯，曾因办理织造事务不力而遭到降级处分，沉浮数载，苦心经营，方扭转局面出任云南巡抚。在他被革职为民后，李开先有《赠王杏里亚卿致政用旧赠诗韵》，耐人寻味：

> 久行实政远虚声，亢直谁知误一生。言路固然腾异议，乡人自是有公评。
>
> 过家每次如孤旅，报国真堪任九卿。晚节无惭官已免，冰壶彻底有余清。

这首诗写于王昺罢官后，王昺为时论指责，谓其个性处事"远虚声""亢直"云云，从另一个角度分析，可解释为急功近利，径行不恤，政事处断一意孤行。王昺任内采巨石下山，开始运输的时间为嘉靖三十七年（1558）六月，《世宗实录》这年七月记载的事件还有浙江"献白鹿"，徐渭为胡宗宪草《上白鹿表》正在此时：

闰七月：总督浙直福建右都御史胡宗宪再获白鹿于齐云山，献之。上谓一岁中天降二瑞，恩眷非常，命公朱希忠告谢于玄极宝殿，伯方承裕告太庙。以宗宪忠敬，升俸一级，百官上表称贺。

江南进献"白鹿"，传神地刻画出当时朝政的氛围。王杲采石卖力，闰七月即升任工部要职，接任王杲的游居敬却没有完成前任留下的这一"政绩"，三石运输数月，移动了三百里后，被弃在小孤山路旁。

游居敬（1509—1517），字行简，号可斋，福建南平人。嘉靖十一年（1532）进士，选庶吉士。改监察御史、应天巡按。嘉靖十六年（1537），御史游居敬疏斥南京吏部尚书湛若水"倡其邪学，广收无赖，私创书院"，请求皇帝将湛若水罢黜，禁湛若水、王守仁著作"以正人心"。嘉靖遂罢各处私创书院，禁止各地方儒学生员外出远游。

嘉靖十七年（1538），游居敬出为浙江按察佥事，二十年（1541）擢广东副使。嘉靖三十七年（1558）以山东左布政使升右副都御史巡抚云南。到云南后不久杨慎去世，游曾为撰写墓志铭。游巡抚与当时黔国公相抵牾，民国《南平县志》列传第二十二：

巡抚云南，镇守沐朝弼故恣横，居敬裁以分义，归其所侵腾越州庄田。东川蛮酋阿堂乱，谋篡东川，强夺府印，擅立作乱。奔马撤致，与宣慰安万铨，土官安九鼎相攻十馀年矣。至是复侵罗雄州，逼会城。居敬疏请联川贵兵诛之。有旨，令川贵抚按，勘明具奏。居敬因屡招阿堂不服，乃出不意，督土汉兵进剿，阿堂窘急，自刎死，三省遂定。沐朝弼故衔居敬，言于巡方王大任，以不俟朝命会勘，辄兴兵。疏劾居敬，坐逮杖，论戍碣石。

从以上史实看，游居敬学问属程朱道学一路，御史出身、与黔国公沐朝弼交恶，可见性格的强势与不肯趋附，主政云南期间虽取得平叛胜利，却因沐朝弼的弹劾而革职充军，下场比前任王杲更加悲惨。隆庆朝他起复任南京刑部侍郎，得罪高拱再次遭受处分，但依然不肯低头，不久去世，年六十三。民国《南平县志》记：

居敬平生学务实践，衣粗食粝，一席十年，漆枕栉匣，尚青衿时物。历官四十年，殁后诸子有不能举火者。

沐朝弼在嘉靖三十三年（1554）袭爵后，骄纵不法。到隆庆元年，其袭爵后十三年间，云南巡抚有孙世佑、周采、郝维岳、陈锭、王杲、游居敬、蒋宗鲁、曹忭、敖宗庆、吕光洵等十人，往往一年之内三易巡抚，除了正常调动的原因，与当时沐朝弼在云南倒行逆施或有关联。[1]

沐朝弼被逮捕问罪，是隆庆登基后事。终嘉靖一朝，淫恶恣肆如沐朝弼，始终获得皇帝庇护，御史、地方官虽交章弹劾，沐朝弼屹立不倒。他深知嘉靖皇帝贪婪，往往进献银钱结其欢心，如嘉靖三十年（1551）"进银三千两助边"，四十一年（1562）六月，又其他地方官一起，进矿金四百两，矿银一万两。君臣之间也有礼尚往来。《世宗实录》载，四十二年（1563）十一月：

> 黔国公沐朝弼献"法书"，上纳之，赍以金币。

君臣"风雅"，"礼"尚往来。游居敬得罪沐朝弼获罪充军，一如被弃之道旁的那三块巨石。

十九　冰山春色

嘉靖四十一年（1562），严嵩获罪抄家。

根据《天水冰山录》记载，抄家财货，田地、住宅、店铺、金银、字画、古玩，

---

〔1〕嘉靖二十六年（1547）六月，沐朝辅卒，沐朝辅四岁的儿子沐融嗣黔国公。因沐融年幼，沐朝弼被嘉靖皇帝任命为都督金事，代侄镇守云南。嘉靖二十八年（1549）六月沐融卒，年仅六岁，其弟沐巩继承黔国公爵位。沐朝弼不愿交权，与寡嫂幼侄关系紧张，沐巩不久也夭亡。王世贞《弇州史料　前集》卷二十一"西平王世家"：（朝辅）二子融、巩皆甫袭而殇朝辅之第，朝弼当嗣，虐其嫂且锢之不使还南京。于是上疏相讦，久之始得袭佩印镇守，其淫恶益甚，且屡拒王命。诏削其爵，以子昌祚嗣且代镇，而朝弼复欲杀其子。逮至京，锢于南京之故第以幽死。《神宗实录》载："朝弼与嫂通奸生子事情再行体勘。诏，朝弼已有处分，以前暧昧事情不必深究，以存朝廷保全勋旧之体。"

奇珍异宝都被盘点造册缴入大内，丝绸布匹、杂木家具，兵器、零碎杂物被变卖折现或充公，"一应变价桌椅橱柜等项"家具，包括髹漆精湛的大件，折价发卖民间，计有：

桌　三千零五十一张，每张估价银二钱五分

椅　两千四百九十三把，每把估价银二钱

橱柜　三百七十六口，每口估价银一钱八分

……

与以上这些可"一应变价"、数量过万的普通家具不同，少量高档家具如大理石螺钿床、屏风、围屏，按照圣旨，全部发往内府检点登记。《天水冰山录》记有这样高等级的屏风、围屏家具共一百零八座架，按照名贵程度、等级，依次是：

明代黄花梨镶大理石案屏

大理石大屏风二十座

大理石中屏风十七座

大理石小屏风十九座

灵璧石屏风八座

白石素漆屏风五座

祁阳石屏风五座

倭金彩画大屏风一座

……

前三项，计五十六架大理石屏，全部进入宫廷，成为明代皇家内库的庋藏。

从这份记录分析，大理石屏分大中小三种，共五十六座，占到包括大型围屏在内所有"屏风"半数以上，若去除"围屏"，则占比更高。严府所藏祁阳石屏、灵璧石屏共十三座，与大理石屏数目相比只是配角，这一方面证实了嘉靖朝祁阳石、灵璧石与大理石均制有石屏的事实，同时并列，但大理石屏因身价较高，数量反而更多，至少在严嵩府邸已是主流，较其他品种石屏，可谓一枝独秀。此外，送入皇宫的家具还有大理石、玳瑁、螺钿镶嵌、描金的奢华床具十七件，其中镶嵌大理石的有五件：

雕漆大理石床一张

黑漆大理石床一张

螺钿大理石床一张

漆大理石有架床一张

山字大理石床一张

因为直接输入内府，《天水冰山录》不可能再有大理石屏的价格记录。据同书记载，发往民间售卖的家具中有一件镶嵌大理石雕漆大床，折银八两。

八两白银与《天水冰山录》所记严嵩被没收田产的价格相比，是很惊人的价格，经计算：

严嵩家族在南昌被抄田土1490亩，单价每亩2.35两；

新建被抄田土1540亩，单价每亩2.33两；

宜春土地9630亩，单价不过每亩1.11两；

严嵩老家分宜的土地最多，有一万多亩，单价仅值0.86两每亩。[1]

一普通大理石床价折合土地近十亩，价格之高令人咋舌。换言之，这件不知为何被售卖往民间、折价八两的大理石床尚无资格进入内府，被剔除出了进贡家具名单，照此推测，则大理石屏的名贵程度可见一斑。《天水冰山录》经抄录传出后，有人感叹，比起当年刘瑾家里"胡椒三千五十石"之无所不贪，严嵩家财以字画古玩居多，毕竟不同于只懂金银财货堆积的阉竖云云。但以士大夫作风雅罪过，贪渎同为穷凶极恶。严嵩父子之操弄权柄卖官鬻爵，贪墨勒索，以《清明上河图》故事流传最广，严世蕃起居奢华僭越，世传其黄金溺器云云，《天水冰山录》中确有大量金银器。此外各地珍宝如琥珀、沉香、玉石、水晶、玛瑙制品，也数目惊人。云南大理石作为一方土贡，在严府大量出现一点也不奇怪，《世宗实录》中一则记录，恰好证实了严嵩对云南方物、土产的贪墨情形：

嘉靖三十一年（1552）十月　南京广东道试御史王宗茂劾大学士严嵩……往年被论治装时，有一门官从旁所窥之，见其金银宝玩狼藉盈庭，谓皆云南之物，远致万里，不知陛下宫中亦有此器否？

王宗茂上疏弹劾严嵩八罪，第一条就是任用官员索取厚贿，致文武将吏，尽出其

---

〔1〕从严府抄家清单看，主人对大理石甚为喜爱，床、屏之外，涉及其他玩物制品。《天水冰山录》所记"古今名琴"中，古琴共有五十四张，包括玉壶冰、九霄鸣佩、万壑松声等唐宋名琴，其中有"大理石琴"二张，列"古铜琴"与"鎏金铜琴"之间，晚明笔记《留青日札》《花当阁丛谈》，也都记载严府藏有大理石琴。石琴不能弹奏，系陈设之"看琴"，乾隆时，宫廷所藏、所制铁琴、铜琴，也是"看琴"，且至今尚存。但这里所蕴含的信息颇令人惊讶，大理石以花纹美丽见称于世，石琴、铁琴古已有之，斫大理石为琴的做法，合古制而具新意，石琴黑白纹理交错，丝弦素洁，确是雅玩。万历时，莆田姚旅（？—1622）《露书》卷十："廖季符有贻以大理石琴，因问：'古有之乎？'曰：'未见也。'刘瑾、钱宁各有白玉琴，而宁又有白玉琵琶耳。陈公甫梦弹石琴，亦非实有也。虽然，世有是物，始兆于识神乎？"另据《鳌峰集》载，有廖季符者，曾为知府，见赠大理石琴而诧异，显然不是常见之物。陈献章确实擅琴，早岁曾"梦拊石琴，其音泠泠然，有人谓之曰：'八音中惟石难谐，子能谐此，异日其得道乎？'因别号石斋"（《白沙先生行状》）。

门。且皆分布要地。疏中更指严嵩先年被人弹劾后，暗中将家产转移到江西老家，在江西各地方置良田，广蓄金银珍玩，为子孙百世之计，不顾国穷民困。"殊方异产，莫不毕致。是九州万国之待嵩有甚于陛下"。奏疏上，严嵩党徒、通政使赵文华将其扣压数日，同时秘告严嵩。这一年的朝局相当紧张：

四月，王直勾结倭寇万余，驾船千艘，自浙江舟山、象山县等处登岸，流劫台州、温州、宁波、绍兴，攻陷城寨，杀掳居民，浙东骚动，江南、江北告急。

九月，俺答率二万余骑劫掠大同，其后三犯辽阳，一犯宁夏，京师危急，仇鸾胆怯无谋，请调辽东诸镇新兵入卫京师。

十月，嘉靖皇帝看见了这个奏疏。此时，嘉靖还是相当信任或者依旧需要严嵩来管理国家，他才好安心在西苑修道。张元凯《西苑宫词之九》："灵药金壶百和珍，仙家玉液字长春。朱衣擎出高玄殿，先赐分宜白发臣。"圣眷之隆可知。皇帝庇护严嵩，以诬诋大臣罪将王宗茂贬为平阳县丞。王宗茂上疏时已自度必死，被贬后乃恬然出都。

奏疏中，王御史问嘉靖皇帝："宫中亦有此器否？"

比起严嵩收受云南之物，皇帝有过之而无不及！

云南远在万里，风土、物产异于中原，大内"殊方异产，莫不毕致"。嘉靖以前就比前朝几位皇帝更多征贡云南金银、珠玉，或是受了王宗茂诘问刺激，嘉靖皇帝之后对云南奇珍异宝的需索更盛，三十三年（1554），也是王宗茂上奏疏的第二年，皇帝斥责严嵩、户部采买沉香不力，《世宗实录》：

上谕，辅臣严嵩等户部访买龙涎香至今未有，祖宗之制、宫朝所用诸香皆以此为佳，内藏亦不多。且近节用，非不经也，其亟为计算奏……嵩等以示户部。部覆：此香出云广僻远之地，民间所藏既无因而至，有司所得以难继而止。又恐真赝莫测，不敢献者有之，非臣等敢惜费以误上供也。疏入，上责其玩视诏旨，令博采兼收以进。

三十五年（1556）八月：

上谕户部，龙涎香十年不进，臣下欺怠甚矣，其备查所产之处。……仍令差官一员于云南求之。

沉香龙涎，名贵非常，云南并不出产，以往通过海外贸易得到的香料其实不经过云南入贡。"一片千金"的沉香，海外异宝如龙涎，由户部等官员重金采买贡入宫中，是为嘉靖皇帝修道所用，每次告祭上天，焚烧大量香料，李蓘有"西苑宫词"诗纪此："沉水龙涎彻夜焚，桂宫芝馆结祥云。"当年嘉靖曾赐予夏言、严嵩二人沉香冠，夏言不愿戴香冠引起嘉靖不悦，严嵩每次修道，皆以纱笼其上戴冠以示郑重，遂得嘉靖欢心。香料燃烧出的"祥云"在道家或有特别意义，但结果出人意外。

嘉靖四十年（1561）十一月，皇帝在西苑与新宠、年仅十三岁的尚美人试烟火，烧毁万寿宫，沈德符《万历野获编》记："凡乘舆一切服御，及先朝异宝，尽付一炬……"此后即下诏："云南买诸宝石及紫石英，屡进不当意，仍责再买。如命户部尚书高曜求龙涎香，经年仅得八两。盖诸珍煨烬，无一存者，故索之急耳。"

相比"经年仅得八两"的龙涎香，《世宗实录》里关于云南进贡宝石的记录更多，而且时间越往后越是频繁：

嘉靖四十二年（1563）　四月壬子，云南进宝石，青红黄三色三百六十两有奇。
七月壬辰，云南布政使司进青红黄宝石六千七百六十九颗。
嘉靖四十三年（1564）　正月戊寅，上谕户部："……云南无事，宝石亦不至，（尚书高）曜何不催问？祖宗时所积不少，因弘治、正德间各耗费一半，以至缺乏，今上无母后之奉，已省十之七分，有司徒谓见理兵食，不当以珍玩为心，诸用可尽废乎？"
嘉靖四十三年（1564）　二月甲辰朔，云南进宝石七百六十余两，上嫌其碎小，命更采青红色二寸，黄色径寸并紫英等在已献……
七月丙辰，……云南进宝石六百五十余两，诏更采径寸者以献。
嘉靖四十四年（1565）　四月己丑，……云南巡抚都御史吕光洵进宝石及紫英石。
嘉靖四十五年（1566）　五月癸巳，上谕户部：云南矿金银久不见进，前次金

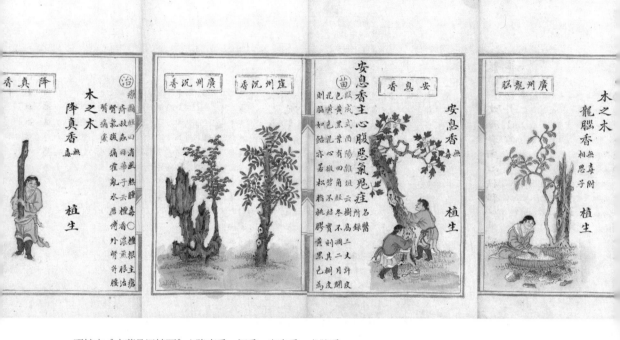

明钞本《本草品汇精要》之降真香、沉香、安息香、龙脑香

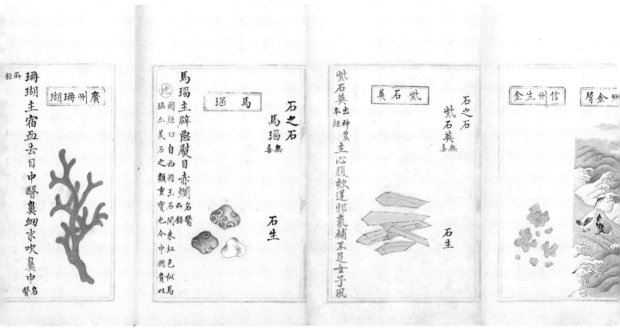

明钞本《本草品汇精要》之珊瑚、玛瑙、紫石英、生金

数太少，必至二三千两。……并催广东、云南珠、石未至者。[1]

"内珰争买大秦珠"，云南宝石不仅为嫔妃妆奁，也是"修道"之物，嘉靖贪鄙，而以"贡献上帝"名义行之，名香、宝石之外，琥珀、供金、珍禽、大象、香木……甚至黔国公也需要亲自向皇帝孝敬书画珍品，缅甸等处进贡物品如犀角、象牙等也假道云南入贡。嘉靖一朝，云南始终是宫廷汲纳珠玉珍宝之渊薮，而当地又屡有反叛，战火延绵，官民穷极矣。直到嘉靖四十五年（1566）十二月世宗去世，遗诏"云南采买宝石金矿……悉皆停止"。

令人感慨的是，以上嘉靖四十一年（1652）后宫中变本加厉的种种情形，王宗茂不可能看到了，《明史》记："嵩罢相之日，宗茂亦卒"。

严嵩府邸的五十六座大理石屏，不知散落宫掖何处？或随西苑的香篆缭绕，寒光盈盈。

当年宁王朱权有诗云：

十二银屏十二峰，一峰一个绣芙蓉。东风吹醒阳台梦，人在珠帘第几重。

---

[1] 此"石"非大理石，而是云南、缅甸地区出产的宝石。

第五章　万历（上）

二十　五色氤氲

　　嘉靖三十九年（1560）十月，王世贞"遘家难"，父亲蓟辽总督王忬为严嵩屈杀，同年十一月，"待罪青州，以家难归"，开始长达数年的里居生活，时年三十六岁。严嵩得罪抄家，王世贞彼时在太仓老家静观朝局，与皇甫汸、俞允文、周天球、袁尊尼、彭年、黄姬水、张凤翼兄弟、陆治等吴中文士交往，寄情山水园林，其间与吴国纶、徐中行、李攀龙、戚继光、汪道昆书信往来，著述治学，主盟文坛。四十二年（1563），王世贞建成离薋园，这是他所建的第一个园林，东西不过十丈，有壶隐亭，小憩室，小小的园囿里竹篱围栏，种植有桃、杏、海棠、芍药等花木。"离薋"典出《离骚》，"以故嘉木名卉出而不能容恶草"，以清高的态度，表达对朝政的决绝。

　　前文无锡华察获赠的大理石屏得自李元阳，王世贞是华察门生，两家为姻亲，王世贞也藏有一大理石屏，为好友张佳胤所赠。《居来先生集》卷四（《四库全书存目丛书补编》第五十一册），紧接《三石篇》，有《石屏歌寄王元美》：

　　碧鸡西去洱水长，一十九峰俱点苍。巨灵笑揽芙蓉气，叱咤天工块混茫。五色氤氲奋万象，珠岩片片皆文章。世人往往入云窟，断霞削玉千峰出，指掌居然

123

海岳图，真形不数丹青笔，若有人兮分隔沧溟，潆荡秋波似洞庭。侧身东望暮烟紫，何以报之锦石屏？石屏石屏产南服，万里随君坐空谷。云母霓虹徒自高，零阳雪浪非其族。有时寒碧吹江涛，酒酣夜半歌独漉，若将此物比昆吾，便铸双龙隐鱼腹。

王世贞与张佳胤称生平知己。嘉靖三十四（1555），张佳胤擢户部主事，李攀龙寄书王世贞为之引荐。张佳胤进入"七子社"后，与王世贞交往密切。[1]

万历元年（1573），王世贞应邀为张佳胤的父亲张文锦作墓表，情真意切。万历四年（1576）张佳胤因母亲去世，守制归里，《居来先生集》卷五十四有《与王元美书》：

> 弟游于二季间，受知最深，即寝食不能相忘，而又自念已半百，吴蜀且万里，求在名园中须臾兄之乐，胡可得也？每一念此至五内并裂……弟无力不能谋一使候安而劳相念，不惮数千险阻之程，遣使飞书，仪物膄厚，兄之爱弟可谓异姓骨肉矣。

从二人文集彼此之间书信看，可谓推心置腹。万历四年（1576）起，王世贞任郧阳巡抚，被史部弹劾，调南京大理寺卿，后被夺俸，令回籍听侯闲住，期间二人的通信，直率谈论官场动态、个人际遇等情况，毫无顾忌。而张佳胤在弥留之际，曾嘱咐其子："葬我必以王元美志铭，元美友兄弟也。"

张佳胤曾出仕云南，王世贞《弇州史料后集》卷十一，《张佳胤志略》记，嘉靖三十九年（1560）张佳胤遭严嵩、严世蕃父子排挤外放河南、陕西，旋任云南提学佥事，"以经术文雅振诸生，昆明点苍之胜，皆以古文词收之，自是公望益重"。考张佳胤转任云南按察使佥事、实际负责提督学政的时间，为嘉靖四十四年（1565）七月，另据王世贞诗文集，嘉靖四十四年（1565）张佳胤赴滇之前，专门派使存问赠诗，王世贞有奉答之作。张佳胤出仕云南后，赠王世贞大理石屏时间，或在嘉靖四十四年（1565）任云南佥事期间，据《世宗实录》，张佳胤在隆庆元年二月，由云南按察司佥事升布

〔1〕《居来先生集》中，张佳胤写给王世贞的诗，有《石屏歌寄王元美》《答王元美见寄用来韵》《寄答王元美三首》《王元美自太仆迁郧阳巡抚闻报志喜》《元美甫至郧阳即遣问余山中赋谢》等二十多首。

政司左参议调往广西，在滇任职时间因此不满两年，赠送给王世贞大理石屏并长歌系之，一则见证了二人深厚友情，同时也见当时为官云南者多以石屏为珍贵赠礼的风气。

这块石屏据张佳胤诗看，可注意者有二：

其一，"五色氤氲奋万象"，形容石屏图案色彩，有五彩斑斓之色，这种情况参照清初谷应泰《博物要览》卷十一"石志"所记（李调元《函海》本）"大理石条"：

> 白质而青章，成山水者名春山，绿章者名夏山，黄纹者名秋山，石纹妙者以春夏山为上秋山次之。

谷应泰出生于晚明，清顺治担任浙江学政，他的记述颇可代表晚明、清初对大理石色彩审看的标准，其实这一"以青绿为贵"的鉴赏标准一直沿用至今。近代赵汝珍《古玩指南》"名石"：

> 白色大理石以洁白如玉者为上品，杂色者以天成山水云烟如米氏画境者为佳，否则则不足贵也。

赵氏书中所说"杂色"，意指一块石屏上并非只有青、绿、黄、黑等色彩，五彩焕然如果搭配得好，另有一番气度雍容。大理石屏根据色彩，可分为两大类，今人沿袭当地石工说法，将有五彩之色的石屏称为"彩花"，可以是单独一色，也可以各色交织映衬，而另一种水墨效果的黑纹白质大理石，则称"水墨花"。按照民国时期审美，"水墨花"被看成更难得的珍品，出产数量稀少，其简约空灵的水墨笔触效果，令人称绝。而五彩兼备的"彩花"石屏，按照约定俗成，青黛色石称为"春花"，黄褐色为"秋花"，虽略有区别，但这种色彩分类基本沿袭了清初谷应泰之说。[1]

---

〔1〕据大理州苍山保护局编《苍山志》，古代矿区围绕三阳峰、兰峰开采，银桥石矿在海拔 2900 米左右，出产的大理石花纹清晰，色泽美丽，云灰、彩花、水墨花、苍白玉俱全，历史最为悠久，为古今大理石主要采场，《苍山志》对大理石品，归为四类：

（转下页）

时间基本可定为嘉靖四十四年（1565）前后的这块大理石屏，"五色氤氲"，应该不属于后世"水墨花"石，而是一块上等"彩花"石屏。

其次，"指掌居然海岳图，真形不数丹青笔"句，再次指此屏与米家山水画意的契合，而按照诗意推断，"若有人兮隔沧溟，潋荡秋波似洞庭。侧身东望暮烟紫，何以报之锦石屏？"等句，似乎描写了石屏上有象形人物出现，这是特别需要留意的。

以往大理石屏，天然山水画面，已经足以令人对面清赏，恍如进入自然深山云雾中，"观看"石屏过程一如赏画，这块石屏上出现了人物景象，令观看者在欣赏画面时产生"替代"感进入画境山水，也可以想象"石上人""画中人"与自己俨然对话。如老友重逢。"人物"出现在画意石屏，一方面证明当时出产石屏质量超越以往，石工凭借丰富经验与想象力，可以适材加工琢磨出如此图景，"提画"环节的飞跃，代表工艺更成熟，如画家有自己"粉本"可以临摹一样，石工琢磨石屏之际，他们的"粉本"也有了"人物"一席之地，令"创作"更臻完善。

人物出现在大理石屏，改变了以往"观看"的思维方式，令石屏尤物更为奇妙，由静态呈现画面，进到可"情感替入"的审美层面。面对一座高山策杖而立于深山溪流间的大理石屏，感受、想象里面的人，正是陶潜、东坡，或就是我们自己！

关于这块大理石屏的赠予时间，不排除另一种可能，"万里随君坐空谷"，可能是张佳胤离开云南后携归，随后派人奉致或亲自送来，那就已经是隆庆朝之事了。

隆庆元年（1567）正月，王世贞与弟弟敬美赴京讼父冤，投书徐阶、李春芳、高拱、张居正等。父案昭雪后不久，隆庆二年（1568），王世贞得报起补河南按察使司副使，整饬大名等处兵备。几个月后，除夕得报迁升浙江左参政。接替这一职位的，正

（接上页）

1. 彩花，其中又细分为绿花(春花)、秋花、金镶玉、葡萄花。主要产自十九峰中的兰峰、三阳峰，西坡石质最优。这种石"在白色、浅灰色基调上泛起各种彩色花纹，似云影天光，青山绿水，朝霞晚翠，四时花鸟，虫鱼走兽，似像非像，变幻无穷，为大理石中的珍品"。

2. 云灰（水花）。在白色浅灰色基质上，呈现灰色至黑色浓淡相间的各种自然花纹，似漫天浮云，激流飞溪，涟漪静水。此石诸峰皆产。

3. 水墨花，纹络及构图风格，绝似水墨山水，勾、皴、点、浓淡、干湿。现阴阳向背，黑白分明，虚实疏密，自成以形写神、形神皆备的艺术特征，似名家巧绘，被誉为大理石之王。

4. 汉白玉，纯白色。产兰峰，西坡。

可作清赏的观赏大理石，以彩花石和水墨花为主。云灰石与汉白玉多作碑材或建筑材料使用。

明　钱穀　《纪行图·小祇园（弇山园）》　台北故宫博物院藏

是张佳胤。王世贞第二年正月启程去浙江湖州赴任，在任不到一年，岁暮又得报专任
山西提刑按察使司按察使。隆庆四年（1570）暮得到母亲病重消息，上疏告归，途中得
到噩耗，老夫人仙逝。隆庆五年（1571）起，王世贞守制里居期间，得到锡山华复初[1]
转让的一批珍罕佛经，王世贞虔敬发心，建造一座藏经楼妥善供奉这些珍贵的经卷，
藏经阁前后种植花木，隙地若岛，这是建小祇园的缘起。恰好是这年十月，张佳胤接
替非议声中去职的海瑞，任应天巡抚，《王世贞年谱》记，隆庆六年（1572）八月，张
佳胤本约访小祇园，"时以江警改期，寄诗促之"。九月，张佳胤抵太仓，"有诗来贻，
作诗和之，时得与张氏游处，欢甚，张出诗文集以示，因序其集"。王世贞《祭张肖甫

---

〔1〕华复初为华云长子，王世贞曾为写《绿筠窝卷歌》。

太保文》回忆，壬申岁（隆庆六年即1572年）秋，张佳胤"开府吾吴，执手契阔，悲喜涕俱"，赠予大理石屏，也有可能发生在二人这次见面期间。

彼时王世贞增益《艺苑卮言》至八卷，觞咏其间。后小祇园扩建，新园名"弇山"。弇山园是中国造园史上空前杰作，为当时海内第一名园。"中弇"由张南阳设计，假山石皆几百年旧物，王世贞自述几乎因此囊空如洗。弇山园林大起，张佳胤应邀为赋诗。

王世贞闭关读书以避俗客，雪夜独自登楼阅藏，心静如水。阁下一层阔大，列榻其中，可以随意坐卧，他命仇英的女婿、画家尤求绘制大幅水墨于粉壁上，宛然山林之间。藏经阁之右有鹿室，三头梅花鹿与鹤为伴。柯律格在《长物：早期现代中国的物质文化与社会状况》一书中，曾引沈德符《万历野获录》记述，指出王世贞、王世懋兄弟为著名古物收藏家，"热衷于在艺术品和古董藏品上留下个人印记，以此构成士绅角色中的一个必要的组成部分"。按照文徵明的记述，华夏晚年因为大量收藏，财力已经不如从前，一些书画珍品相继流出，归王世贞、项元汴等人。张佳胤赠送王世贞大理石屏，或因深知王世贞酷爱收藏，石屏虽非古董，属于新奇"今玩"，但万里而来，古画精神蕴藉其上，确实是很高雅的一份赠礼。关于王世贞书画收藏的记述颇多，其实他对书画以外古董、奇玩的嗜好，一点不亚于书画之癖。万历时期，王世贞的小友、黄冈王同轨《耳谈》记：

> 王元美先生，家藏一铜唾壶，为三代物，常以自随，然仅其底而已。过太湖，童子误坠水中。公悬十金募人捞取，持以上视之，乃其盖子，先生大喜，再悬十金令捞取，又得焉，益足珍贵。豫章朱文萌先生谈。

万历四年（1576）起到万历十六年（1588），王世贞在弇山园中度过了一生中最惬意的十年。弇山园内的尔雅楼堪称"秘阁"，又称九友楼，"九友"者皆为主人收藏的古籍书画，珍玩器具，垆鼎酒枪[1]。如著名宋版《文选》《汉书》；古帖《定武兰亭》《太清楼》、褚遂良《哀册》、虞永兴《汝南志》、锺繇《季直表》；名画有周昉《听阮

---

[1] 古制三足温酒器。

图》、王晋卿《烟江叠嶂图》等，其他珍玩如"柴氏杯托"，琳琅满目，王世贞将以上几种古籍、书法、名画、名瓷、碑帖，称为五友。而道家佛教之藏，为二友，山水为一友，最后王世贞自豪地将自己的《弇山四部稿》称作一友，如此九友咸集，"朝夕坐尔雅，随意抽一编读之。或展卷册，取适笔墨"。

屏风之美，王世贞似早就曾留意，《弇州四部稿》卷十七，《过张吏部留题》：

> 君家屏风五尺雪，上有颠襄迹盘郁。麈尾蝴蛸半壁垂，胡床以外无长物。使君酒圣谁当敌？新丰酽夺梨花色。饮酣不识袁彦道，布帽已染吴兴墨。金壶丁丁水欲尽，临行掷杯意难忍。安能三日不相过？令我真成轻薄尹。

山水为友，对石赏玩，王世贞别有会心，弇山园内，各地奇石荟萃，锦石大屏与太湖、灵璧石互相映衬，大小不一的各种怪石构成了弇山奇景。而王世贞诗集内也不乏咏石之作，如赠穆文熙之《奇石歌和穆少春宪副》：

> 女娲补天炼不尽，错落五色堆人寰。尧波九载滌磊块，秀出神骨争巉颜。昆山太巧灵璧顽，幺麽琐屑几案间。不见洞庭高峰一百尺，万古长含太虚碧。……爱汝苍苍貌殊久，何似生人老少成好丑。爱汝冰雪长相守，何似百卉春荣见霜朽。爱汝不笑复不言，何似当面输心背面诟。爱汝不倾复不仄，何似狂飙靡草波立走……[1]

张佳胤所赠大理石屏，王世贞当格外珍视，陈设在弇山园中，五彩氤氲，熠熠生辉。他的弟弟王世懋园中也藏有一石屏，只是不知是否为大理石屏。

王世懋（1536—1588），字敬美，历任南京礼部主事、陕西、福建提学副使，迁太常少卿，十七岁时谒见文徵明，衡山握手称小友，爱其奇颖，其书画文玩收藏亦可观。王世贞《澹圃记》载，澹圃收藏亦富，"暖室者二，雪洞者一，浴屋者一，皆小而精。

---

[1] 穆文熙（1528—1591）字敬甫号少春，万历四十一年进士，历任吏部员外郎，廷杖罢官归后起郎中，官广东副使过了几年，由于兵部尚书张佳胤推荐，文熙再起任广东按察使，转南京户部侍郎，以父老终养请归，遂不复出。建"逍遥园"研习老庄，专事著书。

清《沧浪亭五百名贤像赞》王世懋像

中多贮三代彝鼎、孤桐浮玉，大令名墨、中散酒枪之类，敬美恒以暇日焚香，萧散其间，卧起时意殊适也"。澹圃亦多奇石，除了灵璧"浮玉"，小轩有叠山，"灵璧英石，奇峭百状"，有武康石高四尺多，"绝类中山雪浪，差黑耳"，也见当时造园风尚。

詹景凤《玄览编》载，王世懋不太重视瓷器收藏，"予详记书画为学也，若古铜嵌玉诸器则玩也"。但在"玄览编"寥寥数条器物条目中，却不乏极品如"玉卮""钧瓷"：

旧为黄姬水志淳物……高五寸，径一寸有奇。上作卧蚕，文精湛。玉为淡乾黄，色莹润既佳，又符采至可爱，本三代时墓中物，以与铜器合瘗一处，年久铜器渗入，玉几半截为碧绿矣。碧绿处光耀闪灼动人，奇宝也！其铜器三代瓶壶觚鼎之属，亦数种多精，独窑器不备，亦无甚精者。

……

詹景凤王奉常一钧窑水底，色红鲜如杨梅，渠用以为洗。

《澹圃记》记，园中等级最高的主体建筑是明志堂：

虽仅三楹而极轩敞，宜暑，无所不受凉。中设石屏，几榻，琴书，觞弈之类，整静就理，名之曰"明志"，取诸葛武侯语也，盖亦名圃意也。

石屏，在澹圃明志堂所陈设布置的家具、器物中，赫然列于首位！

二一　书斋之友

晚明"玩物""鉴赏""好古"风气，在万历一朝达到顶峰。政治的沉闷空气，与庞大帝国各方面的止步不前，官僚与大量无法获得功名进入官场的士人，都表现出对于财富追逐的巨大热情，艺术品市场繁荣，书画、古玩的收藏蔚然成风。江浙地区古玩书画交易逐渐产业化，出现了许多专门的商人，奔走权贵之门，如著名的徽商王越石，苏州巧匠周丹泉。官宦富商营造园林，山石布置、厅堂陈设、书斋清供，仰赖大量艺术品的流转买卖。在这种背景下，大理石屏却很少出现，关于石屏的记述往往只出自官员、亲友的赠答之诗，如后文谢肇淛所记，大理石屏价格虽高、有利可图，但财力雄厚的古玩商即便囤积有三代铜器、唐宋名画可供顾客挑选，却罕能提供这种"商品"。稀缺性是大理石屏少见于明人著录的原因。尽管如此，至嘉靖、隆庆、万历时代，士人对大理石屏的重视程度，比诸前

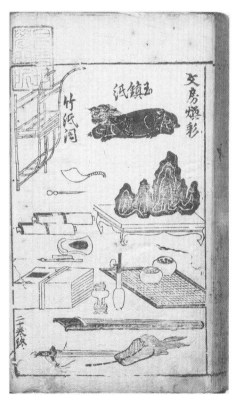

朝提高不少。石屏在澹圃明志堂赫然登堂入室、列于首位。

大理石屏自成化以后输入内府，在中原地区获得更多认知。而嘉靖、隆庆两朝，大理石屏集奢侈消费与风雅之物为一身，水墨意蕴，格调高雅，尤其适合厅堂陈设，成为玩物士人的书斋之物。"文房"，是古代文人书房、案头实用之器，十三世纪，赵希鹄《洞天清禄集》问世，林洪更在《文房图赞》中将十八件常用文具，各授职官称谓，图像为赞，文士们书案上这些由能工巧匠制成的日用之物，从此不再单纯是实用"器物"之属。

沈周认为，文人对这些物品，褒贬"托之史事，隐然寓褒贬深意"，师之友之，从

明刻《燕闲四适·文房焕彩》

中体悟人格与道德激励。文具"十八学士"之人格化出现，对物的"身份认同"，其社会学意义，柯律格在《长物：早期现代中国的文化与社会状况》中做过精辟论述："作为士大夫内心象征之物，文房器具脱离"物"之属性，象征隐逸、高尚的生活方式，而士大夫独特之处正在生活方式。"

明代文士给予这些朝夕相处的日用之物以更多重视，借物游心，在宋人风尚基础上，进一步完善、构建出一整套"长物"鉴赏美学体系，相关著作、谱录亦作为商品流传于世。文房陈设之物，多秉承主人趣好。不难想象，这些精美的物品非常可能出自主人自己的设计，定制之外，甚至自己动手参与制作。

在明代隐士顾元庆看来，石屏是最重要的文房陈设之器！

顾元庆（1487—1565），字大有，痒生，长洲人，博通经史，与文徵明为友，其夷白斋内藏书万卷，著述颇多，刊刻《顾氏文房小说》等书。曾师从都穆，都穆对古图器物收藏颇为用心，常到顾元庆家中观赏收藏。顾元庆与丰坊、王稚登等人均有交谊。王稚登称其"年少有道气，无惭处士名。青山隔水近，寒霭入门生。金石古人意，云霞世外情"（《南航记》），曾雨中往访，夜宿大石山房。

"木榻苔纹积，山窗竹霭虚"，大石山是姑苏名胜之地，吴宽、李应祯等当年曾在此联句，沈周追和，"顾家青山在大石左麓，山中有胜迹八，曰玉麈涧，青松宅，竹磴"等，他作为一名"山人"，好客"名士"，无心仕途，终身沉浸于个人的文字、艺术世界，"书斋"可以看作顾元庆精神世界的物化方式，"书斋"之器用，是实用品，也可视作寄托文人高致、山水襟怀的生活方式本身。

吴郡沈津字润卿，家世业医，曾充唐藩医正。沈津为祝允明姻亲，与文徵明、邢丽文、朱存理等友善，文徵明多次为其藏画题跋，编有《欣赏编》，为文房、器物类谱录丛书，最早版本于正德六年（1511）刊刻，嘉靖三十年（1551）有汪氏续刻，万历八年（1580）茅一相（字国佐，号泰峰，归安人）刻本收十种十四卷，并有《欣赏续编》十种十卷，包括诗法、茶谱、牌戏、养生、弈棋等内容，其中"已集"为顾元庆《大石山房十友谱》，遥承《欣赏编》中收录宋代林洪《文房图赞》、元代罗先登《续文房图赞》，宋元这两种文房谱各录文房器具十八种。

顾元庆《大石山房十友谱序》：

余山房十友，皆江湖名流道者所赠，林可山文房图赞所不载，罗雪江续图赞所未录，各有丽泽及余。余自弱冠至白首，游于十者之间，以友呼之，遂相与忘形，不知孰为友，孰为主也。不表而出之，负德多矣。延缮图为山房十友谱，非知我者不敢示也。

嘉靖己亥秋　大石山人顾元庆序　庚辰秋七月望日冯年书

从序言看，顾元庆早在嘉靖十八年（1539）已经完成了这部书稿，时隔四十多年后，于万历八年（1580）被收入《欣赏续编》出版。茅一相编纂时选择顾元庆的这部文房器物编，反映当时图书市场的流行趋势，文房器物与饮茶、养生、娱乐的内容并列"续编"，风尚所在可见一斑。[1]

顾氏"文房十友"计有石屏、古陶器、玉麈、竹榻、鹭瓢、铁如意、紫箫、竹杖、玉磬、砚台等十件器具。按照柯律格《长物》的说法，"拥有这样的器物无疑可以满足任何人对士绅身份的诉求"，特别之处在于，与另外九件被称为"谈友""梦友""直友""节友"的文房器具相比，顾元庆把石屏列于"十友"之首：

右石屏：高二尺有奇，广一尺三寸，前后有诗与竹，皆东坡亲迹，立必端直，山房呼为端友。赞曰：

有石如砥，表公之刻。竹既潇洒，诗亦精特，乘气而润，应雨而滋。清风披拂，千古仰思。

石屏不像竹榻、砚台、紫箫等物兼有作为实用器物的使用价值，石屏之意义在于"被观看"，重在精神层面，"实用性"被剥离，令石屏超越日常之物的功利性，趋向"形而上"的"无用之用"。

实际上，这件石屏，疑似以祁阳石雕刻而成。

《二续金陵琐记》刊刻于万历三十八年（1610）后，所记"石刻竹枝"，与顾氏石屏图案如出一辙：

〔1〕为该书作序的长兴徐中行（？—1578），字子与，嘉靖二十九年进士，隆庆时为左参议出仕云南。

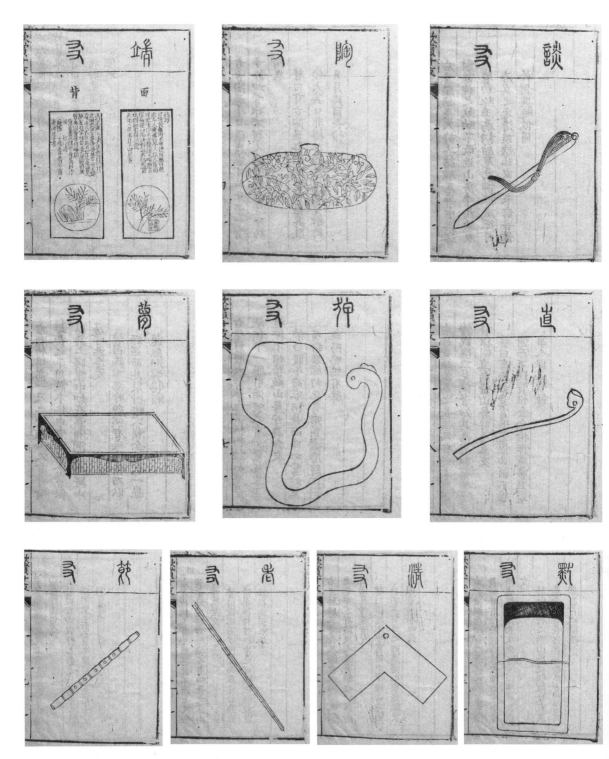

顾氏"文房十友"

东坡公石刻一竹枝，在旧院教坊司马家。惜是祁阳石，不甚坚固。[1]

顾氏"文房十友"中的疑似祁阳石屏，不及大理石名贵，但顾元庆赋予其崇高的道德意蕴，获称"端友"。封建王朝对高官谥法以"文"字为最轻易不许，大臣得谥"文正"则代表最高荣誉。"端友"之"端"犹如"文正"之"正"，在顾元庆心目中，石屏地位无物可及。

同样的情况还出现于稍早的胡应麟书斋，绿萝馆。

胡应麟（1551—1602），字元瑞，号少室山人，浙江兰溪人，万历四年（1576）举人，后累试不第，遂闭门读书，中年与王世贞、汪道昆文坛两领袖相游，盛得奖掖。有《少室山房集》一百二十卷，以诗闻名，与常熟赵用贤、京山李维桢、鄞县屠隆、南乐魏允中并称"五子"。

胡应麟累试不第，闭门读书，名日重，有别业在瀫溪之南，平湖远岫，幽谷长林，建有春瀫草堂、华严精舍、谈玄室、柳庄、二酉山房等，其中书斋名曰绿萝馆。

《少室山房集》有《长日抱疴，掩关谢一切客，朝夕相酬往者，惟斋中十六君焉。兴文托好，各赠以诗，岁寒之谊，要诸白首矣》一组五言诗，分咏书斋之内文房器具凡"十六君"，其一石屏：

奇峰置案头，恍忆包山麓。万朵洞天云，鞭龙入林屋。

书斋陈设器具以"十六君"相称，胡应麟与顾元庆"文房十友"做法如出一辙。[2]

---

〔1〕周晖（1546—约1627），字吉甫，漫士，号鸣岩山人，南京人，诸生。隐居不仕，博古洽闻。周晖所记苏轼画竹枝刻于祁阳石上，与顾元庆所藏之屏无论图案、材质都近似。顾氏之藏石，刊刻于嘉靖十八年（1539），早于周晖七十多年。周晖以简练文字记载这一石刻，也暗示此物珍罕、特别。顾氏祁阳石屏，可能是私人定制或是礼品。石屏纯粹观赏，坊间不可能大量制造、流通。祁阳石虽容易雕刻，但无法据此认定如"苏轼竹枝刻石"屏已是普遍流通的商品。以"图案""图式"而论，此屏在内的文具图像，是万历时期工艺美术重要文献。

〔2〕对书斋之物以友相称的做法，最早源自宋代林洪，《文房图赞》第一次将十八件文具赋予人格化称谓。晚明以来颇为流行，如张岱《琅嬛文集》卷五，《二十八友铭序》：陶庵曰，庐陵嗜奇，六一为号；老铁好古，七客著名。余家旧物，失去强半，而余尚识其姓氏，如得故友，故曰友也。（转下页）

明 沈周 《西山雨观图卷》 故宫博物院藏

更令人惊讶的是，绿萝馆"十六君"也以大理石屏居首！

《石屏》诗，从诗名看，仅纪为"石屏"，虽有案头奇峰、太湖包山（在今太湖西山岛）林屋洞（为道家天下第九洞天）的白云入窟意象，但无法据此判定这是一架大理石屏。

好在绿萝馆雅物，王世贞亦有吟咏。《弇州续稿》卷二十一，找到《为胡元瑞题绿萝馆二十咏》，分别为石屏、琴、剑、书筒、玉磬、五岳图、棋、胆瓶、笛、茶灶、螺杯、琴石、博山炉、麈尾、羽扇、芒屦、芙蓉帐、湘竹簟、胡床、石枕。[1]

王世贞"绿萝馆二十咏"，首题石屏诗：

> 一夜点苍山，入君读书舍。芊眠白云色，而亲在其下。

（接上页）

这二十八友分别是：雨花石、砚山、兰花小厂盒、白定炉、小美人觚、哥窑卮、哥窑卟髻瓶、碧玉簪、宣铜象格炉、哥窑印池、晋唐小楷、茶条杖、断纹古琴、宣德填漆盒、羊脂玉鲲鹏图书匣、吕文安糕拙砚、吕吉士汉玉昭文带戒尺、杨颙之三弦子、钱子方古镜、李锦城龚春台、定窑水中丞、宣铜翻覆莲花水盂、白瑛石、大绳耳分裆宣铜炉、白定砚头瓶、石皮砚、官窑分裆铜炉、王二公徐氏家藏壶。

[1] 王世贞题咏数量较胡应麟多出四件。前十六件器物中，第十一件王世贞以"螺杯"取代"杖"，大约考虑胡应麟的年龄、身份因素，《礼记》云"五十杖于家"。考王世贞题咏时间不可能晚于万历九年（1581），此时胡应麟刚满三十岁，斋中设"杖"确不合礼制。此外，王世贞较胡应麟自咏诗所多芙蓉帐、湘竹簟、胡床、石枕四物，在胡应麟《少室山房集》中，亦能找到踪迹，即"卧室四咏"中特为赋诗的四物。

"点苍"，确认了这架石屏的身份！

考应麟父胡僖，与王世贞同年，历官刑部主事，隆庆六年（1572）出任湖广右参议，王世贞于万历元年（1573）起为湖广按察使，八月抵任与胡僖同地为官。胡僖万历五年（1577）改任云南按察使司金事，在云南曾参与平定刁氏叛乱，迁升云南按察副使，万历十一年（1583）因得罪权要，拂衣归里，时年六十。王世贞有诗："三朝循吏赞升平，一疏归来万事轻。"

如此，大理石屏出现在绿萝馆中，不算意外。

考胡应麟与王世贞交游，万历四年（1576）秋，王世懋以江西参议赴任过访兰阴，与胡应麟邂逅，杯酒言欢，形骸顿忘，由是定交。万历五年（1577），胡僖以忤张居正旨，左迁云南按察金事，回里小住。胡应麟下第回乡，王世懋再次过访，与胡应麟浃谈竟两晨夕，邀其前往拜访兄长王世贞。万历八年（1580）夏初，胡应麟三十岁，第一次前往太仓拜谒王世贞，二人谈艺于小祇园，王世贞以得生恨晚。当时昙阳子化去，王世贞正与王锡爵一起入道修真昙阳观中，闭关不出，谢绝一切文债，独为胡应麟作《二酉山房记》。

胡应麟后寄书王世贞，并附《诗薮》六卷，王世贞激赏不已，万历九年（1581）五月，王世贞为作《绿萝馆诗集序》，称赞"后我而作者其在此子矣！夫其在此子矣！"俨然衣钵授焉。

元　方从义　《云山图卷》　大都会博物馆藏

胡应麟《石屏》诗，以大理石屏为绿萝馆众多文房之物第一，石屏与琴、剑、书筒、玉磬、五岳图、棋、胆瓶、笛、茶灶、杖、琴石、博山炉、麈尾、羽扇、芒屩等，既为书斋清玩，石屏摆放空间为书斋，当为书斋"案头"之物，这样摆放大理石屏，与前文陆深将大理石屏置于园林厅堂的格局不同。因绿萝馆的书斋性质，不妨看作是大理石屏在书斋"案头"出现的第一例。

绿萝馆"十六君"，胡应麟曾各系一诗。这是很有趣味的一份文房账册，十六件器物大多有实用功能，分别对应焚香、烹茶、抚琴、出游、弈棋，吹笛等雅事，其他如挥麈、羽扇，隐然道家气象，晋人谈玄所用，晚明文人作为书斋陈设，聊以寄托思古之情。而大理石屏俨然绿萝馆主人，以其"无用"，居然位列清供名单第一，或因为此屏为父亲云南携归所赐，意义不凡，亦见胡应麟对大理石屏的由衷喜爱。[1]

历来对胡应麟的收藏，一般关注到他"独嗜书"，如二酉山房"治屋三楹贮之，藏书插架四万卷"，以及曾出游一次携回万卷的豪举。因为考证绿萝馆"十六君"的缘故，读其百余卷著作，深感胡应麟对古玩、器物嗜好颇深，与王世贞绝似。吴之器《婺书》中"文苑·胡应麟传"中的一则记述，印证了这一推测：

[1]　"五岳图"，胡应麟绘泰山等五岳图形于壁间，卧游其中，"每抚琴动操，则众山泠泠响答，岩谷、几席之上，白云翕然而生，不知此身匏系于尘世也"。（《少室山房集》"题斋中五岳图序"）

　　金华陈生为余言，元瑞故尝客其家，每漏过子夜，犹飒然有声。怪而窥之，见出古玩，累累以次陈几上，徐就取一物摩挲之，竟复取一物，回环殆遍乃寝以为常。

做客之际，深夜将随身携带之小巧古玩陈列一室内，反复摩挲赏看，嗜古深矣。

胡应麟钟情古玩，但根据其诗文集看，他书斋中许多陈设都属于"今玩"，包括同乡、首辅赵志皋曾送给他一只犀角杯，也属于材质名贵的当代制品。《少室山房集》有许多器物铭记，如《斋头小弥勒、博山炉铭》之小序：

　　歙人斫壤得万岁藤根二，为小弥勒像一躯，博山炉一座，精巧瑰特，俨出天成。余两游燕市得之，尝合置斋头，诸好事雅相慕玩，暇日因命名像三，曰圣菩提、曰木上座、曰龙树尊，炉之名五，万年芝、仙人掌、崆峒、旃檀座、香象龛，盖像惟取义，炉则四旁上下各从其形，且为之赞，若铭颂十余，大都颖传，余沥存其半以诧滑稽。

以深山万岁藤所制小弥勒、博山炉，显然不算古董。[1]

晚明时代，文人对器物清赏、把玩，别出新意，已经不只限古董，万历前后，正是各种门类工艺家群星璀璨之际，象牙、犀角以及竹雕、螺钿漆器、铜器、玉器、琢砚工艺水准迅速提高，工艺家如濮仲谦、陆子冈、胡文明、张鸣歧等，都以高超技能获得了很高社会声望，士大夫对他们制作的扇骨、玉器、铜炉等纷纷追捧，"今玩"不让"古玩"的局面形成，《万历野获编》对此有许多记述。对胡应麟这样的"玩物者"而言，两者之间的界限若有若无，只有专门收买古董者才会以专业眼光严苛审看、在意其中差异。

大理石屏，作为"今玩"，与古代书画、碑帖不同，与"古玩"之商周鼎彝、汉玉也不同，它纯以自身的奇绝魅力突破了"古"之所限，在文士书斋中大受欢迎的程度，如大石山房、绿萝馆中所见，傲视群侪，睥睨一室。胡应麟少年成名，中年后交游遍天下，翩翩有浊世仙骨之姿，好琴，好鹤，好藏书，好古奇器，鉴赏眼界不同俗眼，对大理石屏之推重，或源自更早的京华记忆，《少室山房类稿》卷一百十六，《与祝鸣皋文学》一札回忆：

> ……忆尔时长安中伏天，偕足下过某勋戚贵人家……十仞八窗洞开，层冰嵯峨，如雪山离立，左右前后，客坐其中，俨入洞庭、点苍间，大瓷盘盈六尺，一贮甘泉浮碧桃朱李，一满贮青门瓜，五色鲜华莹彻，不啻玛瑙水晶。

点苍意象如夏天冰雪中鲜果般莹彻，繁华若水晶玛瑙，少年繁华的京城岁月令人感喟。

二二　屏铭镌刻

《俨山集》里，有陆深自撰《大理石屏铭》：

---

[1]下文可见破瓢道人为周履靖所制类似之物。

远岫含云，平林过雨。一屏盈尺，中有万里。

陆深十六个字的《大理石屏铭》，是明代大理石屏铭最早的记录。
《俨山集》中还有另外两则《屏石铭》：

一　云卧壁立，仁寿为徒。可久可大，以殿诒图。
二　完璧归赵，合剑于渊。慎谋贵始，后定者天。

这两则屏铭没有明确屏芯是否为大理石，参详第二铭文字，"完璧归赵"似有所指，身世另有曲折。镌刻有这两则铭文的石屏，是一是二，是否既为前文陆深所记岐阳石屏，已难考证。

明人著述里可以找到的另一则大理石屏铭，出自王叔果《半山藏稿》：

见山思静，见云思变，见石思贞。是屏也，点苍洱海，含晶耀灵，其静而变，变而贞，可以比德而盟。

王叔果（1516—1588），字育德，浙江永嘉人，舅祖是赫赫有名的张璁。嘉靖二十九年（1550）进士，历任兵部、湖广，以广东按察副使终。王叔果为人淡泊，出仕不久萌生退意，嘉靖四十三年（1564），四十九岁即辞官归去，超然于官场之外，寄情山水，潜心研究王阳明"心学"，与茅坤、汪道昆等交游，王叔果有《祭学士华鸿山文》，与华察有交谊。文集内还收另一则"石磬铭"：

光之润，发于泗滨；形之折，象于哲人。闻之四达，曰：维金玉之音。

元代"江山晓思"石屏、"巫峡云涛"石屏，都有明确记录表明，当时已经请人将文字镌刻上石，故笔者起初认定，明代陆深之屏铭，无疑同样撰写后镌刻屏上。
明代文人为文房器物题写铭文，非常普遍。沈周、文徵明、张凤翼著作中收有许多日用器物题铭，如杖铭、匣铭、榻铭等，兼及文房、家具。黄姬水（1509—1574）文集里收有六铭，分别为砚台二，曲几一，印章匣二，玉罗笺筒一，其中石砚铭为"嘉靖癸亥吴兴徐汝宁作"，则铭文已经镌刻砚台。[1]

胡应麟《少室山房集》，器物类铭文更多，计有：

《斋头小弥勒、博山炉铭》《螺觥铭》《鸥夷觥铭》《九节筇铭》《海山琪树铭》《玉麈尾铭》《壶公壶铭》《湘竹如意铭》《水沉如意铭》《长生瓢铭》《青田核铭》《旃檀如意铭》《赵氏蟠木铭》。

考胡应麟所铭各器，有的属于绿萝馆"书斋十六友"的范畴，即亦为王世贞《题绿萝馆二十咏》中物，有些没有进入以上名单，是别人收藏应邀作铭。

黄姬水、胡应麟藏品见诸见载的大量铭文，可见嘉靖后期、万历初年间，吴中文士对文房器铭的重视，到晚明张岱，此类书斋收藏玩物诸器铭文多达几十篇，而正是张岱的文字，让我开始思考一个问题——明人这些器物铭文，是否真的都曾实际镌刻器物之上？

为心爱器物、文玩镌刻铭文，始于古人座右铭。为心爱之物"题写铭文"，然后请人"镌刻铭文"，实际上是一件器物赏玩过程中的两个不同阶段。构思、写作一段铭文，可以是为实际镌刻于器而作，但也有可能仅仅让铭文留诸纸墨，冀以文字不朽，未必实际镂刻器物。

以张岱铭文为例，《二十八友铭》分别为以下诸器而作，分别是：

> 雨花石、砚山、兰花小厂盒、白定炉、小美人觚、哥窑卮、哥窑觚罄瓶、碧玉簪、宣铜象格炉、哥窑印池、晋唐小楷、茶条杖、断纹古琴、宣德填漆盒、羊脂玉鲲鹏图书匣、吕文安糕拙砚、吕吉士汉玉昭文带戒尺、杨鏐之三弦子、钱子方古镜、李锦城龚春台、定窑水中丞、宣铜翻覆莲花水盂、白瑛石、大绳耳分裆宣铜炉、白定砚头瓶、石皮砚、官窑分裆铜炉、王二公徐氏家藏壶。

诸如白定窑瓶、水中丞等瓷器，难以铁笔镌刻，传世亦罕有刻铭之瓷；晋唐小楷

---

[1] 见《高素斋集》卷二十一。《黄淳父先生全集》卷二十二，铭文增加到了八则，较之前新增两件器物为斑竹笔筒、董青炉。

只堪题跋，无法"铭"之绢帛；以碧玉簪之微小，真须鬼工再世方可镌刻如此蝇头文字……张岱在《二十八友铭》小传中指说，这些东西经明清鼎革，大半失去，这些"铭"，为追思故家旧物而作，已没有可能镌刻于器。

当然，有些器物非常适合镌刻铭文，最典型的是砚台。不仅砚背可以题刻，砚台周身乃至砚匣内外，都可以供人镌刻，"铭符其物"不成问题，如陈继儒《笔记》卷一记：

> 文太史得古端砚，锐首丰下，形如覆盆，面镂五星聚奎及蓬莱三岛，左右蟠双螭，刳其背令虚，镌东坡制铭："一龟横出，作属鼍状。文镂精致，不知何时物也。"因命为五星砚。

这是撰铭之后、确切予以镌刻的实例，传世名家古砚，镌刻累累如书画题跋，往往周身皆是。嘉靖时期礼部尚书张邦奇，有《书柜左铭》《书柜右铭》《镇书铁尺铭》《界方铭》《印色池铭》，汪道昆有《查八十琵琶铭》《汪元鼍匕首铭》，尤其是为陈玉叔所藏六石，一一分别作《吴石铭》，有六则之多。张邦奇的"书柜铭"属于罕见的家具铭文，传世之器有镌刻铭文的例子，但张岱所作"印池""匕首"之类的铭文，大约仅限于纸上。回到陆深、王叔国所做"大理石屏铭"，是否实际镌刻？问题随之而来。

明代大理石屏，传世本极少，学者往往根据其原装器座论定年代。明代传世大理石屏寥若晨星，镌刻有当时题名、品评文字、甚至刻以"铭文"者，以笔者浅陋，迄今未曾发现实物。[1] 明代大理石屏有文字者，传世仅见一例，为明早期黄花梨大理石砚屏，墨书篆字朱子格言，也不是铁笔镌刻，这架大理石屏其实并没有天然图画，以文字作为主要欣赏内容。其制作构思符合远古"箴言"屏风之制。

传世的清代大理石屏，镌刻文字者较多，体例多承袭阮元所创，石屏多以四字题名，镌刻字体稍大、篆隶居多，配上长短不一题记文字，字体多为楷书，说明石屏画意契合某某名家画风云，最后镌刻数量不等的收藏者名款，押印。整个屏风参照古代

---

〔1〕笔者最近才发现美国大都会博物馆藏"天启四年离骚经铭刻大理石屏"之存世，见后文专门章节讨论。

书画装帧、题跋式样，镌刻文字于石屏如引首题名、题跋，位置以不破坏石屏整体画面为宜。清中期以来流行的镌刻"品题"，与明代文献"屏铭"体例，显非一种。同样，迄今为止很少发现清代石屏有"铭文"体裁之镌刻实物，"品题"是当时镌刻大理石屏的主要方式。

根据文献可知，元代"江山晓思"石屏、"巫峡云涛"石屏，题名皆已实际镌刻于石。明代大理石屏铭文字，目前只找到以上陆、王二人之作，他们为大理石屏所写铭文是否实际铭刻，是一个有趣的问题。

"铭"与"铭文"是两个概念。

如真赏斋内徐溥旧藏两块大理石屏，虽有"春景晴峦""秋岩积翠"文字，但系题名镌刻，杨一清旧藏"潇湘雨晴""远岫凝绿"也只是"题名"，丰坊没有确定提到这四座大理石屏的名字是否镌刻。即使认定已经镌刻上石，但按照内容，这些文字严格讲也不属于陆深、王叔果特意所撰的"铭文"，"铭"，只能按"铭刻"来理解。陆深、王叔果为大理石屏所做之铭，本是一种传统文体。

明代贺复徵《文章辨体汇选》卷四百四十七，专门讨论了"铭"作为文章体裁问题：

> 按郑康成曰，铭者，名也。刘勰云，观器而正名也，故曰作器。能铭可以为大夫矣。考诸夏商鼎彝尊卤盘匜之属，莫不有铭，而文多残缺，独汤盘见于大学而大戴礼备载。武王诸铭其后作者寖繁，凡山川、宫室、门井之类皆有铭辞，盖不但施之器物而已。然要其体。不过有二。一曰警戒，二曰祝颂。陆机曰铭贵博约而温润，斯言得之矣。又有碑铭、墓碑铭、墓志铭，不并列于此云。

夏商周三代的青铜器上铸有铭文，针对器物；另有文章体例之"铭"，如为山川、名泉写铭，刘禹锡之《陋室铭》等，未必皆能镌刻所咏之物象，仅以文章传世。如苏轼的这则《砚铭》，无从判定是否曾镌刻于某一端砚上，自"识"字推敲，或仅是书写纸上的一篇短文：

> 或谓居士，吾当往端溪，可为公购砚。居士曰："吾两手，其一解写字，而有

三砚，何以多为？"曰："以备损坏。"居士曰："吾手或先砚坏。"曰："真手不坏。"居士曰："真砚不损。"绍圣二年十月腊日识。

就器物实际刻"铭"而论，情况也很复杂。

古代青铜器物上之铭文，往往与器物浑然一体，考释其文字，多记述器物铸造来历，往往可以以铭征史，文辞也有诸如"子子孙孙永为宝用"这样的祝祷内容，后人根据铭文定器物之名。"铭"既可为"名"，亦可反映主人"警戒""祝颂"之意，但这种情况在后代镌刻有铭文的器物上，逐步发生演变，尤其以砚铭之变化最为明显。如上博所藏宋辽金砚台，很多都有铭文，大体归纳铭文内容，砚台分别镌刻有年号、时间、制作者姓名、砚台价格、主人斋名、姓名等，有的砚铭仅仅镌刻砚台之名，如"碧玉子"三字（浙江诸暨南宋董康嗣夫妇墓出土随形端砚），"铭"为"名"也；有的则镌刻有简短精炼的"铭文"，如北京通县大庄金墓出土圆形澄泥砚，名曰"鼎砚铭"，文曰："乾其体，坤其腹，兑其口，鼎其足，多识前闻以大蓄。"款"见海若"。由铭文可知这砚名"鼎"，"砚铭"包含了"砚名"，又进一步阐发，其实是主人为砚台做了一则短文，根据《易经》撰写的"铭文"表达了主人治学、立身的理想，用来时时警醒。[1]

在传世实物缺失的情况下，明代大理石屏铭的情况不可一概而论，既不能就此判定"屏铭"仅是一则主人有感而发单纯为心爱之物撰写的文章，也无法认定"屏铭"一旦创作出来就会镌刻上石。

仅仅是假设：陆深、王叔果特意为珍藏的大理石屏创作了"铭文"，大理石材硬度本适合镌刻文字，在石屏正面刻字以增其规制、文雅之气，乃是符合"古礼"又可标榜个性的做法。

也不妨假设，这些特意写就的铭文出现在大理石屏背框上。优雅的黄花梨木头，不论镌刻或墨书，置于厅堂供人观赏，烟云满目的大理石屏因这些考究的文字衬托愈加醒目。

遍稽明人文集，陆深大理石屏铭实为罕见，时间亦最早！屏铭中强调石屏如画，

---

〔1〕参见《上海博物馆集刊》第十期《宋、辽、金出土砚研究》一文。

浓缩云山画意，有盈尺万里之妙，继承历代大理石屏欣赏美学，注重"物象"，而王叔果之铭，以石喻人，"静而变，变而贞，可以比德而盟"的哲学思考，赋予大理石屏人格之美，图像之外的"道德"意蕴，比德而友之，寄托士大夫玩物游心之态度，用情亦深。

王叔果未曾出仕云南，藏石自何而来？前文所考大理石屏主人，多为浙江、江苏、上海籍士大夫，大理石屏收藏者以江南官宦士人为主，这个现象从地域角度观察确实有趣。

江南士人对大理石屏情有独钟，兼以明代以来文房器具刻铭之风流行。《印人传·书文国博印章后》记文彭：

> 先是，公所为章皆牙章。自落墨而命金陵人李文甫镌之。李擅雕篆边，其所镌花卉皆玲珑有致。公以印属之，辄能不失公笔意。

这则资料表明，擅长篆刻之人李文甫，不仅可以治牙印，同时也雕刻扇骨。当时可为器物铭刻之人，往往另有职业，如《文徵明集·补辑》卷二十七据拓本《敬和堂帖》，有《致章简甫》札：

一

> 屡屡遣人，无处相觅，可恨可恨。所烦研匣，今四年矣。区区八十三岁矣，安能久相待？前番付银一钱五分，近又一钱，不审更要几何？写来补奉，不负不负。徵明白事简甫足下。

二

> 向期研匣，初三准有，今又过一日矣，不审竟复何如。何家碑上数字，望那忙一完，渠家见有人在此，要载回也。墓表一通，亦要区区写，不审简甫有暇刻否？如不暇，却属他人也。徵明奉白简甫足下。

文徵明所请章文砚匣之事，大概还是镌刻铭文。章文字简甫，长洲人，工小楷，绝类文徵明，三代专攻碑刻，《真赏斋帖》《停云馆帖》为其生平杰作，以一技之能，曾与唐寅一起应邀前往宁王府邸效力，后又入严嵩府邸刻碑。《味水轩日记》卷八记："石工有章文者，因藉衡老以售其技，至取润屋之资。"

王世贞所作《章笥谷墓志铭》称："吾郡文待诏徵仲，名书家也，而所书石，非叟刻石不快。"

章文巧匠能手，晚年沉溺赌博不务正业，砚台匣铭一再延期，令老主顾文徵明恼火不已。大概他的铭文篆刻，实在高明吧。

二三　梅花巽字

> 杨给舍言谪理黄郡，尝谓予其里姻家藏一大理屏，黑质白文，成梅花一树，绘事所难工，其坠片纷纷，撼风轻扬，触目生动。树下一"巽"字，端楷，类赵承旨书，非他可及，时陶懋中郡丞同闻，顷在京予谈及，犹为赞叹……

明代王同轨笔记小说《耳谈类增》卷十七《塴志·地里居室篇》所描绘的这块大理石屏相当独特！以往所见明人记述，大理石屏多为云山图画，间有月影树木，溪流景致。单独出以"梅花"造型的，确实罕见。

中国古代文人对于梅花的喜爱，有"梅妻鹤子"的极致想象，宋元以来，杨无咎、马远、王冕等人所画的梅花，有清高的精神寓意，是对孤高独立人格的肯定，"清"如梅花，映照石屏之上，确实可令满座清气盈怀，耳目为之一新。

而更令人称奇的是，此屏不仅梅花有纷纷轻扬之姿，屏上更出现了赵孟頫书法特征的"巽"字，这是尤为奇异的地方！若将石屏看成一帧图卷，按中国画的题款、钤印格式，"巽"字几同"穷款"看待。

王同轨，生卒年不详，大约出生于嘉靖二十年（1541）前后，卒于万历末年，字行父，湖北黄冈人，出身科宦、文学世家，其祖父两代人中有六名进士，叔父王廷陈、王廷瞻与王世贞兄弟、吴明卿（国伦）等名士交好，王同轨曾随吴明卿买舟东下，至太仓拜谒世贞兄弟，诗酒酬酢。王同轨虽科场不第，只是一名贡生，但因家族关系，一生交游广博，与李维桢、胡应麟、屠隆、袁宏道、江盈科等众多文人雅士交游，他的经历亦颇丰富，曾供职于上林苑、通政使司、南太仆寺、江宁县等多处官署，幕僚、

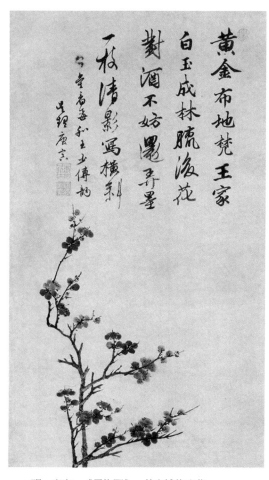

明 唐寅 《墨梅图》 故宫博物院藏

县丞。虽为下僚，但其一生宦海漫游，与士大夫、名流宴饮雅集，彼此之间的清谈玄怪，奇闻轶事，种种耳食之言，亦不乏堪为见闻掌故者，而王同轨亲身经历官场种种，对大江南北、社会各阶层的情态，亦有深刻的认识，故其小说创作在万历时期颇有声名。[1]

《耳谈类增》的前身是《耳谈》，出版于万历丁酉（1597），初刻五卷，记事凡193则，后增为十五卷，记事凡584则，世德堂重刊本有李维祯序，江盈科作"引"，王同轨自叙。

《耳谈类增》，万历癸卯即万历三十一年（1603）付梓。据王同轨自叙，《耳谈》刊刻后，颇为流行一时，"今幕银台，游道日广，不律屡秃。鹄正而矢攒，饶益三倍。遂以畛分，删复袪陈"，重新编类，全书五十四卷，记事凡1315则，内容增加了许多。除了《耳谈》所刊李、江、王三人的序、引、自叙外，更增加了沙羡张文光序、山阴张汝霖"引"两篇文章。[2]

---

〔1〕在《耳谈类增》中，可以找到许多关于珍玩器物的记载，如"沈万三月下葡萄玛瑙壶"，"海上探珠人"，"正德玉脂灯台"，晚明时代士人对于古玩奇器的兴趣可见一斑，也透露出万历时期王同轨本人的鉴赏趣味。

〔2〕为王同轨作序、作引者，均为当时名流。李维祯（1547—1626），字本宁，湖北京山人。隆庆二年进士，庶吉士授编修。历官陕西右参议、提学副使、南京太仆卿、礼部右侍郎、尚书。嘉兴陶冶为之书序，陶冶字大冶，自号樵隐。能诗，工画，潇洒脱俗，结茆武林灵鹫山。张汝霖是张岱的祖父，万历二十三年（1595）进士，官至广西参议。江盈科（1553—1605），字进之，号逯萝山人，湖广桃源县人，万历二十年（1592）进士，任长洲县令、大理寺正，曾奉命恤刑滇黔，以户部员外郎主试四川，擢四川提学副使，卒于任。

《耳谈》《耳谈类增》二书，今天大抵以小说看待，而往往自有所本。[1]

按照王同轨写作的习惯，他在记述一些离奇故事时，为增加可信度，往往特别注明故事、见闻的来源，令我不解的是，这篇叙述有赵孟頫书法的梅花大理石屏，"杨给舍言谪理黄郡"，叙述者"杨言"，官职是七品的给事中言官，贬官至黄州担任四品知府，官职品级上存在疑问。《耳谈》卷四《某郡丞姬》，再度出现了这位"杨给舍言"：

> 滇南杨给舍言谪理黄郡，尝为予言：郡丞某为其同乡，且同宦某郡……

这次，王同轨更具体地说明杨言为滇南人士，其所见"里姻"家的大理石屏，自然也滇南之物，以此增强故事的可信性。

查明代人名资料，担任过给事中的"杨言"确有其人。杨言（1488—1562），字惟仁，鄞县人。明正德十六年（1521）进士，曾任行人奉诏出使封藩，不辱使命，升礼科给事中。嘉靖时发生激烈的"大礼议"之争，《明史》载，"撼门"事件发生后，杨慎等人杖刑、充军，"锦衣千户王邦奇者，怨大学士杨廷和、兵部尚书彭泽，上疏言：'哈密失策，事由两人。'帝怒，逮系廷和诸子婿。给事中杨言疏救，忤旨"。

杨言耿直忠言，上疏论政，触怒嘉靖皇帝，亲自指挥刑讯。杨言手指折断且坠，终不屈服，后贬谪宿州判官，嘉靖八年（1529）改任溧阳。据《国朝徵现录》卷八十八，张时徹所撰《朝列大夫湖广布政司右参议后江杨公言墓碑铭》，杨言后升任苏州府同知，由南京刑部郎中改南京吏部文选司郎中，坐事，再谪知夷陵，迁荆州府同知。嘉靖十七年（1538），升四川按察司金事，官湖广参议。嘉靖壬戌（1562）二月二十四日去世，享年七十有五。虽曾任职湖广，但与王同轨年龄悬殊，也不曾任职黄州，这位言官杨言，肯定不是王同轨所说的黄州知府。

---

[1] 有学者曾深入讨论过《耳谈》《耳谈类增》与《三言》《二拍》之间的关系，肯定其为《三言》《二拍》故事来源（《三言》《二拍》故事来源考补正作者吕友仁、米格智，刊《河北师范大学学报》1991年第4卷）。"唐伯虎点秋香"故事，亦可从王同轨写"陈玄超遇铜帽仙人"中发现其最早雏形，主角为倜傥风流的御史之子陈玄超，而情节更为曲折。他本是吏部白尚书女婿，在虎丘"见宦家夫人游者婢，姣好姿媚，笑而顾己"，乃微服跟随，伪装落魄，佣书二子，致使其学业大进，后迎婆秋香，再娶一琵琶妓，二艳入室，白夫人不悦，秋香与夫人合力虐待琵琶妓，致其自杀，成讼乃至败家。

《明人传记资料索引》中还有一个"杨言"：

> 杨言，字行可号慎吾，句容人，著籍云南太和。隆庆二年进士，万历三年由行人选吏科给事中。万历九年升四川佥事，谪广东遂溪县丞，终番禺知县。

从这位"杨言"履历看，生活年代与王同轨更为接近，且著籍大理府太和县，似乎有蛛丝马迹可循，但亦无任职黄州的事实。

若按文字中"时陶懋中郡丞同闻"这条线索寻去，不知可否能柳暗花明：

陶允宜（1550—1613），字懋中，会稽人，万历二年（1574）二甲进士，官至兵部车驾司员外郎，卒后赐兵部尚书。有《镜心堂集》十六卷，《陶驾部选稿》十五卷。《镜心堂稿》有王世贞序，此书写于家乡吼山烟萝洞，当时陶允宜的书房"蝌蚪阁"就建于此，其父陶大临（1526—1574），字虞臣，号念斋，为嘉靖三十五年丙辰（1556）榜眼。[1]

考光绪修《黄州府志》卷十一"文秩官表"，陶允宜确实担任过黄州同知的职务，而这一时期担任知府者，为杨守仁。

杨守仁（1535—1621），字嘉复，号蓉江，福建漳浦人。嘉靖四十四年（1565）进士，历任江西建昌、浙江严州、直隶太平、湖广黄州四府知府，终广东副使。

《耳谈类增》卷十二"冥定篇二"：

> 往年黄守缺，妄有传者曰：某某来。家兄嘉甫梦是阳明先生来。已，杨侯蓉江先生来，讳守仁。

王同轨对杨守仁担任黄州知府的记录，确为可信。

不知出于何种动机，王同轨似乎故意将福建籍的黄州知府杨守仁换做"杨言"，并强调其"滇南"身份。

---

〔1〕张岱的外祖父陶允嘉，为陶懋中胞弟，张岱在《西湖梦寻》"陆宣公祠"文记，"会稽进士陶允宜，以其父陶大临自制牌版，令人匿之怀中，窃置其旁。时人笑其痴孝。"

清康熙时期，钱塘姚之骃著《元明事类钞》，在"地理门·石"下，有"文成梅花"条，引《耳谈》曰：

> 杨给舍言，曾见一大理屏，黑质白文，成梅花一枝，绘事所难工，坠片纷纷，撼风轻动，树下一巽字端楷，类赵承旨书。

比较二者文字，姚之骃转引时删除了原文中"谪理黄郡"，"尝谓予其里姻家"，以及"陶懋中"部分内容。这一删略不知出于何种考量，但客观上避开了王同轨记述上的小说化倾向，只保留梅花字屏的奇异传闻。

如李维桢序言，《耳谈》之书"猥杂街谈巷语，以资杯酒谐谑之用"；《耳谈引》中，张汝霖表示"余不识行父"，"顾读其书，搜奇剔幽……其所纪载事或不经语，或不讳，要之，以销清旷之永日"，正如阮步兵，借他人之酒，浇胸中块垒，"人多訾之曰是多不核……呜呼！以信史例也"！二者皆提示读者，书中所记种种或不必过于认真看待，小说家言耳。

尽管张汝霖的意见很能代表当时正统文士对晚明时笔记小说的看法，但王同轨留下的大理石屏文字，仍然十分重要。

大理石屏的图案由"绘画"进一步介入到"书法"欣赏领域，这种风气的变化，揭示万历时期"大理石屏"在文士阶层声名的日渐普及，其象形之美，从单纯的"绘画"衍生到书法之美。

赵孟頫的书法在明代获得了极大的声誉，明代文人书家崇尚"松雪体""赵字"，是一股巨大的潮流，文徵明、唐寅等吴门书画家对于赵孟頫的书法都有所师承，江南士人酷好收藏松雪墨迹。王世懋藏品中赵孟頫的书画尤夥，书法作品包括《大通阁记》，小楷《法华经》六卷，《归去来兮辞》卷，《归田赋》卷，《楷书中峰和尚喜怒哀乐四铭》卷，《五言诗》长卷，《心经》卷，《赵孟頫、管夫人、仲穆三札》，《真草千字文》，澄心堂纸本《水村图》卷等多种。

仇英精心所制《松雪写经图卷》辗转归澹圃，也是他最为宝爱的珍藏，正是向赵孟頫致敬的一幅名作！

晚明风气为之一变，董其昌直接向米芾、苏轼等北宋书家汲取营养，但赵孟頫的

明　仇英　《赵孟頫写经换茶图卷》　克利夫兰博物馆藏

书风影响至深。

大理石上千变万化的图案，需要"观看"，"懂得"。

在王同轨书中，大理石屏上"发现"赵孟頫风格的端正楷书字迹，从美学心理上，这个"发现"暗合那个时代赏玩器物的语境。

二四　神移目骇

詹景凤（1532—1602），字东图，号白岳山人，安徽休宁人，曾在湖北、南京、四川、广西任官。詹景凤爱好书画，交游遍及江南，在万历时与王世贞、王世懋、汪道昆、屠隆、项元汴等多有往来，鉴赏诸家收藏，在鉴赏字画方面颇为自负，所著《玄览编》有许多重要的晚明艺术史料。该书卷四记"大理石屏"：

> 云南土司世传有琥珀洗脚盆。同榜苏君巡按云南，得以归。闻此物概云南以为奇珍，千余年来一而已尔。……
>
> 苏按云南回，语予于大理府察院中，见一拓石，三片。世稀有。石极高且阔，色则如玉，其天生山水、人物、亭台，备五色，乍见以为画也！山青云白树绿，花或红或白，皆如笔点成。有松连林，则紫幹绿针，人若官员则面白朱衣，侍从则衣蓝。自云见此为神移目骇者数日。

考詹景凤在隆庆元年（1567）乡试中举，后放弃进士考试，以小吏奔走官场。他所说的这位"同榜",只能是举人乡试同年。其所言"苏氏"为谁？查清代康熙《云南通志》，明代曾任云南巡按御史苏姓者，仅有一位苏酂。

苏酂的早年经历，明代周复俊孙周玄暐《泾林续纪》记：

> 苏酂，辛未进士[1]授庐陵令。时张居正新行丈田法，责成县官履亩丈量，毋得隐漏，即据此为殿最。各县奉法惟谨，悉谢邑事，躬行阡陌中。酂素倨僵，独安坐不动，巡抚王篆微闻之，行檄督催，酂慢视如故。篆大怒，亲诣吉安，酂入谒，篆责以抗违明旨，藐视宪法。褫其冠服置之库，叱左右将庭杖之，恳求获免，犹骂不绝口云：俟丈田报命，当论汝罪。遂夺其印授府判。每旦日囚服打卯，辄恶语相加，至不忍闻。酂遂乞休，复不许，云俟后命。郡中诸缙绅咸为扼腕，相见篆时，委曲求免，乃给还冠带，命速往乡丈量，不许视县事。酂愁苦，计无所出，不两月而居正凶问至矣。王篆不久削籍为民，酂后行取至京，在任五年，仅止一荐，不应得两衙门。太宰独以酂抗篆有风力，特授御史。

《泾林续纪》记载明代嘉靖、万历年间的朝野佚闻颇多，周玄暐本人曾任云南道御史，书中他对于苏酂的这条记录颇可征信。

按照周玄暐的说法，苏酂虽得罪于巡抚王篆，万历十年（1582）张居正去世挽救了他的仕途，王篆被革职，"政治正确"的苏酂，成为朝廷中难得的有"风骨"的"正士"，因此提拔担任御史之职。《明神宗实录》，万历万历十一年（1583）八月载：

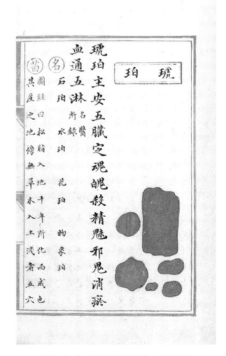

明钞本《本草品汇精要》中的琥珀

---

[1]隆庆五年（1571）。

考选得知县等官三十五员，俱堪任御史。沈时叙浙江道，李载阳、苏酇江西道……

苏酇获得江西道御史的任命后，颇有作为。据《明神宗实录》，万历十二年（1584）七月，有"直隶巡按苏酇议工役以节兵力"的记载，万历十三年（1585）正月，巡关御史苏酇与御史张文熙一起，参奏兵部尚书张学颜"违旨乖谬专权巧诈"四罪，揭发他陷害前御史刘台事。张学颜疏辩并求罢斥，皇帝慰留张尚书，张文熙受到夺俸处罚，而苏酇安然无恙。同年，苏酇上蓟镇边事条陈九条，"上令各镇督抚议之"。

苏酇担任云南巡按御史的时间，为万历十六年（1588）。王世贞是苏酇太仓同乡，《弇州续稿》卷二十，有《侍御苏君按滇中赋得五言八韵送之》诗：

> 高帝何神武，魋编悉内臣。狎闻骢马使，时祀碧鸡神。
> 自尔辀轩发，能开象魏新。坐令骄帅摄，行得悍王驯。
> 斧划昆明曙，鞭回僰爨春。片言摇地轴，尺疏动星辰。
> 蛮府音从革，奚囊句尽珍。清朝揆地好，不必问埋轮。

王世贞的这首赠诗，极言巡按御史的威仪显耀，确是实情。明代，巡按权力极大，苏酇担任云南巡按虽仅七品，但作为皇帝的亲近，代天子狩猎巡视，每到一省地方，可与三司抗衡，视知府、知县如奴仆，对地方官的升迁罢黜，均有极大发言权。地方官员对按例驻省一年的巡按御史，畏之如虎，往往不惜重金贿赂结好。詹景凤所记云南土司以琥珀洗脚盆贿赂苏酇，正在此时。苏酇向詹景凤描述巡按御史衙门中的大理石，抄本录为"拓石"，或为手民笔误。考康熙《大理府志》卷十"公署"：

> 公馆。察院行台，在南门内，久废……察院行台在州治北，今颓杤。

察院行台官署的地理位置，在大理府衙之北。

令人震惊的这三块大理石世所稀有，据苏酂的描述，不仅尺幅巨大，"其天生山水、人物、亭台，备五色，乍见以为画也"。与"云山淡墨"不同，御史衙门里的这三块大理石色彩绚烂，"山青云白树绿，花或红或白，皆如笔点成。有松连林，则紫干绿针，人若官员，则面白衣，侍从则衣蓝"，有青色、绿色、白色、红色、紫色、蓝色六种呈现在玉质底色之上，更难得的是山水、花木、人物俱惟妙惟肖，斑斓的色彩与天成画意丝丝入扣，苏酂"自云见此为神移目骇者数日"，当非虚言。

已知苏酂担任云南巡按的确切时间为万历十六年（1588），这三块大理石因此具有明确的时间指向，可窥当时开采大理石之水准，确是惊人。[1]

与嘉靖时云南当地士人通过赠送石屏等方式。与友人分享、以"赠答"方式提及大理石的情况不同，万历时期的相关文献表明，随着大理石开采日久，大理石屏开采数量、质量都有了提升，苏酂夸耀所见巨幅石屏，图案之复杂、色彩之丰富，若非亲眼目睹，确实很难想象可以有如此惊人的石画！我也注意到，同一时期出仕云南的官员，大约久闻其名的缘故，一旦来到云南、大理地区，往往有意识地主动考察、记述大理石，如王士性。

王士性是晚明与徐霞客比肩的大旅行家，其人文地理学著作《广志绎》对顾炎武、顾祖禹影响颇大。万历十九年（1591），王士性四十五岁，由粤藩转滇臬副使，为澜沧兵备副使。入滇，曾游昆明湖、太华山、九鼎山诸胜。王士性在云南大致任职两年时间，对大理古城十分喜爱：

　　　　乐土以居，佳山川以游，二者不能兼，惟大理得之。大理点苍山西峙，高千

　　〔1〕苏酂担任云南巡按期间，出面弹劾李材，致"坐弃市"，云南总兵沐昌祚罚俸夺俸，现任云南巡抚刘世曾革职为庶人。案件牵涉之众，震惊朝野。应天府丞许孚远，以李材被苏酂诬陷上疏，遭贬官，高攀龙为之愤愤不平！撰文对苏酂的贪鄙痛加斥责。士论快之：欲禁人臣黩货残民，而黩货残民之臣反得安富尊荣之实，如苏酂是也！夫李材何如人也？臣尝反覆观其所论著，考其乡评，稽其政事，是实能以圣贤为师者也，岂其忍于欺君夫？苏酂何如人也？仕宦所至，金宝盈箱，匪独其民切齿道路之人唾骂不置矣。（《高子遗书》卷十一，《江西安福县知县台卿夏公行状略》）沈德符《万历野获编》补遗卷三"台省·御史墨败"条记：世宗末年，宠赂滋彰，上下相蒙，无闻以赃吏上闻者。……至壬辰年（万历二十年，1592），御史李天麟又劾大理丞原任御史苏酂按滇，贪肆赃盈钜万，次年大计，以贪例斥为编氓。是两事皆同寅自相讦，较前事更大不同，而主上处分亦较世宗朝加重。盖巡方不检，固自取之，而兰台体面扫地尽矣。苏酂后于万历二十一年（1593）在大理寺左寺承任遭弹劾罢官。

丈，抱百二十里如驰弓，危岫入云……余游行海内遍矣，惟醉心于是，欲作菟裘，弃人间而居之，乃世纲所撄，思之令人气塞。（《广志绎》卷五）

《点苍山记》王士性自述，"行部其地，与泸川原豫吴（谦）君数杖屦焉。……抑或琢石为屏，白质黑章，山水楼台，万象包藏，夫平原醒酒，禹贡怪石，此亦造化之尤物也"。（《五岳游草》卷七）

王士性无疑是一位赏石行家，从他的著作中不难发现。《王太初先生杂志》有"奇石"篇，王士性一生足迹遍天下，以资深旅行家的阅历，历数砚石、磬石、屏石、山石四种，仅此分类有据、条理清晰，就是内行：

余亦有石癖，游赏所及，仅仅可言……屏石，徐州竹叶赭紫不甚奇，为畏风日故。端州青白，仅分天地，亡他奇。桐柏已具山形，尚乏巧幻。惟点苍山水烟云，禽鱼竹树，无所不有，计其浅深斜曲，随形得趣，石工良巧，石质原奇，亦宇内一尤物也。

因是亲眼目睹，兼之有所比较，王士性对大理石"宇内一尤物"的赞美之辞，更见份量，其《点苍山雪歌》赞曰：

我闻点苍有奇石，胡自山苍雪还白。岂是阴崖太古雪，化作瑶华点空碧。（《五岳游草》卷十）

王士性以文官仕滇，留意到大理石，而武将如邓子龙（1531—1598），比王士性更早因战事入滇，军旅倥偬之际，也曾留下咏大理石屏诗。

万历十一年（1583），岳凤勾结缅甸入侵，云南全境震动，朝廷调邓子龙入滇主持大局，邓子龙率军抵达永昌后，在姚关三战三捷，大破缅军象阵，威震南疆。所遗《题苍石屏风》诗，格调雄迈：

本是石中石，生成山外山。任教风雨恶，不改旧时颜。

这首咏石屏诗，颇近五代诗曾无闷咏石屏诗，亦多禅意。士人无头巾气，将军风流自赏，皆为快事。[1]

以上宦游之士，因亲历云南，有机会目睹大理石屏。至此，我留意到之前凡述及大理石屏馈赠、购买、拥有、题咏者，多为官员，如严嵩、王世贞、华察、陆深等，皆为高官，兼孚一时清望，华察以富豪身份获得的石屏也是从显宦旧藏罗致而来；胡应麟虽没有出仕经历，但他父亲出仕云南的履历一定程度上给出了原因。

再以顾元庆为例，以他本人对石屏的重视程度，似乎"应该"拥有大理石屏，然而没有！根据他对自己石屏的文字记述、参照《欣赏续编》插图，否定了顾氏"书斋十友"石屏为大理石屏，更疑似为一座祁阳石屏，这件"非大理石屏"的存在，恰能诠释嘉万时期大理石屏的贵重程度。换言之，作为一名拥有相当产业的著名"隐士"，顾元庆"无法"成为一名大理石屏收藏者，或不仅仅出于财务原因。

类似的情况，甚至包括文徵明。

文徵明对古物、文房器物的鉴赏，其实有相当兴趣。文氏一生虽然长期生活在江南，但在他漫长的书画生涯中与众多云南、大理籍士人有着频密联系，文徵明书画交游诸人中不乏云南籍人士、出仕云南官员，或与云南地区渊源极深者。考文徵明涉滇交游情形，如杨慎、杨士云、李元阳、周复俊、皇甫汸、朱应登、顾应祥等人，文徵明与他们都曾互答赠诗、赠画、赠扇，为之鉴定、题跋书画活动也屡见不鲜，但在文徵明诗文集中，迄今未发现任何有关大理石屏的记录。[2] 文氏晚年，德尊行成，海宇钦慕，"乞书画者，户外屦常满"。虽与云南、大理等地官绅、仕宦多有交集，从他的诗文、信札往来文字看，竟无大理石屏只字片言。

一生最爱米家山水。"点苍云"缘何不见于停云馆？留下的空白，也是云山缭绕。

〔1〕邓子龙武将生涯，以凶悍善战闻名中外。万历十七年（1589）六月，因与"大刀刘綎"部下不相让，约束无术，酿成姚营兵变。巡抚萧彦上奏，邓子龙问罪。万历十九年（1591）缅甸再次入侵，二月，邓子龙释放复职，戴罪立功，七月以功云南，照旧供职。次年七月离开云南，担任金山参将，后率军入朝鲜，死于抗倭前线。

〔2〕其唯一与"屏"有关文字，为《笔屏送陈淳》诗。

二五　神宗好货

万历二十四年（1596）三月，紫禁城发生重大火灾，乾清宫、坤宁宫遭焚毁。乾清宫乃明代祖制规定皇帝正寝之地，必须迅速重建。《明实录》载，同年七月，"命钦天监择日鼎建乾清宫，以七月初十日辰时治木"，次年正月兴工祭告后土、司工之神，随后工部前往四川、贵州、湖广采木，费数百万。《冬官纪事》记两宫兴建时间，"自万历二十四年七月初七开工始，至二十六年七月十五日，计乾清宫、坤宁宫、交泰殿、暖殿、披房、斜廊、乾清、日精、月华、景和、隆福等门，围廊房一百一十间，并带造神霄殿、东裕库、芳玉轩竖柜二百四十座，板箱二千四百个。通共用银七十二万有奇"。

而云南大理采石之贡，亦随之而来。万历二十七年（1599），陈懋仁《泉南杂志》记：

> 乾清、坤宁二宫告成，需石陈设，滇中以奇石四十楔，分制佳名，标奇以进。
> 时岁己亥三月，余给事水衡，目览手抄，附列篇左：
> 春云出谷，泰山乔岳，神龙云雨，天地交泰，各大五尺一寸；
> 玉韫山光，大五尺；
> 河洛献瑞，玄嶂云收，江汉朝宗，奇峰叠出，海山朝旭，各大四尺一寸；
> 锦云碧汉，虹临华渚，雪溪春水，群峰献秀，麟趾呈祥，龙翔凤舞，各大四尺；
> 一碧万顷，雪岩春霁，云霞海曙，各大三尺；
> 万山春晓，春山烟雨，百川霖雨，各大三尺五寸；
> 溪山烟霭，大三尺一寸；
> 寿山福海，云汉丽天，各大三尺六寸；
> 湖光山色，函关紫气，春山烟雨，卿云绚彩，云霞海曙，云霞出海，各大三尺五分；
> 龙飞碧汉，各大四尺八寸；
> 山水人物屏石八块：

山川出云，各大三尺九寸五分；^{〔1〕}

烟波春晓，大三尺四寸；

白雪春融，大三尺三寸；

云龙出海，槎泛斗牛，各大三尺五寸；

春云出谷，海晏河清，振衣千仞，各大二尺九寸。

嘉兴陈懋仁，字无功，泉州府经历。《浙江通志》称其"不以簿书废铅椠"。所记万历二十七年（1599）所贡大理石，分取四十个名字（其中"春云出谷"出现两次），正合"四十椟"之数。"椟"，按照字面解释，为箱匣之具，大理石以片石装箱运输，石性薄脆，贡物易碎，对运输安全要求也更高。"椟"为定造之箱，每一石装入一特制木箱，大理石与箱子之间必须严密填充。曾见海外出版手绘清代贡品航运图，有类似太湖、灵璧的玲珑巧石，周身均以黄泥包裹，奇石藏于其内，浑然一大泥丸，如此可免搬运途中意外发生，这种简单有效的办法是否承继宋代"花石纲"做法而来尚待考证。万历时期大理石运输到北京紫禁城内，采用箱匣运输或是事实。

清代吴振棫，曾从翰林院外放大理任职，对前朝大理贡石事颇为留意，所著《养吉斋余录》卷十，亦引《泉南杂志》而文字稍简：

乾清、坤宁二宫告成，需石陈设，滇中以石四十椟，分制佳名以进。内有山水人物屏石八块，曰山川出云、烟波春晓、白雪春融、云龙出海、槎泛斗牛、春云出谷、海晏河清、振衣千仞。又二十八块，亦各系以四字。

吴振棫记录的重点在"山川出云"等八块屏石，显然他认为这是"四十椟"贡石中最重要的部分。

八块山水人物大理石屏中，"山川出云"的命名，显示这块石屏图景，宛若宋人云山杰作。陈眉公曾在一幅自己的"云山图"上题跋，"大米有此图，为宋高宗题额。余仿其意为之"，元代画家高房山也以云山图闻名，这两位古代画家均有"山川出云"为

---

〔1〕清《日下旧闻考》引《泉南杂志》全文，阙此处"各"字。

题的作品。有理由相信，"山川出云"屏名列八石之首，不仅因为尺幅较大，其画面之精彩绝伦，亦从题名可以想见。[1]

神宗好货，对云南大理石的索需比前朝更频繁，诸葛元声的《滇史》，记万历二十一年（1593）采石事：

> 万历二十一年五月，两宫应用大理、凤凰二项石，此乃铺宫例用者。凡大理石中黑花，有人物、山水；龙凤、鸾鹤形者，即名为凤凰石，其实一也。是年，先完石一百块，四次应解。

《滇史》还记录万历朝另一次大规模贡石活动：

> 后金沧道参政孟绍庆、大理同知龚铭领二十六块，内五尺见方者三块，四尺见方三块，三尺五寸见方五块，三尺八块，二尺五寸二块，二尺者二块，一尺五寸者二块，俱有精细花纹。此等石，仕宦多携归，大为民害。近时中丞始设禁，然亦不能顿绝也。夫嘉靖时止限高大，花草犹不拘，今云龙凤石，则更难矣。

"精细花纹"之外，这二十六块大理石的"尺幅"也突破了以往，虽然最小仅一尺五寸，但有三块五尺大石。自蒋宗鲁罢采石屏疏上后，五尺大屏应已停采，这则材料表明万历皇帝恢复了对大屏的索取。《滇志》未载两位官员负责采办贡石的时间。考龚铭字新甫，以万历戊子（1588）乡举，曾官大理同知，后调任永昌；孟绍庆，鄂州人，字谷余，历任建昌知府，升云南右参政。以征功转按察使。《明实录》载：

> 万历二十五年五月。升……瑞州知府孟绍庆……各副使……绍庆云南。

因此二人领命采石，当在万历二十五年（1597）孟绍庆从广东端州改仕云南之后。

---

〔1〕据说北京天坛公园库藏文物中，有一"山川出云"石。此石有一木雕座，为圆形大理石屏，石上刻有"山川出云"四字，笔者无缘亲眼目睹。此石是否即鼎建二宫所进贡八块大理石屏中的那块"山川出云"遗石？尚待考证，若奇石有灵，得天地呵护流转人间数百年犹存，当是极为难得的明代贡品实物。

此外，《明史纪事本末》卷六十五"矿税之弊"，记"万历二十六年十月，大理采石"，正在陈懋仁观看"山川出云"等石屏前一年。这年的采石记录，笔者起初以为仅见于《明史纪事本末》，后发现万历《工部厂库须知》卷九，有"御用监　成造　乾清宫　龙床顶架等件钱粮"条：

前件，查万历二十六年，该监为乾清宫鼎建落成，提造陈设，龙床顶架，珍馐亭山子、龛殿、宝橱、竖橱、壁柜、书阁、宝椅、插屏、香几、屏风、书轴、围屏、镀金狮子、宝鸭、仙鹤、香筒、香盒、香炉、黄铜鼓子等件，合用物料，俱系召买。照原估，只办三分之二，共银十万一千三百六十七两九钱二分一厘，外云南采大理石六十八块、凤凰石五十六块，湖广采蕲阳石五十块。

工部档案，与《明史纪事本末》正可印证。

归纳以上文献，万历二十一年（1593）起，按照时间先后大理石采贡记录计有：

1. 万历二十一年（1593），进贡凤凰石百余。（铺地）[1]

2. 万历二十五年（1597）后，孟绍庆、龚铭进二十六石。有精细花纹，最大五尺。[2]

3. 万历二十六年（1598）十月，采大理石六十八块。为乾清宫陈设，具体规格不详。[3]

4. 万历二十七年（1599），陈懋仁目睹二宫鼎建后陈设所需，四十椟，内有八块上等屏石，其余铺宫之用。[4]

清代吴振棫《养吉斋余录》所记为二宫陈设，"滇中以石四十椟，分制佳名以进。内有山水人物屏石八块，曰山川出云、烟波春晓、白雪春融、云龙出海、槎泛斗牛、春云出谷、海晏河清、振衣千仞。又二十八块，亦各系以四字"，"山水人物屏"名称与陈懋仁所记完全吻合，但"又二十八块"语义含糊：若包含于"四十椟"内，"一椟一石"，似无问题，总数为四十块石屏。但若理解为"四十椟"外，另有"二十八"

---

〔1〕见《滇史》。
〔2〕见《滇史》。
〔3〕见《工部厂库须知》《明史纪事本末》。
〔4〕见《泉南杂志》。

石，则总数为六十八块，正合《工部厂库须知》所记六十八块之数，较陈懋仁所记四十块石屏数量为多，实情如何已不可考。不过，三则材料参看印证，大体可见当年乾清、坤宁二宫鼎建时云南供石的真实情况。

短短数年，即有四次采石进贡的记录，与重建乾清、坤宁两宫时间契合。万历二十五年（1597）紫禁城发生"三大殿灾"，大工再起，规模是重建"两宫"不能比拟的。万历一朝虽没能完成"三大殿"重建，但宫廷无疑会因此再向云南索取贡石，大理当地劳役繁重，死伤累累。当时在云南出仕的邓原岳亲眼目睹了这种惨况。

邓原岳（1555—1604），字汝高，号翠屏，闽人，万历二十年（1592）进士，授户部主事，以功升云南按察司佥事，领提学道。谢肇淛撰《邓汝高传》，记载其事迹甚详。万历二十七年（1599）邓原岳视学云南，其时太监杨荣正受命到云南开矿，全省骚动。巡抚陈用宾反对再次开矿，上《陈言开采疏》，痛陈云南一省之财力不及江南一县，滇南民力已竭，巡按刘会也上疏反对。明朝当时正同时进行着两场战争，朝鲜抗倭用兵，同时平定播州杨氏之叛，军费浩大。万历急于修复宫殿，银钱无从筹措，令王公大臣捐俸助工外，派出许多内监到全国各地搜刮金银，借殿工之名聚财开矿，无恶不作。云南巡抚、巡按的上奏均被否决。

邓原岳担任云南学使两年，负责地方教育、选拔人才，"甲乙诸生，一衡于文"，拒绝权贵的请托，"滇士望风感奋，忘其固陋亦"，"居滇再岁余，举滇之青衿，无不以出公门下为喜"。足迹遍及全省，对大理点苍山也有题咏，如《西楼全集》卷二，有《春暮下关道中望点苍积雪》诗，另一首《点苍石歌》，记述采石累民惨状：

> 点苍山头日吐云，紫光白气长氤氲。却产奇石作屏障，终朝开采徒纷纷。
> 频年贡入长安道，浓淡之间山色好。君王便作图画看，岂识间阎剜肝脑。
> 朝凿暮解苦不休，诏书昨下仍苛求。前运后运相结束，道傍叹息声啾啾。
> 耳目之玩岂少此，十夫供役九夫死。从来尤物是祸胎，吁嗟乎，当年作俑者谁子！

邓原岳任职户部六年，曾多次派驻、巡视各地仓场、关卡，深切了解民生实际与国家财政积弊。《西楼全集》卷十，有《丁酉纪事五首》，万历二十五年（1597）所作，分咏矿监四出、南海采珠、采石劳民、设皇店掠夺民财诸事。彼时邓原岳尚未出仕云南，"其四"对采石之弊已有讽刺：

> 琢成玉石巧盘莲，力尽千夫不肯前。
> 请看殿中方寸地，算来多少水衡钱。

邓原岳来到云南，已是矿监之害遍天下，激起各地民变的前夕。《点苍石歌》写于乾清、坤宁二宫重建之后，"诏书昨下仍苛求"句，可证大理石连年输入内廷，从未间断。万历《云南通志》卷六，《赋役志》"云南布政司进贡条"：

> 岁贡足色、成色金各一千两、给发银八千两并永昌府秋粮银购买宝石、"象只"每次三十只。

大理石显然不属于以上"例贡"，天启五年（1625）成书的《滇志》，情况为之一变。《滇志》卷六"赋役"，记云南布政司"进贡"，"金""象只"之外，出现了"屏石"：

> ……屏石奉勘合尺寸，于大理苍山采进。六七尺者，采挖运解俱艰。议照先年以五尺以下折算充数。然物重途远，即太平犹难，况今日乎！

需要说明的是，与官修万历《云南通志》不同，《滇志》是明代最后一种云南通志，但属于私人撰写的志书。万历时期云南布政使司进贡屏石的情形，惟独《滇志》有所记载，但大理石屏列为贡品的具体时间不详，尚待来者进一步考证。[1]

---

〔1〕《滇志》编者刘文征。全书 33 卷 120 万字，因成书最晚，内容亦更为完善，保存资料更丰富，体例精密，记事完备。《天下郡国利病书》"云南备录"十二目，全出《滇志》，《读史方舆纪要》对《滇志》亦多引用，康熙《云南通史》承袭《滇志》尤多，可谓明代以及以前云南书最善本，史料价值极高，足可征信。《滇志》的史料采集许多来自包见捷（1558—1621）。包见捷是在矿监横行时期敢于多次谏言万历皇帝的言官，本人也是云南建水人，因言获罪后他回乡写作云南通志《滇志草》，得到巡抚陈用宾大力支持。书稿最后没能刊刻、传世，稿本为刘文征所得，在此基础上完成《滇志》。包见捷一月三疏，痛陈采矿增税的弊病。我推测他作为云南人士，记述大理石屏事尤详，以此见诸《滇志草》稿本。

二六 凤凰之谜

笔者曾困惑，《泉南杂志》中陈懋仁为何将"山川出云"等八石单独列开，称为"山水人物屏"？是否暗示其余三十二石并非"屏石"？[1]

另一蹊跷之处，陈懋仁没有采用"大理石"的通常称谓，而仅以"滇中奇石"笼统命名。陈懋仁特意列出"山水人物屏石"，与之前三十二石加以区别，语词之间，不知是在强调"屏石"？还是强调"山水人物"图案？或暗示只有"山水人物"图像之石制作成屏风，另外三十二石另有用途？

产生这样的疑虑，是因为从万历时期开始，文献记录出现"凤凰石"的概念，与传统"大理石"概念并存、混肴，令人费解。

诸葛元声，浙江会稽诸生，万历九年（1581）担任临元道贺幼殊幕僚，在云南生活了三十五年，万历四十五年（1617）写成之《滇史》卷十三，记万历二十一年（1593）诏取"凤凰石"事：

> 万历二十一年五月，两宫应用大理、凤凰二项石，此乃铺宫例用者。凡大理石中黑花，有人物、山水，龙凤、鸾鹤形者，即名为凤凰石，其实一也。是年，先完石一百块，四次应解。

"大理、凤凰二项石"，明确这是两个概念，也是"凤凰石"在明代文献第一次出现。在明代文献诸葛元声特意解释了"凤凰石"概念——

"大理石中黑花，有人物、山水，龙凤、鸾鹤形者"。"凤凰石"之得名，或与凤凰图案有关，"山水人物屏石八块"之外的三十二石，多为山水图案，也包括瑞兽、神龙、麒麟、凤凰图像，与诸葛元声定义之概念吻合。

"黑花"[2]或为当地石工术语，与"春花""秋花"对应。前引谷应泰《博物要览》，

---

〔1〕《泉南杂志》原文为"四十楔"，此处姑且认定为"一楔一石"，共有四十块屏石。

〔2〕"黑花"，字面看与后世所称"水墨花"相近，如《苍山志》所记，水墨花白质黑纹，以山水为主，并不涉及"走兽鱼虫花鸟"形象，珍贵罕见。

"白质而青章，成山水者名春山，绿章者名夏山，黄纹者名秋山，石纹妙者以春夏山为上，秋山次之。"明清大理石都"以青绿为贵"。业内将青黛色石称为"春花"，黄褐色为"秋花"，基本沿袭谷应泰之说。按照这个标准，"黑花"品质应该不及"春花""秋花"。

谢肇淛在万历时出仕过云南，《滇略》也谈及凤凰石：

> 万历癸巳，诏取凤凰石百余，皆择石中有花草鸾鹤形者名之，然仅三四尺而止。[1]

谢肇淛所记采石时间、数量与《滇史》正合。诏取之"凤凰石""皆择"花草鸾鹤图案，山水象形图案似"打入另册"，可能出于万历皇帝、后宫嫔妃个人喜好要求。换言之，"凤凰石"概念是否可理解为：产自大理地区点苍山却不包含山水形象的一种观赏石，其花纹图案以花草禽鸟为特征。

"凤凰石"的使用功能，似乎也有别于传统大理石屏。

清初，冯甦曾任云南知府、按察使，其时距离明末不远，所著《滇考》卷六"珍贡"记：

> 点苍屏石产大理府，虽不在外彝，然采艰运远，亦以累民……（嘉靖）四十年，又行取五十快，高六、七尺不等，巡抚蒋宗鲁抗疏谏止，然当时取办，犹不论何项石纹，至万历二十一年，为两宫铺地，诏取凤凰石百余，求之益艰难，供役者十死八九，惟高不过三四尺，人犹以为蒋公之力焉。右志乘所载，皆止行之自上者耳，其他长吏之馈遗，权要之悉索不可胜计，民穷思乱亦孰能禁之哉？

《滇略》《滇史》记录凤凰石的数量，与《滇考》一致。采石尺寸，《滇略》又与《滇考》所记一致。《滇考》直指"凤凰石"为"两宫铺地"之用，其"铺地"说与《滇史》"铺宫"说，一字之差。

---

[1] 万历癸巳，万历二十一年（1593）。

为何品质不及"春花""秋花"的"黑花""凤凰石"采石更为艰难，导致十死八九？可能这一新品大理石出自新矿区，开采、运输条件比原来成熟矿区更为恶劣，导致事故频发。

"铺宫"，是指为后宫各殿配备装饰、器物。"铺地"说也许更接近事实：

北京天坛祈年殿中的"龙凤呈祥石"，是大理石较早用于皇家建筑"铺地"之实例。"龙凤呈祥石"为圆形，直径约一米，花纹黑白相间，似一龙一凤，图案精妙绝伦，铺设于天坛祈年殿中央，为古代皇权向天致祭的最高等级礼仪场所。考此石进贡时间，当为嘉靖十九年（1540）至二十四年（1545）天坛（时称大享殿）重建期间。明代紫禁城殿宇铺地以金砖为主，按照"工部例则"，大者二尺见方，另有一种产自浚县"花斑石"也用于皇家营造。在皇家建筑的重要、特殊场合采用大理石铺地，应不止大享殿一处，万历二十一年（1593）取凤凰石为两宫铺地，或只限于少数重要殿室。明代紫禁城遭战火焚毁，否则当有实物留存。[1]

万历时期才开始出现的"凤凰石"概念，与传统"大理石"概念纠缠，诸葛元声《滇史》解释为"大理石中黑花，有人物、山水，龙凤、鸾鹤形者"，谢肇淛《滇略》解释为"皆择石中有花草鸾鹤形者名之"，二者略有差异，以谢肇淛对"凤凰石"定义更窄。

同一时期，李日华《紫桃轩又缀》卷一，也谈到了"凤凰石"：

石品各有所擅。灵璧以韵胜者，磬材也。端溪、歙溪以质胜者，砚材也。大理、凤凰以文胜者，屏几材也。玛瑙殷红透碧以色胜者，器物装嵌材也。

李日华将大理、凤凰二石并列，统称为"屏几"之材，皆以花纹美丽为世人看重。几种文献归纳，初步得出结论：

1. 万历时期出现的"凤凰石"，属大理石品种之一。

2. "凤凰石"在皇宫用于"铺地"，民间用作镶嵌桌几床榻家具。

---

〔1〕"永乐"时期云南进贡"龙凤呈祥石"之说不确。今日之"祈年殿"名，始于清代。永乐迁都北平，兴建天坛，圜丘与大祀殿为主要建筑。大祀殿曾被废弃，嘉靖时仿古明堂之制重建，这座充满星象之美的建筑彼时正式改名大享殿。入清称祈年殿。

3. 即如诸葛元声所记，"凤凰石"也有"人物""山水"图案，现存明代文献没有"凤凰石"用作屏风制作的记载[1]。"凤凰石"与"屏石"概念并无交集。

厘清"凤凰石"之惑，有赖王世襄先生《明式家具研究》一书。第五章"明式家具的用材"在"附属用材"一节，石材部分提及：

> 又据《工部厂库须知》载，万历二十六年御用监成造乾清宫陈设，自云南采凤凰石五十六块，自湖广采靳阳石五十块。其花色均待考。

所引《工部厂库须知》，刊刻于万历四十三年（1615），官印官颁，实际上是出自明代工部的一部国家标准和规范典籍。《明式家具研究》所引材料，为卷九"御用监　成造　乾清宫　龙床顶架等件钱粮"条：

明钞本《本草品汇精要》中的花乳石
花乳石出陕州，元代以来多作宫殿铺地石材。

> 前件，查万历二十六年，该监为乾清宫鼎建落成，提造陈设，龙床顶架，珍馐亭山子、龛殿、宝橱、竖橱、壁柜、书阁、宝椅、插屏、香几、屏风、书轴、围屏、镀金狮子、宝鸭、仙鹤、香筒、香盒、香炉、黄铜鼓子等件，合用物料，俱系召买。照原估，只办三分之二，共银十万一千三百六十七两九钱二分一厘，外云南采大理石六十八块、凤凰石五十六块，湖广采靳阳石五十块。[2]

---

〔1〕李日华仅笼统地将"大理、凤凰"石称作"屏几材"。

〔2〕"靳阳石"，或为抄写刊刻手民之误，"靳阳"无此地名。祁阳县在明代隶属湖广，"靳阳"当为"祁阳"。

从这一工部官方记录看，为陈设宫廷，所征之大理石、凤凰石均来自大理，再次明确了"凤凰石"的产地问题。《明式家具研究》"石材文献资料"中，云南点苍山大理石及同类型文石、白石、紫石、绿石、青石、黄石、花斑石之外，特意列出"花色不详"者，即针对《工部厂库须知》这条记录。

我的初步结论是，"凤凰石"为云南点苍山大理石之一种，色泽、图案与"白质黑文"之屏材石有所区分；"凤凰石"这一"琐细"的概念只流行于万历朝至明末；宫廷采用"凤凰石"铺地、铺宫；"凤凰石"可能属于新发现矿脉，材质、图案有别以往大理石，特为命名。随着万历朝的结束，"凤凰石"这一名词亦随风而逝，湮没无闻。

万历四十三年（1615）闰八月。李日华到苏州虎丘会友，寻访书画。六日，买到"龙潭石黑髹漆榻一张"，《味水轩日记》记有一种可冒充大理、凤凰石的"龙潭石"：

　　产润州界内，初不入用。姑苏金梅南者，有巧思，素以精髹闻江南，一日偶至龙潭，得起石，稍砻治之，见其质美可乱大理、凤凰石，因益募工，掘地出石，

紫檀镶嵌彩石小几

锯截成片，就其纹脉，加药点治，为屏几床榻。骤睹者，莫不以为大理也。梅南曾以榻一张，眩昆山钱侍御秀峰，贴其六十金，后觉，几为所困。

润州龙潭石的质地、花纹与大理、凤凰石媲美，巧匠金梅南"加药点治"令图案愈发出色，并以此作为主要镶嵌装饰材料，制作屏风、案几、床榻。"六十金"高价卖给御史大人的镶嵌大理、凤凰石榻居然是件西贝货，看来，大理、凤凰石在庙堂之外亦颇负盛名，市井辈以赝品谋利，足见身价之高，当时民间一石难求矣。

第六章　万历（下）

二七　百金论价

谢肇淛字在杭，号武林，福建长乐人。万历四十六年（1618），以工部主事出仕云南，任布政使司左参政兼佥事，次年三月至滇。其《滇中稿》内，有详记入滇行程之《邮纪七十七首》，计程六千余里，最后一站，正是大理古城：

> 山列苍屏水倒流，龙关遥控古梁州。愁人莫上高楼望，此是西南天尽头。

谢肇淛对奇石素有喜好。山东登州珠玑石，产珠玑岩，莹白如玉，谢肇淛曾考证此石，乃东坡所谓"我持此石归，袖中有东海"者。偶然得到一百枚，曾为赋诗。谢肇淛入滇职务任分巡金沧道，所辖包括大理、蒙化等五郡，对大理石十分欣赏：

> 北麓产文石，玉质声玲珑。浓淡合图画，苍素何分明？追琢岂天巧，酝酿诚地灵。

谢肇淛为人洒脱不羁，与胡应麟、屠隆、王稚登、曹学铨、林古度等游，曾因赋诗得罪上司，人以为倨傲。与邓原岳一样，谢肇淛对朝廷在云南大肆搜罗奇珍的做法很反感，《滇曲》直抒胸臆：

宝井红砂色倍深，点苍石质霭云林。年来内府征求少，更到新恩减贡金。

诗中列举之贡金、朱砂、宝石、点苍石，皆为云南贡品。爱石人如谢肇淛看来，累民无度搜刮奇珍，不啻煮鹤焚琴，有辱清物，内心颇为不屑。天启元年（1621），谢肇淛升任广西按察使，《别滇诗》有"轻装卸文石，奚奴戒行鞭"句自况，俨然古大臣之风。

其所辑《滇略》一书，对晚明云南历史、人物、风土、物产记述颇详，有涉及大理石的内容：

文石，出点苍山之北麓，白质黑章，腻若截肪，琢为屏障，其最佳者，苍素分明，山川远近，云林晻暧，若天生图画，不胫而走，四方好事者争购之。

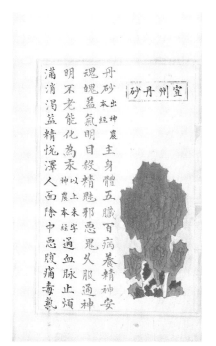

明钞本《本草品汇精要》中的朱砂

书中抄录有同乡邓原岳《点苍山石歌》，还有同乡林如楚之《苍山图歌》，亦为大理石屏重要史料：

　　吾闻点苍名山，乃在哀牢之北鹤川之东，势与碧鸡金马相争雄。岢基盘礴三百里，上架井络摩苍穹，帝遣苍山君，下镇坤户为愚公，夸娥有力不得举，至今嶄绝蛮夷中。夕岚朝霭，窈窕而葱茏，锦屏障断西南风。屏端十九峰，一一肖芙蓉，初疑翠鬟参差明镜里，又惊眸睨连云起，巫阳十二九华九，巉缺峦崎安足拟。上有灵湫长寂寥，琳宫宝刹山之腰，紫蒲灭岸人难摄，残雪深林寒不消，四时龙气作微雨，但觉飒沥松泉飘。奔流却投西洱海，波光万顷堆琼瑶，赤崖玉案何么么，有似数点青萍漂。谁令顾虎头，写此白团扇，可怜咫尺间，攒峰如眼见，西曹隐吏怀仙客，斋中提携满幽色，玩之不减点苍石，真山真水真奇瑰。我昔对之心颜开，今朝把图重叹息，始知灵根千劫凝真胎，维岳生申变幻亦如此不尔，哪得藩宣为翰才？吁嗟乎！名山岁晚长崔嵬，尚平多累胡为哉，蔾筇芒屩生尘埃。我无凌风翼，矫首空徘徊，会借掷金孙绰笔，为君乘兴赋天台。

考林如楚生平，并无任官云南履历。[1]《苍山图歌》显为题咏图画之作，林如楚开篇即言明，自己不过"闻名"、并未亲眼见过苍山奇景，"斋中提携满幽色，玩之不减点苍石"的赞美，似乎是根据以往对大理石屏的审美经验而来，并依此肯定《苍山图》创作的成功，这种"本末倒置"，暗示林如楚对点苍石（大理石）相当熟悉，其印象或自大理石屏而来，这种情况并非臆测。与嘉靖时期情况不同（顾元庆大石山房所陈设之石屏，还不是大理石），万历时期大理石屏的流通范围更广，如《滇略》所记"四方好事者争购之"情形，谢肇淛继母之弟、诗人徐𤏳，虽为"寒士"，[2]其《山居杂兴》组诗吟咏自己隐居生活，就有一座大理石屏：

---

〔1〕林如楚（1543—1623），字道茂，号碧麓，福建侯官人，曾督学广东，好贤能，得士甚多。官终工部尚书，卒于天启三年，年八十一。有《碧麓堂集》。

〔2〕徐𤏳（1566—1599），万历十六年（1588）中举，次年与谢肇淛一起赴京应试，十年三上春官，三次下第，不满四十，贫病郁郁而卒，传世有《幔亭集》。

碧纱窗冷昼常关，丘壑移来枕簟间。几上石屏岚翠滴，分明一片点苍山。

陈设在书斋"几上"的大理石屏，颜色青翠，图案如山峦，具有典型的"点苍云山"意象；摆放位置为"几"，推测石屏尺幅不算很大，是颇雅致的一件陈设器，也可以看成晚明大理石屏流通范围日广的证据。当然，这种"普及"仍限于特定社会阶层的把玩、消费。徐㶿父亲曾担任训导、教谕、县令等官，十年薄宦，略有家业，徐氏家族自此崛起。徐㶿科第多舛，随着文名渐起，社交圈亦颇有可观，诗集中有不少酬答之作，其中《送邵武李太守擢宪滇南》，再次提示徐㶿对大理石屏之留意：

昆明池水静无波，拥传新从僰道过。开府定能宽汉法，采诗曾不废蛮歌。
趁墟滇客龙名市，纳款夷王象渡河。他日勒功留片碣，点苍如黛石嵯峨。

林如楚、徐㶿都不曾亲往云南，以上材料表明他们都曾收藏、欣赏大理石屏，万历士人对于大理石屏的推崇，当然也包括谢肇淛本人——

谢肇淛著作以《五杂俎》流传最广，这部百科全书式的地理学著作最初刻本为万历四十四年（1616），谢肇淛尚未入滇，而书中已有大理石屏的记述：

滇中大理石，白黑分明，大者七八尺作屏风价有值百余金者。然大理之贵，亦以其处遐荒，至中原甚费力耳。

这一材料证明，谢肇淛未入云南前，就相当了解大理石屏。值得注意的是，这也是明代文献中为数不多的确切大理石屏价格！前文引《禅寄笔谈》所载成化时代大理石屏价格，当时贿赂刘大夏之屏值银八两；嘉靖前期，陆深诗中自称以俸银购买石屏，数目不详；嘉靖后期，抄查严嵩府邸时，大理石屏、石床不得变卖折价，直接输入内府，可供参照的仅是其他镶嵌大理石家具折价。谢肇淛的这则大理石屏的价格记录，特殊之处是所记为七、八尺的巨屏价值"百金"，难以此推测普通石屏价格。不过，从当时书画、古董市场的价格资料参照、比对来看，"百金"确实已是高价，先来看几则书画价格：

苏州网师园室内陈设

1.《耳谈》卷十：

　　金陵杨一渊，人称铁脚，足迹遍天下。尝入一寺院赴其僧饭。发现后厨壁间糊一纸画为倪云林真迹。烟熏泥渍，揭下，姑苏汤生擅长裱制，一月复完好。诸公闻讯来观画，尚宝卿某强借归之，请托杨的好友、山人盛时泰周旋议价，七十金得之。杨一渊"犹怏怏，若置宝于怀而失之也"。

倪瓒真迹得售七十两，大致符合当时行情。

2. 胡应麟文集内跋李龙眠《佛祖图》：

　　右李伯时二十七祖图。念载前当为完卷，顷落一贾师管生手，因割为三，取诸跋真赝杂置之。一鬻万中尉，尝出示余，凡十四帧；一鬻吴用卿，即此卷以六十缣售余者，凡九帧……余见伯时《莲社图》巨幅，其笔墨气韵绝妙不可言，下为文太史书李元中记文，精工之极，且略无丝毫损蚀，殊可宝玩，亦为吴用卿得，以八十千归刘金吾矣。

李公麟的《莲社图》卷，有文徵明书记，价格是八十两。

3. 李万康《编号与价格　项元汴书画收藏二释》，对项元汴藏品的价格记录进行研究，统计项元汴自记的书画价格59条，其中项元汴购买后转售的部分，购进书画的原价记录有相当真实性，其中：

　　唐代怀素《自叙帖》，实价600两；米芾《草书杜诗画山水歌》，其值30两；宋代苏轼《阳羡帖卷》，原价80两；黄庭坚《正书法语真迹》，原价100两；米友仁《云山卷》，80两；宋高宗《临虞世南真草二体千字文》，价200两；赵孟頫的《书苏轼烟江叠嶂图诗卷》，沈周、文徵明补图卷，原价40两，《四体千文卷》，原价80两；王蒙《萝薜轩图卷》，40两，《丹山瀛海图卷》，原价30两；钱选《浮玉山居图》，30两，《梨花图》，10两；王宠《书离骚并太史公赞》，20两；沈周《水墨写生图二幅》，3两；仇英临赵伯驹《浮峦暖翠图》，8两；文徵明《袁安卧雪图》，16两，《小楷古诗十九首册》，笔润礼金4两……

千金，似是明清书法绘画的"价格天花板"，晋唐法书如王羲之、怀素、张旭、颜真卿真迹的价格，大多不到千金。另据郑银淑《项元汴之书画收藏与艺术》统计，项氏收购绘画价格最高者，为仇英《汉宫春晓长卷》，二百金。书法价格以王羲之的《瞻近帖》卷价格最高，达到二千金，另一王羲之《此事帖》值三百金，是他自己的市场估价，当初从无锡安氏购得时不过五十金。

4. 詹景凤《詹氏性理小辨》卷四十二"真赏"：

往时吾新安所尚，画则宋马、夏、孙、刘、郭熙、范宽，元彦秋月、赵子昂，国朝戴进、吴伟、吕纪、林良、边景昭、陶孟学、夏仲昭、汪肇、程达。每一轴价重至二十余金，不吝也。而不言王叔明、倪元镇，间及沈启南，价亦不满二三金。又尚册而不尚卷。

范宽之作仅二十金，令人惊讶。沈周的册页在二、三两，正是当时行情。《东观玄览》"题文太史渔乐图卷"跋，詹景凤提到文徵明刚去世时的画价：

是时平平，一幅多未逾一金，少但三、四、五钱耳。予好十余年后，吴人乃好。又后三年，而吾新安人好，又三年而越人好，价埒悬黎矣。

5. 王世贞《弇山四部稿》卷一百三十一，题《文待诏徵仲小楷甲子杂稿》，文徵明每逢新年"辙书旧诗文一册，至老无复遗，而殁后分散诸子。有徽人某子甲以四十千得二十册以去，今不知所在。此本乃故人子售余，为值十千"云。此册为《三吴楷法十册》之第五册，录有诗四十七首，词四首，文章八篇，王世贞买下时售价十两，最早售价不过二两。万历四十年（1612）左右，李日华谈及文徵明画价，一幅"多未逾一金，少但三、四、五钱耳"。

董其昌《骨董十三说》论："故人能好骨董，即高出于世俗，其胸次自别。"身为书画、鉴藏大家，董其昌对于古董、器物收藏行为之推崇，折射晚明士人在传统书画收藏之外对奇珍异物的追求。古董之间的价格相差极大，与书画类似。与我们以往印象不同，事实上晚明时代顶级古董价格，超过了晋唐书法"千金"的极限价格，比肩宋元名迹，有时更为贵重：

1. 崇祯七年（1634）重阳，著名的古玩商王越石到嘉兴汪砢玉家，出示一件白定小鼎，王越石称此物"项子京一生赏鉴，以不得此物为恨"云，索价达到三千两之巨！时人曾还价五百两，王越石仍拒绝出售。

2. 张尔葆（1575—1645）为张岱仲叔，初名联芳，号二酉，精鉴赏，交游几遍天下。张岱《仲叔古董》中记铁梨木天然几事尤详：

> 葆生叔少从渭阳游，遂精赏鉴。得白定炉、哥窑瓶、官窑酒匜，项墨林以五百金售之，辞曰："留以殉葬。"癸卯，道淮上，有铁梨木天然几，长丈六、阔三尺，滑泽坚润，非常理。淮抚李三才百五十金不能得，仲叔以二百金得之，解维遽去。淮抚大恚怒，差兵蹑之，不及而返。

张岱《五异人传》记堂弟张萼初（字介子，又字燕客）事：

> 任诞不羁，不事生业，好奇石古董。在武林，见有金鱼数十头，以三十金易之，蓄之小盎。……曾以五十金买一宣铜炉，又在昭庆寺以三十金买一灵璧砚山，峰峦奇峭，白垩间之，名青山白云。石黝润如着油，真数百年物也。燕客左右审视，谓山脚块磊，尚欠透瘦，以大钉搜剔之，砉然两解。燕客恚怒，操铁锤连紫檀座捶碎若粉，弃于西湖，嘱侍童勿向人说。

对照以上资料，大理石屏虽不是收藏主流，也非古玩，但作为名贵的"时玩"，若价值百金之数，实际已经超过了米友仁云山真迹八十两的价格，堪与苏轼、黄庭坚精品媲美。即使是"时玩"，如李日华日记所载，古玩商夏贾出示"吴伯度以十二金购于吴人周丹泉"之鞭竹麈尾，这尚是二十多年前一柄竹器的价格，到万历四十三年（1615）岁末，李日华购沈周《灞桥诗思卷》，"捐数金"而已。

再看当时宋版书价格，李日华《味水轩日记》卷二：

万历三十八年，五月二十一日，邻人持示宋版《太平御览》一百本……其值百金。

宋版《太平御览》一百本，统值百两，正与当时一座七尺大理石屏等价！

万历时期，《金瓶梅词话》有多处描写大理石家具陈设场景，第四十五回《应伯爵劝当铜锣 李瓶儿解衣银姐》：

两个正打双陆，忽见玳安儿来说道："贲四拿了一座大螺钿大理石屏风、两架铜锣铜鼓连铛儿，说是白皇亲家的，要当三十两银子，爹当与他不当？"西门庆道："你教贲四拿进来我瞧。"不一时，贲四与两个人抬进去，放在厅堂上。西门庆与伯爵丢下双陆，走出来看，原来是三尺阔五尺高可桌放的螺钿描金大理石屏风，端的黑白分明。伯爵观了一回，悄与西门庆道："哥，你仔细瞧，恰好似蹲着个镇宅狮子一般。两架铜锣铜鼓，都是彩画金妆，雕刻云头，十分齐整。"在旁一力撺掇，说道："哥，该当下他的。休说两架铜鼓，只一架屏风，五十两银子还没处寻去。"

……西门庆道："也罢，教你姐夫前边铺子里兑三十两与他罢。"刚打发去了，西门庆把屏风拂抹干净，安在大厅正面，左右看视，金碧彩霞交辉……西门庆道："谢子纯，你过来估估这座屏风儿，值多少价？"谢希大近前观看了半日，口里只顾夸奖不已，说道："哥，你这屏风，买得巧也得一百两银子，少也他不肯。"

明刻《金瓶梅词话》版画

"买得巧"，这架"三尺阔五尺高"

的大理石屏值一百两银子，恰与谢肇淛记述吻合！

价格之外，谢肇淛注意到了大理石屏作伪问题，《滇略》：

> 相传李德裕平泉庄醒酒石，即此也。然赝作者亦复不少。其作人物、驴马以
> 媚俗眼者，皆谀鼎耳。

晚明好古风气，赝品层出不穷，以书画、铜器居多，大理石屏因市场需求日盛、价格昂贵也出现人工作伪问题，一方面商人逐利，一方面也反映了天然上品大理石的稀罕程度，市场对高档石屏的渴望导致"人物、驴马"纷纷登陆，粗劣之品流行市面，较前文李日华笔记中冒充大理石、凤凰石之情形更为恶俗。中国古代赏石，注重"自然"，赏石雕凿成形，看似玲珑剔透，往往被行家看作粗鄙行为。大理石屏之珍贵，因为画面天然形成，一旦假借庸手涂抹，无疑煮鹤焚琴。"驴马人物"，审美恶俗，大理石屏"赝品"的出现，岂止东施效颦，令人失笑。[1]

二八　味水轩里

李日华（1565—1635），字君实，一字九疑，号竹嬾，少年时代从周履靖读书，二十七岁举于乡，次年成进士，授江州司里，三十三岁贬官汝州，后任西华县令。万历三十二年（1604）以母忧回籍。服满，他厌倦了官场生涯，慨然说："但得终身啖白饭羹鱼，法酒精茗，家有藏书万卷，石刻千种，长年不出户，亦不引一俗汉来见，如此七八十年，即是极乐国人了。"

从万历三十二年（1604）李日华辞官开始闲居生涯，到天启五年（1625）二月再度出仕，从四十岁到六十一岁，李日华在家乡的二十多年，除了对独子李肇亨的科举功名颇为上心，偶然读读邸报，其他一概不问。嘉兴城外甪里，有味水轩，是他的书房斋名。《味水轩日记》里的逍遥生涯，俯拾皆是：

---

〔1〕张轮远先生《大理石谱》曾记，晚清、民国时期，石农、石商加工石屏，为追求图案肖似，琢磨之外，会采用"点药"，以天然、化学颜料填涂，人为制造"更美"的风景人物、鸟兽形象，这样的做法其实损害了大理石天然图画的美感，颜色往往唐突不堪，如苏州拙政园中现存一近代大理石屏，就是这种经点药加工而成的作品。

万历四十三年乙卯，正月四日，雨。购得盆梅红白二树，树高三尺，各数五百余花。因忆少时读书亡友吴伯度园斋有蟠梅绿萼者两株，高五尺，结干三层，数万余花。时望之，万玉玲珑如珠幢宝盖，香气浮动。每岁首即已放白。伯度性豪饮，又喜以酒醉客，月下花影中，往往有三四醉人躺卧，醒乃散去。余独取屏障遮围，置床其中，甘寝竟夕，曙色动始起坐，觉遍体肌肤骨节俱清梅花香气中……

种松，洗石，采萱，曝画，煮雨，捣药，涤砚，敲棋，课子，焙茶，运泉，晚明时代士大夫退隐后热衷之事，李日华件件精通，尤以鉴藏书画兴趣最浓。

李日华有没有大理石屏?

万历四十年（1612）七月十五日，无锡的一条"书画舫"来到嘉兴停泊，李日华和好友马驰漫一起上船，孙姓古董商喜出望外……

明　陈裸　《李日华像卷》（局部）

晚明时期，有专门的行商，以船载书画古籍文玩，随波逐流，在各地售卖，如当时著名古董商王越石，号"米家书画船"，四出兜售，往来江南各地进行艺术品交易，各地有哪些潜在的顾客，古玩商心里有数，李日华就是他们看重的一位买家。当晚，李日华在《味水轩日记》里写道：

　　出观诸种：青绿铜鸡彝一，沈绿一，枝瓶一，姜铸方圆香炉二，宣铜索耳四脚方鼎一，口缘有楷字一行云：一样二十个，内府物也。宣铜瓜棱小香炉一，古犀杯一，成窑磬口敦盖一，妙。宣窑玉兰杯一，重五六两，古朴有致，内莹白，外施薄紫，花花交错为底，索价四十两。……大理石屏二，大理石嵌背胡床二，云皆安、华二氏物也。

安华二氏，皆无锡巨室。

安国（1481—1534），字民泰，自号桂坡。出身平民，经商而成巨富，人称"安百万"。他未应科举做官，但平生急公好义，曾资助官民，出资抗倭，兴办水利，疏浚白茅塘，开掘山庄河，嘉靖皇帝赐户部员外郎衔。安国在无锡胶山南麓，建"西林"，乃当时著名园林。安国喜读书，藏书。不惜重金刻书，嘉靖二年（1523）开始，用铜活字印刷了大量书籍，校勘精细，世人珍如宋版。吴门沈周、文征明都曾经应邀到他家作客，为他的藏品作鉴定、题跋。安国身后析家，铜活字被各家分散，其大量珍藏经书画捐客手，辗转为江浙新崛起的收藏家所有。嘉兴项元汴天籁阁内，本属安氏名画不在少数。项元汴采用的方法是直接向安氏后人出价购买。

无锡华氏，更是巨族。正德至嘉靖朝前后，无锡的几位华氏名人皆好收藏。华珵，字汝德，号尚古生，鉴别古玩书画称"江东巨眼"，文徵明为他写过小传。华珵曾为好友沈周刊刻《石田诗选》。华珵七十岁时得一子，沈周以八十一岁耄耋高龄，亲往祝贺，当庭把酒赋诗。补庵居士华云，家世素封，生活却非常朴素，割田千亩以养族人，筑真休园，收藏书法名画。正德五年，唐寅在他家剑光阁曾为其精心绘制《白居易诗意册四十幅》，王阳明看后赞叹不已。他构建的绿筠窝别墅，藏品琳琅，书画满床，文徵明晚年避暑常游。华察，书画鉴藏之富堪与项元汴比肩，前文所记家藏有云南友人赠送大理石屏，其府邸"五步一楼，十步一阁，侯门王府

明　陈洪绶　《摹古册》之一　大都会博物
馆藏

叹壮丽不如"。

这则日记写于万历四十年（1612），无锡安、华二氏前辈收藏家均已弃世，包括大理石屏在内的这些古玩，不知谁家遗珠，随书画船流水而来，背后种种已无从了解，李日华日记提到，售卖大理石屏之外，还有云石镶嵌装饰"胡床"（即交椅）。李日华询问宣德窑玉兰杯的价格，孙氏索价四十两，他没有继续询问大理石屏的价格。书画船上可以交易的石屏，与前文华夏的真赏斋内陈设情况相似，大理石屏是与"古董"一起出现的。若从无锡安国与诸华氏收藏家鼎盛时期算起，距万历四十年（1612）已过百年，大理石屏随"古董"同行，与永宣窑器、古玉、鼎彝相伴，俨然已为古物。

李日华对字画、古玩的爱好，受表叔周履靖的熏陶。书画之外，李日华亦好梅花奇树、好盆景菖蒲、好砚……奇物之癖极深。李日华之爱石，亦如其师冯梦祯。《六砚斋笔记》多记奇石，如吴兴世家向氏藏白灵璧，苏轼、米元章、张伯雨藏石轶事等。《恬致堂集》有《昆石小山赋》《小盆树石》《买得施氏太湖石》《得拥秀峰石喜赋》《买石》等诗，《石券》一文追忆石友之交，感人至深：

> 天启乙丑，余与许同生先生同宦京师。先生孤介高朗……丙寅，余既归里，先生出为淮阳守，处脂不润，益简傲自得……仅五月拂衣去，囊装如水，以一石见饷，盖灵璧之嘉者，曰泗淮唯此物堪与相对。……

李日华回忆，得此灵璧石置松树下，每勺酒酬酢，如对先生。崇祯壬申，许氏去世两年，李日华修道不再饮酒，将此灵璧转赠"酒肠极宽"的门人石梦飞。

爱石之癖固深，而眼界亦高，李日华对不同的奇石区别对待，赏玩方法也不相同。灵璧砚山，用来遮挡风日，设在案头砚台之间；峰石玲珑，可以单独陈立；赏石陈设，往往别出新意，《紫桃轩杂缀》卷三：

> 豪奢者，暑中喜以冰置坐隅。然体薄者袭其寒气，遏抑汗孔或以媒疾。不若求砚石晶莹者，垒置琴书间，望之有积雪凝霜之想，可以销暍而无害也。

《味水轩日记》中，李日华购买各种奇石的频次很高：

> 万历三十八年六月十三日，购得盈尺小昆石一，峦岫窍穴俱具，置之案间，以代少文之画，又一小者，以畀儿子。
>
> 万历三十八年九月……邻媪持荔枝木小佛龛一，甚精……又盈尺灵璧石一，英石研山一……来质钱。
>
> 万历四十年三月十七日，方巢逸抵押灵璧砚山，长阔一尺……色苍玄而润，间有白纹相错。叩之，丁丁清响，武林高氏物也，梨木座镌瑞南印记。
>
> 万历四十年三月十九日，与沈翠水步至试院前阅市，有大灵璧石一，形如伏虎，色黝黑光润，背面元章镌记，又横镌"列翠"二大字。又英石尖峰一，高二尺有五，阔二尺多，甃浪文可爱……[1]
>
> 万历四十四年，九月二十二日，购得灵璧小石山一座，凡具五峰，而嵌空穿溜数十处，皆有洞穴溪隧之形。余置之砚间，恍如与米老相接，出其袖中璆珞也，甚喜。

从以上购石日记看，"列翠"灵璧石散出后辗转市场，与无锡安、华二家流出大理石屏类似，奇石受到市场追逐，与字画、古董一样属于书画船、古玩摊上的常见之物。如前文所引几种著述，李日华对大理石屏一直颇为留意、看重。

---

[1] 关于"列翠"灵璧峰的记录，参看汪砢玉的《珊瑚网画录》卷三巨然《山寺图》题记。先是，董其昌曾于万历三十二年（1604）观图并跋："此卷在梁溪华氏家，余求之数载，不得一观，今为公甫所有，得展玩竟日……"后归汪继美，汪砢玉记："吾乡吴太学功甫谢世后，诸珍秘散出，时先君得是图，又唐镌灵璧石名'列翠'者，及他书画玩好。无何，为鬻古辈先后赚去。"吴功甫为吴伯度之子，吴伯度名惟贞，号凤山，吏部尚书吴鹏孙。吴家散失而出的不仅有名家字画，奇石"列翠"之际遇亦可叹，吴功甫——汪继美——古玩商，李日华目睹的这块灵璧为宋米芾"元章"款，与汪砢玉记录"唐镌"有所出入。按灵璧大盛于宋代，汪砢玉"唐镌"之说有悖常识，即使明人有意作伪，也断不会落此下乘，"唐镌"或系笔误。

《六研斋笔记》卷二：

大理石屏所现云山，晴则寻常，雨则鲜活，层层显露。物之至者未尝不与阴阳通，不徒作清士耳目之玩而已。

具有极致之美的石屏，“阴阳相通”，宛若神物有灵，李日华赏看云山缭绕的石屏，内心赞叹隐约可闻，悠然生出敬重之意，作为“清士”“韵人”发出“不徒作耳目之玩”的议论，让人联想到米芾的拜石之癫，古今一也。

《六砚斋二笔》卷三，有一畅快淋漓之议论，更借大理石屏、天然石画，指摘当时画坛风气荒谬：

日者绘法荒谬，展时流之制，令人愦愦思呕，不如环列大理石屏，以一榻坐卧其下，翻有荆关董巨之想，所谓天不足则补之人，人不足则还之天，亦却醨酒而饮清泉意耳。

万历四十年（1612）七月那次书画船赏石，李日华没有买下大理石屏，味水轩之中究竟有无大理石屏，仍为悬案。笔者终在《恬致堂集》卷三，发现两首《大理石屏》诗：

一屏叠山翠，一屏上海潮。山容既矗矗，海貌亦遥遥。
犀有晕尖月，蜃成嘘气桥。百灵各自媚，真地本寥寥。

又：

山影透山骨，苍烟罗万重。湾环流雪浪，迢递起云峰。
妙境超图外，虚堂入境中。砯屏围几案，诗老笑无穷。

二诗分咏山海景象之二屏，从题名看，当非友人斋头之物，而是自藏！

石中画，画中石，互为映像，折射着虚幻华美的大千世界。天生顽石涵云纳月，与世上人心深邃纷纭，都成画境。

二九　墨华阁上

万历时期嘉兴地区的收藏大家，项元汴最著名。在他之后崛起的汪爱荆，也是一位有意思的人物。

汪继美，字世贤，号爱荆居士，别号荆筠山人。歙人，世居秀水莲花溪。李日华《恬致堂集》卷二十五，有一篇《汪爱荆居士传》，为汪氏六十岁时所撰，是了解其生平重要资料，记汪爱荆"业制举艺，隆然有声"，本希望走仕途，但张居正秉政时期无待士礼，汪爱荆"坚意谢去"，松菊为伴，修花翁圃人之技如老农，厚值购买异书精刻，与古名贤书画奇迹杂置满楼，默坐蒲团，远离是非。

汪爱荆弱冠与僧人慧空等为方外游，因此结识项元汴，项元汴为他绘制《荆筠图》，又绘《爱荆图》，仿赵伯驹青绿山水，色彩艳丽，很多人观看后惊疑非项元汴笔墨。[1]

汪爱荆早年与项元汴交游，善于鉴古，筑有"凝霞阁"专贮书画奇物，隐接天籁阁之风雅，来访诸客如项元淇、赵宦光皆有诗记。王稚登、陈继儒与汪爱荆相交尤契，多有赠诗，一时名流官宦如李维桢、董其昌，亦有赠诗。

万历二十二年（1594），沈士英为汪爱荆作《凝霞阁图》，汪砢玉撰文回忆：

> 吾翁于城南莲花滨，建阁曰凝霞，玉遮君所题也。曲径临流，重垣幽邃，供设玩好，花竹扶疏，仿佛倪迂清秘处。若阁南为清赏斋，贞玄子书额，庭中小山，翁手垒将乐、灵璧、玉峰、英德、宣城诸石于水边。藤荫外为木兰小舫，层台高下，宛然五岳在望。翁尝作记有云，吾斋之东，磊磊然，落落然，苍然，黯然，

---

[1] 类似的别号图，汪爱荆请多人为之绘就，如周之冕，生平罕绘山水画，亦曾为绘《爱荆图》，卷首有王百谷书八分书。万历二十六年（1598）戊戌初夏，张龙章（古塘）绘《爱荆图》，卷首有内阁首辅申时行题诗，周履靖等名流亦有诗题。万历二十九年（1601），吴门画家孙枝，亦曾为绘《爱荆图》，王伯穀题引首并有题，陆士仁有题诗。

兀然，泠然，窈窕然，为云为霞，为宛虹，为陨星，似霜似冰，似炉，似屏几，得群石争奇献巧，错落于梅兰松竹间，如文人之各吐所异耶。观止矣。舍此惟有古玉璜佩，可以焕藓坳色乎？斋东为维摩丈室，竹懒作荆居士传所云，供乌斯藏秘妙佛、大士像，对之默坐团蒲，寂无音响，而旃檀烟一缕，出绕竹树之罅，得窥其踪者，以为萧然天际真人也。（《珊瑚网画录》卷十八）

凝霞阁之得名，出自奇石假山布置"为云为霞"，这段文字从一个侧面证明了汪爱荆对于奇石的特别嗜好。

汪爱荆早期交游包括项子京、钱沧州、周之冕、张伯起、王百谷、孙雪居、项贞玄、郁伯承、朱君升等，近则董玄宰、陈仲醇、俞羡长、高元雅、万茇卿、释舷公，皆得其图咏品题，与古玩商人王野宾的交谊也非比寻常，汪砢玉回忆："先子爱荆公自少喜购图史古物，每长日永夜展玩不休。"

汪爱荆家族世代经营，财力雄厚，品味不俗的鉴赏力，令凝霞阁声誉鹊起。据信汪氏收藏的来源，部分源自同郡吴家。[1]

晚明书画、玩古造假风气盛行，虽时流薄恶，汪爱荆很有城府，对巧作赝物的造假之人"顾每含意不吐"，亦不得罪以此为生之辈、已经重金购入者，而一般好古的士大夫对其愈加敬重。汪爱荆收藏宋元名画数量之多，从凝霞阁中著名的"屏山"可窥一斑。《珊瑚网画录》卷二十：

先君凝霞阁，有画屏二架，面面俱宋元人笔，一为斗方，一为团扇，各百叶，如列庐山九叠屏，又何有纪亮云母，武秋琉璃也哉？历四十余年，屏山渐霉脱。

〔1〕秀水人吴题科，号功甫，太学生，出汤临川之门。前文提及他的父亲沈伯度，名惟贞，号凤山。沈伯度祖父吴鹏曾任吏部尚书，伯度虽生于贵侈，但不染世纷，暇日则进二三清修淡泊之友，挥尘命觞，鉴赏古玩，与陈继儒等辈交。伯度好古玩，好石，米芾"泗滨浮玉"灵璧石曾为吴家秘藏，《妮古录》载："乙未（1547）十月四日，于吴伯度家，见百乳白玉觯，觯盖有环贯于把手上，凡十三连环，吴门陆子刚所制。"吴功甫大约于万历四十年（1612）前去世，吴家几代人收藏的诸珍秘玩相率散亡，汪砢玉在《珊瑚网画录》中坦承："愚父子于万历间集诸公名画，半出家藏，半易诸友内，得之吴功甫为多。"前文提及的"列翠"灵璧峰，由吴家流入爱石有癖的汪爱荆处，只是一例。吴氏珍品后归汪爱荆的，有巨然《山寺图》、李营丘《江南雪眺图》、宋徽宗《稻鹤图》、方方壶《碧水丹山图》、祝枝山《书语怪录》（功甫得于项氏）以及宋刻《太平御览》一百册等物。

至天启丁卯（1627），余转运山左，闻难旋里，于读礼之暇，付汤子装潢成册，一
曰屏山余曲……一曰艺圃晶英……追思当年一屏风画中，援琴动操，有众山皆响
之致。

两百张团扇、斗方，都是宋元绘画，装潢拼成两架画屏，其中有苏轼、李世南、
米元晖、崔白、钱选、王蒙、吴镇、倪瓒等款，并有高启、祝允明等人题诗，虽真赝
杂陈，多旧人临本，两扇画屏的豪奢程度依然令人咋舌。根据汪砢玉的记述，"屏山"
完成的时间大约在万历十五年（1587）前，正是汪爱荆不满张居正"无待士人礼"开始
隐居生活后不久。

李日华与汪氏为姻亲，对汪爱荆的博雅，写过许多文字表达仰慕，"疑居士为古
人，即胜国倪元镇、顾仲瑛、曹虚白诸公不啻也"；称赞汪爱荆、汪砢玉"父子冰澄玉
洁，以行义文采相高，闭门自足千古"。题周之冕《爱荆图》诗曰：

隐几先生南郭居，薰炉笔格伴琴书。鸟声细碎话不了，花态徘徊笑欲舒。
奇石漱泉呈透漏，古藤缠树挂盘纡。小斋清秘多真赏，何独荆枝爱有余。

《恬致堂集》卷三十五，《汪爱荆居士像赞》：

有光不耀其神全，虚尘不涅其貌仙。辅颊之际，须眉之间，若有得意之色，
浮动隐跃，郁郁芊芊。其为摩挲晶彝，其为卷舒细缣。是可以狎玉局南宫之坐，
而与金粟云林左折右旋。斯人也，吾方想望于方册，而孰意得之于里闬。是用屑
沉，展斐为之式瞻。

因与汪氏父子的深厚交谊，李日华能登堂入室，尽窥秘藏。

《凝霞阁图》绘成之后二十年，万历四十二年（1614）十二月，也就是李日华在
孙贾书画船上目睹安、华两家流出大理石屏两年后，他见到了汪氏所收藏的大理
石屏：

十八日，同石梦飞夔拊昆季，儿子亨，造南郭汪爱荆东雅堂。堂前松石梅兰，列置楚楚，已入书室中，手探一卷展示，乃元人翰墨也……已登墨华阁，列大理石屏四座，石榻一张，几上宋板书数十函，杂帖数十种，铜瓷花觚罍洗之属，汪君所自娱弄，以绝意于外交者也。

将乐、灵璧、玉峰、英德、宣城诸奇石，环绕着藏有珍贵书画的凝霞阁，累累皆是，争奇斗胜，而与之对称的墨华阁内，四座大理石屏，安静地与宋版书为伍！

汪爱荆的儿子汪砢玉，早年"遵公命，游上国，勉从禄仕"，曾任山东盐运官。他继承了父辈的收藏趣好，尤其爱好奇石。当时风气，士流喜作韵事，喜读韵书。《恬致堂集》卷十三，有《汪乐卿树石异缀序》，此书已经消失在历史长河中，从书名看，应该是汪砢玉所写的一部奇石、古木谱录，李日华序言写到：

> 余友汪乐卿读书摹帖，平章绘事，摩挲鼎彝，胸中多奇，粗浅者未易得其涯涘，尊人爱荆翁隐味酖醇，隐操坚白，乐卿驹齿堕即有驰骛著述之意，此特一班之舒也……不意天地间又添此一种书，深足庆也。

同卷另一《汪乐卿西山品序》，直接道出了汪砢玉对奇石的痴迷：

> 余姻友玉水汪君，在里中居恒闭户，拜石丈人为交知，张设缣素，累唐宋数十家，以为烟楼雪栈，天下奇险尽在是矣。不徒自快，又以娱老亲，盖洒然足也。

汪砢玉还写过一部赏石专著《甲乙石品》，又是一部让人悠然向往的奇书，可惜同样已经佚亡，仅存一篇李日华序言，记汪砢玉的奇石收藏：

> 余友汪乐卿氏，绝去他好而专事石，居桓轴帘拭几，扫除阶际。出尊人爱荆所贻太湖、英山、灵璧、林虑、玉华、荔浦、鼋矶诸品，大者寻丈，细至拇指，或势峈崿，或色晶莹，或声清越，或状环琬。数百枚陈列之以自娱自快。不拒人观，亦不邀人玩也。余父子与姻连娅好，亦未尝得数观之也。一日，授一编相示，

则石之甲乙品具亦……

汪爱荆所遗奇石，不算亭园"寻丈"立峰，可以陈设、把玩之奇巧美石，竟有数百枚之多，几乎概括了晚明时代流行赏石的全部品类。事实上，汪砢玉同样也是大理石屏的爱好者，《珊瑚网画录》"梁溪华氏真赏斋画品"，转录华夏真赏斋藏大理石屏情况（转抄自郁逢庆《郁氏书画录》），随后回忆父亲的大理石屏收藏：

> 因忆吾家大理石，昔年亦颇盛，在西垞凝霞阁，有大屏五座，小屏十数座及几榻椅凳诸器具，东垞墨花阁石称是，俱面面佳山水也，今如烟云灭没矣，岂独华氏之有聚散哉？

西垞凝霞阁亦有大屏五座，小屏风十几座！"称是"，对等相称意，若东垞墨花阁陈设的大理石屏与凝霞阁数量相当，墨华（花）阁亦陈设有五座大屏及十多座小屏风，照此推断，汪爱荆当年收藏的大理石屏数量不少于三十多座。这些大理石屏风"俱面面佳山水也"，品质极高，真是独步海内的惊人收藏。

前文考汪氏父子奇石嗜好，如凝霞阁以石为名的做法、汪砢玉一再为奇石著书，对怪石清供有着超乎寻常的狂热，在离云南遥远的江南水乡、嘉兴徽商家里，居然藏有如此众多的大理石屏，这一现象非同寻常。汪爱荆之赏看石屏，据《珊瑚网书录》卷十三，"姚侍御行书溪东篇"汪砢玉识记，当年凝霞阁大理石屏曾与字画一起陈设：

> 此幅先君粘点苍石屏后，置凝霞阁左，时阅而哦之。盖我翁天性孝友，正与是篇相合也。

汪爱荆当年将姚绶长诗粘于石屏后，与大理石屏共赏。考《溪东篇》为五言诗，四十六句、二百三十字，加上落款，若非小楷书写，与之相称的石屏尺幅大约四尺。

李日华《恬致堂集》卷三十三，《祭汪爱荆太翁文》：

> 维灵名族之裔，凤负奇禀。藻思内涵，圭稜外泯。纯德不耀，古贤是准。至

于取与，一介尤凛。结辙尘游，筑庐市隐，植松庭除，列石屏枕，墨妙数行，尺幅小影，卷舒晴窗，胜味自领。

十四年前，李日华第一次进入凝霞阁，对阁中陈设石屏、汪爱荆钟爱石屏事印象极深，才会在他去世后将石屏陈列写入祭文吧。

汪砢玉对大理石的爱好，亦见于《珊瑚网书录》卷十，《柯丹丘石屏记》后有汪砢玉题识，对元代石屏的倾慕，如喃喃梦语：

余有紫檀界方一对，首镌行书云："兀坐草玄，风后为奸，尔往镇之，世掌我编。敬仲铭，绍美制。"界围雕镂花鸟极精，工信出名手，上饰汉玉昭文带，一粟米文，一卧蚕文，血蚀殊古而莹润，面刻"草玄阁佳器"，故杨铁崖珍玩焉。第妄想敬仲所记石屏如在，或得与此书镇共充韵斋玄赏，则界间之禽卉争弄，偕屏上之"江山晓思"而益胜矣。柯博士有灵，将仙风所触，应为我作撮合山也。

有一个疑问。

万历四十二年（1614），李日华记墨华阁大石屏有四，这个数字与汪砢玉所记墨华阁、凝霞阁各有大屏五，显然不符。我怀疑汪氏所藏大理石屏，很早就开始流入市场。

汪砢玉接手父亲收藏后，尽管亦有购进、交换藏品记录，但总体上多转售于鬻古人，与精明的书画商人交易频繁。如"屏山"，有宋元款团扇、斗方二百幅。四十多年后发生过霉变，天启七年（1627）丁卯，汪砢玉在山东担任盐运使判官，"闻难旋里"，回乡守制"读礼之暇"，委托"汤裱褙"将其改装为《凝霞阁旧藏画册》，不久被徽州商人何秘书以数斤人参换走。类似凝霞阁旧物之流出记录，频繁见诸《珊瑚网书画录》各卷，也包括奇石，如崇祯七年（1634），古玩商王越石在汪砢玉家见到"鹅听经"灵璧石，"以文画相易"，这幅绘图是文徵明《仿小米钟山景大轴》，汪砢玉起初不肯割让，王越石说"米家船不可少此物，遂强持去"。

之前的崇祯元年（1628），汪家因操办丧事经济窘迫，也曾卖去家中藏品，包括一座大理石屏：

宋　佚名　《云山楼阁图》　辽宁省博物馆藏

宋　佚名　《柳院消暑图》　故宫博物院藏

宋　佚名　《柳溪春色图》　故宫博物院藏

宋　马兴祖　《浪图》　东京国立博物馆藏

陈洪绶　《摹古册》之一　大都会博物馆藏

周之冕在金叶笺上为绘着色名花十二册，吴下君子文氏后人、王稚登、张凤翼、陆士仁，皆有题咏。戊辰春，徽友吴集之来斋头……时为先慈丧事费，不能秘作世传，又点苍石屏，名春山欲雨者，共古梅两大树，悉售之，可念也。（《珊瑚网画录》卷二十二）

售卖给徽商吴集之的大理石屏"春山欲雨"，汪砢玉以"可念也"表达遗憾。事实上，藏家与藏家，藏家与书画、古董商，为完善、调整藏品，或为谋利频繁出让交换属于正常现象。相比奇石交易，书画的流转更加普遍。需要说明的是，当时市场，即便如沈周、唐寅的作品也并不罕见，而一块精彩的大理石屏，山水云雾聚集一石，其实比名人字画更加稀罕，至少在《珊瑚网》中情况是如此。以汪砢玉对奇石、大理石屏的热衷，将祖传石屏、古梅脱手换金，大概确已到了山穷水尽的地步。

《武林掌故丛编》，录汪砢玉《西子湖拾翠余谈》，卷三"古朴山房记"，记崇祯三年八月乡试，偕子访杭州事。十四日抵达昭庆寺，寓寺内古朴山房，次日前往天竺、灵隐礼佛，过西泠，坐断桥，访吴山……

之前，汪砢玉从嘉兴出发的船上，有"吴友好之，附载书画玩好"。不清楚这位吴地古玩商人与汪砢玉的具体关系，但携带艺术品随行，总有交易、买卖意图。到杭州后第六天，汪砢玉开始鉴古：

十九日早，会秣陵鲁波臣，乞其写照，订于下浣吉日。既萧山吴太华勾胪，拉过山楼阅其所藏玩好。有大灵璧，四面峰峦，中凹深池，状若西湖景。二砚山，短者如仇池峰，有雪筋俨流泉。长者上黑下白，宛然江练。又英石数座，俱倩名手绘成卷。一白石子，中有吕仙师像，巾履扇拂，隐约如画。一端石莺砚，其活眼天成，彩晕可爱，以黑髹楸叶匣之。一木瘿龟，黄色纹理若镂刻，与白定盆水中绿毛龟争奇。两犀杯，大可拱围，蜜色欲滴，雕前后《赤壁》，细入毫发。一琥珀柿坠，血色莹透，上覆黄叶三片，则蜜珀也。一玛瑙簪，满身绿点，晶然浮动，名落花流水。其花梨屏榻，所镶点苍石俱佳，太华欲以此易余汉玉图书、猩红兜罗绒、五色成窑盘，而余未果。又河南王睿之，示不断宋榻《圣教序》《九成宫醴泉铭》，皆吾家藏本之亚。品鉴不觉薄暮，俄下雨点，闻涌金门内火发，望湖面如霞红，可骇。

这段记录里，琥珀、犀角杯、怪木、玛瑙之外，提到许多珍贵的赏石，灵璧、英石、疑为雨花石的"白石子"以及端砚，大理石则镶嵌于花梨木的"屏榻"上。有意思的是，邀请他前来的吴太华似知汪砢玉对大理石有着特殊兴趣，"欲以此易余汉玉图书、猩红兜罗绒、五色成窑盘"。"汉玉图书、猩红兜罗绒、五色成窑盘"这三件玩物，汉玉图章、五彩成化窑器在当时也属于顶级古董；猩红色"兜罗绒"最早传自西域，明代大内御用监有洗白厂，设立绦作，兜罗绒为上用之物，民间罕见。吴太华其人失考，他提出以大理石"屏榻"换取汪砢玉三件珍玩且如数家珍，汪氏虽拒绝交易，从另外一个角度证明了汪砢玉眼中"俱佳"的大理石，已跻身顶级古玩行列，待价而沽可矣！

明亡后，汪砢玉其人不知所终。

三十　霞客万里

旅行家徐霞客的一生，"手攀星岳，足蹑遐荒"，壮游天下，喜异书，喜异人，也好奇石。万里西游，是他最后一次长途旅行，此行自崇祯九年（1636）开始，十月入江西，第二年正月进入湖南，四月到广西桂林。崇祯十一年（1638）三月进入贵州，五月初十入滇，两进昆明，十二年（1639）正月到达丽江。

崇祯十二年（1639）三月，徐霞客来到大理。

根据《徐霞客游记》（下文所引均出自"游记"），之前，徐霞客在丽江盘桓了半个月。抵达丽江后，因陈继儒来书引荐，木府对徐霞客礼遇备至。待徐霞客休整几日，木府于二月初一，在解脱林东堂设宴，赠以银杯、绿绉纱等礼物，丽江土司木公复于净室相迎设座，与徐霞客纵论天下人物。徐霞客言谈中，推崇黄道周，谓："至人惟一石斋。其字画为馆阁第一，文章为国朝第一，人品为海宇第一，其学问直接周、孔，为古今第一。然其人不易见，亦不易求。"木增更请徐霞客为所辑《云过空淡墨》作序。徐霞客在解脱林校书数日，木公不时遣人馈以酒果，并转乞黄石斋叙文，在丽江木府，徐霞客看到称为"南中之冠"的茶花古树，"盘荫数亩，高与楼齐"。

自丽江辞别，徐霞客于二月十四日入剑川州境，十六日抵达罗尤邑，十八日到达洱源，"时甫过午，入叩何公巢阿，一见即把臂入林，欣然恨晚"。

何巢阿，是徐霞客的仰慕者，"名鸣凤，以经魁初授四川郫县令，升浙江盐运判官。尝与眉公道余素履，欲候见不得。其与陈木叔（函辉）诗，有'死愧王紫芝，生愧徐霞客'之句，余心愧之，亦不能忘。"

何氏曾在江南为官，以丁忧离任回到云南，为接待万里而来的徐霞客，他安排泛舟洱海之源，抚琴九氏台，热情招待数日后，并陪同徐霞客一起前往大理。

三月十一日，徐霞客"令仆担先趋三塔寺，投何巢阿所栖僧舍，而余独从村南西向望山麓而驰"，去看著名的蝴蝶泉。游览完毕，徐霞客回到三塔寺，"入大空山房，则何巢阿同其幼子相望于门。僧觉宗出酒沃饥而后饭。夜间巢阿出寺，徘徊塔下，踞桥而坐，松阴塔影，隐现于雪痕月色之间，令人神思悄然"。

是夜，徐霞客与何巢阿宿三塔寺内大空山房。

次日，徐霞客前往感通寺，访杨慎"写韵楼"故址。十三日与何巢阿同"赴斋别房，因遍探诸院。时山鹃花盛开"，看朱元璋赐僧《无极归云南诗》碑文，当晚再宿大空山房。

三月十四日，徐霞客"观石于寺南石工家，何君与余各以百钱市一小方。何君所取者，有峰峦点缀之妙；余取其黑白明辨而已"。大理石的奇丽瑰异，令徐霞客目不暇接，怦然心动。[1]

---

〔1〕徐霞客好石，每次出游皆对各地奇石有所留意，徐霞客知己陈函辉，号小寒山子，崇祯七年进士，师黄道周。陈函辉为徐霞客所撰墓志铭，开篇即说，"霞客先生，余石友"。徐霞客对各种奇石颇有研究，昔年在衡州街市上，他看到三块欲售的"白石"，一眼可辨优劣，其他诸如在九嶷山得杨梅石；在郴州苏仙岭，得仙桃古化石；在桂林街市，他购买奇石托人带回江阴。

徐霞客与何巢阿所购大理石皆为"水墨花"，黑白分明，何巢阿所购较佳，徐霞客出身江阴大族，对文玩珍奇之物的留意，在其以往旅行中所处可见，而何巢阿久宦江南，稍前在洱源家中，也曾向徐霞客展示"所藏山谷真迹、杨升庵手卷"，嗜古好奇之癖亦深。二人志同道合，遂有大理一起访石之行。

同日，游唐朝开元年间所建的崇圣寺，三塔巍峨，有铜观音造像高达三丈。在崇圣寺下院净土庵，徐霞客目睹到"古大理石遗迹"：

> 寺在第十峰之下，唐开元中建……自后历级上，为净土庵，即方丈也。前殿三楹，佛座后有巨石二方，嵌中楹间，各方七尺，厚寸许。北一方为"远山阔水"之势，其波流潆折，极变化之妙，有半舟度尾烟汀间。南一方为"高峰叠嶂"之观，其氤氲浅深，各臻神化。此二石与清真寺碑趺枯梅，为苍石之最古者。
>
> 清真寺在南门内，二门有碑屏一座，其北趺有梅一株，倒撇垂趺间。石色黯淡，而枝痕飞白，虽无花而有笔意。

徐霞客看到的净土庵两块七尺巨屏，镶嵌佛殿中间，不仅记长宽各七尺，更有大理石厚"寸许"的观察，尤为难得。其远山阔水，波浪舟船，高山叠嶂，云烟氤氲，都是大理石屏常见的图像，而尺幅之大，洵为异品。前文记万历时苏酂巡按云南，大理御史衙门有三块巨幅山水人物大理石，也是如此尺寸。嘉靖四十年（1561）起，朝廷因云南巡抚蒋宗鲁奏请，已明文限采七尺、六尺巨屏，从那时算起，镶嵌在佛殿墙上的这两块大理石，已近百年，故徐霞客称为"苍石"最古，信有所本，虽未言明其时间、来历。若更从成化时大理石屏入贡算起，有近二百年历史。[1]

"清真寺碑趺枯梅"石，徐霞客对此石也非常留意。第一次记录如上文，第二次记录，在参观崇圣寺五日后，他因拜访王赓虞父子，进入临近的清真寺：

---

〔1〕净土庵"古石"结局令人伤感。刘敦桢先生抗战期间完成《云南之塔幢》报告，刊于《中国营造学社会刊》第七卷，其中提到咸丰六年（1856），回民杜文秀之役，大理为其所据，崇圣寺之殿阁，悉沦尘劫，后清军在三塔寺设营房，再拆为民居。《云南西北部古建筑调查日记》记，民国二十七年（1938）十一月二十六日，他自昆明坐汽车，两日行程四百多公里抵达下关。第二天到崇圣寺考察，三塔之外，寺中古物只有唐代佛像、元碑、成化铜钟尚存，净土庵亦劫后重建，报告称"或即《徐霞客游记》所纪方丈故址是也"，在他私人日记里，记净土庵，"新建未久，伧恶之状，不可向迩"。

殿前槛陛窗棂之下，俱以苍石代板，如列画满堂，俱新制，而独不得所谓古梅之石。

以普通大理石为建材铺地，做栏杆，在大理当地由来已久。徐霞客为目睹"古梅之石"，特意改日再次寻访：

二十日晨起……余乃入西门，自索不得，乃往索于吕挥使乃郎，吕乃应还。朱仍入清真寺，观石碑上梅痕，乃枯槎而无花，白纹黑质，尚未能如张顺宁所寄者之奇也。[1]

即将离开大理时再入清真寺寻看此石，终于亲眼目睹到"枯槎而无花，白纹黑质"的情况。但徐霞客在大理所赏看、记录大理石的重点，并不是清真寺内的枯梅碑石，而是"张顺宁"石。

"张顺宁"石，寄在崇圣寺内大空山房，前文记徐霞客十一日晚宿于大空山房，十三日亦宿于此，次日一早，"观石于寺南石工家"，与何巢阿各购买一石，随后开始游览崇圣寺，在亲眼看过净土庵石、谈及清真寺枯梅"古石"后，他写到：

新石之妙，莫如张顺宁所寄大空山房楼间诸石，中有极其神妙更逾于旧者。故知造物之愈出愈奇，从此丹青一家，皆为俗笔，而画苑可废矣。[2]

在大理石鉴赏史上，徐霞客"从此丹青一家，皆为俗笔，而画苑可废矣"的议论，横空出世，就此流传于世，成千古定论！对"张顺宁"石，徐霞客极口称赞：

张石大径二尺，约五十块，块块皆奇，俱绝妙著色山水，危峰断壑，飞瀑随

---

〔1〕"朱仍入清真寺"，据现通行点校、出版《徐霞客游记》，皆为"朱"字，当系"余"字之误，如此才可通读。

〔2〕《滇游日记》里没有徐霞客与"张顺宁"交往记录，寄石于僧院，证明"张顺宁"不在本地，拥有数量如此之多高档屏石的人物，亦非常人。明人著述有以地名、官职代称的做法，"顺宁"本为云南一府治，与大理毗邻，"张顺宁"，或指当时顺宁知府为张姓者？考光绪续修《顺宁府志》、民国《云南通志》，崇祯时期只有一位叫张鹤塘的张姓官员担任过顺宁知府："张鹤塘，邯郸人，官生。"张鹤塘其人生平待考。

云，雪崖映水，层叠远近，笔笔灵异，去皆能活，水如有声，不特五色灿然而已。

徐霞客没有形容这五十多块大理石为"黑白分明"，而以"著色山水"比喻，"五色灿然"，应属"彩花"之类。

徐霞客与何巢阿一起购买大理石后一日，十五日恰好为观音生日，"三月街"第一天，街道上各色交易比往时热闹，徐霞客与何巢阿一起，"过寺东石户村，止余环堵数十围，而人户俱流徙已尽，以取石之役开凿大理石的劳役，不堪其累也。寺南北俱有石工数十家，今惟南户尚存。取石之处，由无为寺而上，乃点苍之第八峰也，凿去上层，乃得佳者"。

从无为寺而上之苍山第八峰，称兰峰，为古今大理石主要产区，村庄以"矿"为名，采取兰峰之石就近加工。白石溪两侧三阳峰、兰峰矿区老硐密布，民国时当地石工称，苍山十九峰，此处为最主要采石场，称"礛石库"，石种包括云灰、彩花、水墨花。"水墨花"绝似山水画，勾皴点染，浓淡干湿，令人称绝，这种石头只产于兰峰，数量极少，世不多见。以往"官厅硐""七十二股花线""燕子窝""老虎硐"等采点。在海拔近三千米高度，石工为开采屏风石材，沿矿脉层理掘进，硐室开采方式原始，全凭锤敲楔劈，人马负运，采石劳役艰辛异常。[1]《徐霞客游记》记录了崇祯时期石农逃亡情形，无为寺附近矿区仍有部分开采，他所艳羡之"张顺宁"石，正是当时开采的彩花品种。

告别大理，徐霞客三月二十九日游保山水寨，随后，从三月三十日到四月初九，游历永昌的这十天日记缺失。他的好友、日记整理编印者季梦良推测，"其时当是在永昌府入叩闪人望，讳仲俨，乙丑庶吉士，与徐石城（徐霞客族叔徐日升）同年，霞客年家也，并晤其弟知愿，讳仲侗，丙子科解元也"。

在永昌，徐霞客见到"闪太史"家一大理石屏：

（七月）十九日闪太史手书候叙，既午乃赴之。留款西书舍小亭间，出董太史

---

〔1〕综合史料推断，明代开采屏石多在兰峰一带老矿。另一古代矿区在小岑峰、应乐峰、雪人峰，规模不及前者。彩花石（包括春花、秋花、金镶玉、葡萄花等品种），中和峰亦出。

一卷一册相示，书画皆佳，又出大理苍石屏置座间。另觅鲜鸡蔈瀹汤以佐饭。深夜乃归馆……

"闪太史"，名仲俨，号人望，当地回族世家，天启五年（1625）进士，入翰林院，因弹劾魏忠贤专政，遭削籍处分。崇祯朝起复，补原职，升任詹事府少詹事兼翰林院侍讲学士，期间参修《熹宗实录》。崇祯八年（1635），朝廷选拔内阁成员，闪仲俨经过廷试，确实曾经脱颖而出，名列八人名单入阁备选，最终文震孟、张至发被选中，都提升为礼部左侍郎，入温体仁内阁办事。崇祯十年（1637），闪仲俨父亲去世，返回家乡居丧守制，旨准回家祭葬，钦赐路费、丧服。闪仲俨于崇祯十五年（1642）病逝家中，一生担任最高官职为少詹事，徐霞客永昌日记内所记为"闪太史"云，恰与其身份相符。[1]

徐霞客的族叔徐日升与闪仲俨为同榜进士，两家年谊世交，徐霞客为晚辈，六月十九日，徐霞客见到了闪仲俨所藏董其昌书画，以及特意搬出来的大理石屏。两位都是爱石人，徐霞客不久前还跋山涉水，夜宿彝族村寨，探访保山玛瑙山矿洞，还曾前往永昌府水帘洞，得到化石性质的"石树"，后慨然赠与闪仲俨：

太史……更谓余，石树甚奇，恐致远不便，欲留之斋头，以把清风。余谓此石得天禄石渠之供甚幸，但余石交不固何。知愿曰："此所谓石交也。"遂置石而别。

徐霞客遍游天下，对奇石古木的嗜好可谓一往情深，往往不惜人力运回家乡。陈函辉为撰"墓志铭"记徐霞客在云南期间："沐黔国亦隆以客礼。闻其携奇树虬根，请观之，欲以镒金易。霞客笑曰：'即非赵璧，吾自适吾意耳，岂假十五城乎？'黔国益

---

〔1〕清鄂尔泰修《云南通志》称其曾担任礼部侍郎，《中国通史》沿袭此说，但笔者考《明代职官年表》，崇祯时期两京礼部侍郎名单，并无此人。《四库全书总目提要》《鹤和篇》三卷按称："明闪仲侗撰。仲侗字士觉，永昌人。其仕履未详，考明天启乙丑进士有闪仲俨，官至少詹事，亦永昌人，当即其兄弟。"方国瑜先生在《保山县志》里评价："永郡闪氏，世奉伊斯兰教，而其行谊，崇儒术，倡佛法，不拘于私门，然亦不碍于其教也。明季闪氏科第相望，而继迪父子为乡人所重。"

高之。"

史料记载，末代黔国公沐天波颇有珍玩奇物之好。徐霞客拒绝沐天波的请求，却慨然将费尽心思得到的树石赠送给闪仲俨，这份"石交"之谊，非好石者不能深察。徐霞客西南万里行，"游轨既毕，还至滇南。一日忽病足，不良于行"，回到家乡后卧榻不起，不久去世。家谱载，临终前，徐霞客以赏石消磨岁月。云南带回的大理石，会令他眼前浮现出点苍山的那些云霭吧。

崇祯十四年（1641）徐霞客逝世，明清交替之际，徐家遭遇奴变，《徐霞客诗集》散佚，仅存部分稿本，带回的大理石传给徐岎之子徐建极（1634—1693）。康熙元年，山东人刘果督学江南，拜访徐建极，索记游之书。据说徐建极将残存的游记稿本抄录，连同大理石都送给了刘果。

这些大理石，消失在历史的烟云里了。

三一　长物文本

晚明士人对大理石屏的审美，到文震亨的《长物志》，达到了生活与艺术完美融合。

文震亨，字启美，万历十三年（1581）出生，长洲人。曾祖文徵明以书画诗文四绝称雄吴中，祖父文彭工书画篆刻，父亲文元发曾任同知，兄文震孟，天启二年（1622）状元，曾入内阁。文震亨崇祯时曾官中书舍人，以善琴供奉，明亡殉节死。完成于崇祯七年（1634）的《长物志》十二卷，分室庐、花木、水石、禽鱼、书画、几榻、器具、衣饰、舟车、位置、蔬果、香茗等，是晚明最重要的生活美学之书，沈春泽在序言称："夫标榜林壑，品题酒茗，收藏位置图史、杯铛之属，于世为闲事，于身为长物。"

拂尘如意，纸箫古琴，盆玩花果，茶具清物，发源于宋，滥觞于晚明。当时"文房器物"之范畴，比纯粹的"笔墨纸砚"更为宽泛，家具、盆景，古玩、字画，文人玩好蔚为大观，自制松烟，搜石刻砚，栽松调鹤，旁及古玩消费，这些昂贵的消遣或排场，已非"书斋""山居""隐逸"生活之点缀，潮流所及，所谓清斋文房陈设，日用之物，事关士人身份、眼光雅俗，也对后世风尚产生一定影响。

该书卷三"水石"部分，记园林构建假山、庭园峰石、书斋案头赏石等，"品石"

目提及石种有灵璧、英石、太湖石，苏州本地尧峰石、昆山石，以及锦川、将乐、羊肚石、土玛瑙、大理石、永石等，还有辰砂、石青、石绿等研山盆石。

《长物志》不是一部专门"石谱"，文震亨没有将以上众多石品一一分类，只是根据需要，大致将奇石分为"庭院景观石"与"文房赏石"，编排体例不拘。大理石，文震亨如此介绍：

> 出滇中。白若玉，黑若墨为贵。白微带青，黑微带灰者，皆为下品。但得旧石，天成山水云烟，如米家山，此为无上佳品。古人以镶屏风，近始作几榻，终为非古。近京口一种，与大理相似，但花色不清，石药填之，为山云泉石，亦可得高价。然真伪亦易辨，真者更以旧为贵。（《长物志》卷三"水石"）

在他看来，制作屏风，是大理石天经地义、符合"古制"的用途。

文震亨强调，镶嵌大理石的几榻等家具，终非古制，包含批评之意。"古"，是文震亨对文雅器物的最高标准。"非古"，是文震亨对时俗风尚最痛切之谴责。文震亨也注意到了《味水轩日记》所载"京口"龙潭石仿冒问题，但《长物志》进而提出"以旧为贵"的观念，指出当时市场上流通的大理石，有"新""旧"之分。出于"嗜古"，文氏当然追求"旧气"古石，仿佛书画上的墨痕经岁月沉淀自然弥漫古旧气韵。按照其"白若玉，黑若墨"，"天成山水云烟如米家山"的描述，"水墨花"石品属于文震亨最为欣赏之列，而五彩斑斓之"春花""秋花"，虽颜色瑰丽，却缺乏文人清雅之气，一概属于"俗品"矣。

关于"石屏"，文震亨也谈到当时大理石、祁阳石、花蕊石并存的现象，继而对其他屏风形制提出异议：

> 屏风之制最古，以大理石镶，下座精细者为贵。次则祁阳石，又次则花蕊石。不得旧者，亦须仿旧式为之。若纸糊及围屏、木屏，俱不入品。

在文震亨看来，大理石屏风是家具里的"高士"，不适合拿来做"形而下"的使用。在《长物志》关于各种家具的品论中，他延续前文对大理石用于镶嵌"榻几"的指责，认为将大理石用来装饰床榻，无疑损害了"榻"这种家具本身具有的简洁、古雅之美，对于大理石而言也是一种浪费：

> "榻"以自然古雅为妙，楠木、紫檀、花梨、乌木等皆可为。近有大理石镶者，有退光朱黑漆，中刻竹树，以粉填者，有新螺钿者，大非雅器。

对于大理石用作镶嵌壁桌，文震亨口气稍缓，显得无奈：

> 或用大理及祁阳石镶者，出旧制，亦可。

以大理石装饰镶嵌座椅，则同样要求"古式"：

> 乌木镶大理石者，最称贵重，然亦须照古式为之。（以上均出《长物志》卷六论"几榻"）

"复古"的审美倾向，是《长物志》留给我们最深的印象。出生清华世家，文震亨在日用器具制造、陈设问题上表现出的激烈态度，或因魏忠贤掌权时期政治黑暗而感到绝望，或只是对当时奢华风气不满。（清军南下后文震亨选择投水、绝食，青年时期的这种性格养成，多大程度上影响了《长物志》的写作，是一个有趣的话题。）

以我的观察，《长物志》中一些内容，源自一些更早的明代艺术谱录、著述，文震亨在此基础上进行写作，但提出了不同于前人的观点。《长物志》关于大理石的记述，也存在这种情况。在整理、比对明代诸多生活美学谱录著作关于大理石的文字后，我发现，《四库全书总目提要》认为《长物志》"近以屠隆《考槃馀事》为参佐"的观点值得推敲，至少，其中关于大理石的主要资料、观点，源自张应文《清秘藏》。

比对《清秘藏》《长物志》二书所记大理石文字的异同：

> 大理石出滇中。白若玉，黑若墨为贵。白微带青，黑微带灰者，皆为下品。但得旧石，天成山水云烟，如米家山，此为无上佳品。古人以镶屏风，近始作几

明　曾鲸　《沛然像》
上海博物馆藏　香几镶嵌
大理石

榻，终为非古。近京口一种，与大理相似，但花色不清，石药填之，为山云泉石，亦可得高价。然真伪亦易辨，真者更以旧为贵。(《长物志》卷三"水石")

大理石，白若玉，若墨者方入格。白微带青，作灰色者，不堪供清玩。但得旧石，天成山水云烟，如米氏画境者，此为屏翰无上佳品。斋中所蓄数屏，其上山云泉石如异境，余常神游其间。(《清秘藏》"论异石")

文震亨对大理石的鉴赏标准，基本沿用了张应文的说法，都强调石如白玉、黑白分明为贵，图案以"米家山"为上品。

考张应文字茂实，号彝斋，号被褐先生。万历年间诸生，屡试不第，乃一意以古器书画自娱。能书善画，博综古今，旁及星象、阴阳，著有《巢居小稿》。张应文高祖出自沈度、沈粲之门，曾祖曾与沈周游，沈周为作《春草堂图》。张应文祖父与文徵明交游，关系很好，文徵明曾为作《少峰图》。张应文之子张丑《清河书画舫》记，张应文与文彭、文嘉"称通家姻娅，朝夕过从。无间寒暑，寻源溯流，订今考古"。[1]

好友王穉登记张应文生平：

余与先生齿相埒，识先生最早。先生少任侠。好击剑，务奇画。屠狗卖浆之夫庶几一遇，每为人居间释纷，既已不自居其功，遂多长者之行。弱冠始有用世志，于是下帷受经，坟典邱索，靡不悉究。以弟子员游太学，太学诸生无能出其上，意一第如拾掇乎？而竟屡试屡不售……更罄囊出其余赀，悉以付之"米家船"，于是图书满床，鼎彝镦缶杂然并陈。余往入其室，真如波斯胡肆，奇琛异宝莫可名状。先生顾此意甚得。

张应文与文嘉关系亲密，一女适文嘉之孙文从简，照辈分排定，张应文是文震亨的姻亲长辈。文震亨在文氏家族为"从"字辈，从两家族谱看，张应文也是文震亨的父执辈。也许，正因张、文两家的姻亲关联，以及张氏几代与吴门画家群体的亲密关

---

[1]《四库提要》称，张应文所著《清秘藏》取倪瓒"清秘阁"之意，"上卷分二十门，下卷分十门，其体例略如赵希鹄《洞天清录》"，"于一切器玩，皆辨别真伪，品第甲乙，以及收藏装褙之类，一一言之甚详"。这是张应文倾毕生心血完成的一部书稿，临终时嘱托再三，看重非常。

《考槃馀事》刻本书影

系，文震孟在《长物志》写作中"转录"《清秘藏》内容毫无滞碍，大理石品定也完全沿用张应文的观点。明人著述，多因承、抄袭，这样的做法在当时很多著作中都可以找到，抄录者甚至不会故意掩饰抄录痕迹。

文震亨《长物志》中"大理石笔屏"内容，显然来自屠隆，而屠隆也非完全"原创"，很可能来自更早些的高濂著作。按照写作时间先后，对这一组三人"大理石笔屏"文字进行比对，可以找到一些有趣的细节。

1.《遵生八笺·燕闲清赏笺》中卷，"论文房器具"：

笔屏

宋人制有方玉、圆玉花板，内中做法，肖生山树禽鸟人物，种种精绝，此皆古人带板、灯板存无可用，以之镶屏插笔，觉甚相宜。大者可长四寸，高三寸者。余斋一屏如之，制此似无弃物。有大理旧石，俨状山高月小者，东山月上者，万山春霭者，皆余目见，初非纽捏，俱方不盈尺，天生奇物，宝为此具，作毛中书屏翰，似亦所得。

2.《考槃馀事》卷三记"笔屏"：

有宋内制方圆玉花板，用以镶屏、插笔最宜。有大理旧石，方不盈尺，俨状山高月小者，东山月上者，万山春霭者，皆是天生，初非纽捏，以此为毛中书屏翰，似亦所得。蜀中有石，解开有小松形，松止高二寸，或三五十株，行列成径，描画所不及者，亦堪作屏。取极小名画，或古人墨迹镶之，亦奇绝。

3.《长物志》卷七"器具篇"：

笔屏，镶以插笔，亦不雅观，有宋内制方圆玉花板，有大理旧石方不盈尺者。置几案间，亦为可厌，竟废此式，可也。

以上三种资料排序，系按各自刊刻时间及作者生活年代，依次是高濂、屠隆、文震亨。

高濂字深甫，号瑞南道人，生卒不详，大约生活在嘉靖、万历时代，曾任鸿胪寺官，后退隐故乡杭州，与屠隆相交。《遵生八笺》十九卷，万历十九年（1591）初次刊刻。《燕闲清赏笺》谈宋人玉板改制砚屏、亲眼目睹大理旧石"山高月小"三种等，这些见闻第一次的记述者，无疑是高濂。

屠隆文字基本照抄高濂，并刻意回避了"皆余目见"等字。

明紫檀镶大理石笔屏　明万历四年（1577）　上海宝山
朱守城墓出土

屠隆（1543—1605），字长卿，号赤水，生有异才，万历五年（1577）进士，曾任青浦县令，礼部主事，万历三十三年（1605）去世。《考槃馀事》专记文房清玩，书版、碑帖、笔、墨、砚、纸、画、琴、香等，是记录万历时期文人生活起居、书房用品的一部书。刊刻最早之"尚白斋"本，成书于万历三十四年（1606），由陈继儒主编。

完成于崇祯七年（1634）的《长物志》十二卷，刊刻成书最晚。文震亨虽部分沿用了高、屠二人的观察视角，但在大理石笔屏问题上，态度不屑，否定笔屏形制本身，以为"可厌""可废"。类似情形还出现在其他大理石镶嵌家具上，如高濂《遵生八笺·起居安乐笺》"怡养动用事具"：

竹榻

以斑竹为之，三面有屏，无柱，置之高斋，可足午睡倦息。榻上宜置靠几，或布作扶手协作靠墩。夏月上铺竹簟，冬用蒲席。榻前置一竹踏，以便上床安履。或以花梨、花楠、柏木、大理石镶，种种俱雅，在主人所好用之。

屠隆《考槃馀事》卷三：

榻

有大理石镶者，或花楠者，或退光黑漆中刻竹，以粉填之，俨如石榻者，佳。

高濂以为"雅"，屠隆以为"佳"，恰是前文文震亨以为"大非雅器"的做法。

香几这种可镶嵌大理石家具，屠、文二人都没有谈到，惟有高濂的《遵生八笺·燕闲清赏笺》论及：

香几

书室中香几之制有二：高可二尺八寸，几面或大理石、岐阳、玛瑙等石，或以豆瓣楠镶心。或四入角，或方，或梅花，或葵花，或茨菇，或圆为式；或漆，或水磨诸木成造者，用以搁蒲石，或单玩美石，或置香橼盘，或置花尊，以插多花，或单置一炉焚香，此高几也。

对于大理石镶嵌家具，屠隆与文震亨意见较为一致的，是禅椅。《考槃馀事》卷三：

禅椅

尝见吴破瓢所制，采天台藤为之。靠背用大理石，坐身则百衲者，精巧莹滑无比。

《长物志》更强调禅椅样式是否合乎古制：

椅，乌木镶大理石者，最称贵重，然亦须照古式为之。

《长物志》刊刻最晚，对于镶嵌大理石家具的观点与高濂、屠隆多有差异，但最明显的一点是，屠隆、高濂著作中对大理石屏几乎无视，不曾记述只言片语，至多停留在砚屏赏玩阶段，基本将大理石看作用来镶嵌、装饰家具的辅材。文震亨对大理石的认识，从《长物志》看，"水石""几榻""器具""位置"各卷虽都有涉及，但最重要的诠释是"水石"卷有关大理石屏的内容，以后各卷涉及"大理石"的重点也都指向"屏风"，显然超越了"书斋实用家具""砚屏"层面，甚至超越"家具"概念，将大

黄花梨镶嵌大理石小几

理石屏看成上品大理石符合"古制"的唯一"正确"用法。三家论石，惟文震亨最看重大理石屏的独立审美价值。

这方面，李日华可谓文震亨知己。比《长物志》早二三十年，李日华就曾给与大理石屏极高的赞誉：

> 大理石屏所现云山，晴则寻常，雨则鲜活，层层显露。物之至者未尝不与阴阳通，不徒作清士耳目之玩而已。（《六研斋笔记》卷二）

"与阴阳通"的宇宙观，李日华将对大理石屏的推崇，提升至空前高度。

万历四十五年（1617），松江人郁濬刊刻《石分》，《四库全书总目提要》评价："杂录古来石名，颇无伦次。又多剽取类书杂记，至屠隆、陈继儒之语亦据为典故，则大略可睹矣。"[1]

郁濬，字开之，父亲郁伯绅就是"民抄董宦"事件中领头秀才。《石分》虽如《四库提要》所云多抄摘内容，但下卷最后一篇文章，为常州吴从先《石品》一文，相对重要，其序曰：

> 延陵吴从先曰：昔张正见有《石赋》，苏子瞻作怪石供，米元章具袍笏拜石丈，三先生可谓不负于石者也。余亦嗜焉。每山行，见异秀者，辄停车坐卧其上，其玲珑多意致，堪携袖者，则蓄之癖，不减三先生。然观《易》之艮曰：艮为山，为小石，阴精辅阳，故山含石，是以阴阳论石者，读《物理论》，则曰：石者，气之核也。砾，小石也；磊，众石也；砀，文石也；琅玕，珠石也；碔砆，玉石也；是以精粗品石者。女娲补天，轩辕、神农、赫胥之时为铁钺。穆天子取采石铸器，孔明鱼腹藏兵，白石生煮为粮，昆吾石可以剑，芙蓉石可以花，宫亭石可以镜，是又以服食使石者，石亦何负于人也哉？至于尧尧独上，学学停云，□孤峰于数片，捍众级而为涛，或笑飞天下，或衍绵水中，或丰姿一掌，或艳

---

〔1〕全书上卷，辑234条，最后一则为"江山晓思石"，引《妮古录》所记"高昌正臣石屏"。下卷辑端石等条243条，另有"宣和石谱""乔中山、廉端甫、赵子昂、靳公子、范石湖、杨珝太史、宋化卿、吴伯度、莫廷韩、项元汴藏石"、历代石诗、石赋、石说若干。

情盈尺，或当七盘之舞，或靓青莲之香，或小山成砚，或西天成佛，至于禹贡所载，奇产异用，竭足尽也。余抱一经，如耕石田，即声色可以娱心悦目者，落落不相入。独撄其情于天伦之外，不以我就石，则以石投我。于是列分以当知己，右有□合，合之则双美，离之则两伤，故奇形异色，必根□山而后现，危立于道，吼奔于前，崔巍于顶，逝如云，张如帆，浪如雪，彩如霞，是其所借资以取胜者，余愿以数椽迟之。

吴从先，字宁野，号小窗，生活年代为嘉靖、崇祯间。生平爱好山水，有游侠之风，与焦竑、黄汝亨、陈继儒等名士交往，喜作俳谐杂说及诗赋文章，有《小窗自纪》《小窗别纪》《小窗清纪》《小窗艳纪》传世，总称《小窗四纪》，万历四十二年（1614）出版。郁濬所录吴从先赏石文章，观点不乏新意，如文中议论：

> 应石妙于截肪，虽精欲吐，而色常暗黯，余谓混沌之气，不激扬则不开，时以名花拂刷之，瀹香浃韵，权胜取妍，见者神往。
>
> 昆山之英，神太泄则眩，机太巧则凿，不以古色卷映之，则神不全。必置名画间，令苍然之气郁然之，精缥缈缈，时溢于修岩洞穴始活。

将奇石以鲜花刷拂，石含花香，这样的韵事真是雅士所谓，凡夫俗子红尘打滚，怎能有此心思？而将昆山石与名画共置案头，二者感应相通，令顽石汲取画上烟云，神乎其神，非爱石成痴者不能妄想。与文震亨《长物志》中论述奇石广为人知不同，吴从先的这篇《石品》小文，几百年来罕有读者，而其中一条，适用于大理石作石屏、石几、石榻之用的论述，分门别类，很有趣味：

> 世之屏者、几者，充以云母固已，然屏主于立，立则气不上透；几主于盛，盛则锋不傍露；余第以之为榻，日卧烟云中，意所谓一丘一壑者耶。

与李日华"与阴阳通"的观念类似，以云母石所喻镶嵌家具所用各种文石，皆有云气升腾意象，随器物不同表现出凝结、含蓄之态。吴从先认为，制作镶嵌石床，卧看最妙，这是他的一家之言。这段文字或代表了明人对石上烟云之象如何生成的看法，从静止观看、欣赏进而"认作"烟云本体，思维方式看似浪漫，其实暗合古代中国五行观念，土克水，水生木，按照这套复杂微妙的世界观，云气生于石上，呈现树木、山峦、河流之象，一如中国古代小说里将庐山云收入瓮中、再释放出来的传奇故事。

吴从先生活、写作的年代，大理石即便做成了器具，依然有自己的生命。

三二　梅颠道人

周履靖与陈继儒，同为晚明"山人"，而声名不著。

我对周履靖发生兴趣，只因发现万历二十六年（1598），他主持刊刻《夷门广牍》丛书本的《格古要论》一书，编排颇显蹊跷，对大理石"欲言又止"。

万历二十六年（1598），周履靖刊刻《夷门广牍》丛书，收入《格古要论》时，"大理石"出现在了目录中，但不知何故，周履靖又将"大理石"的内容删除了，《夷门广牍》本《格古要论》，因此出现了目录与实际内容不符的情况。

"夷门广牍"本《格古要论》，其卷帙、分门与"四库全书"本《格古要论》一致，"四库全书"本编撰严谨，兼以卷首末列目录，避开了这一错讹。"夷门广牍"本在卷首"异石论"目录列出"花蕊石""大理石"二种，但正文中并无相应文字，所论异石仍为十八条，令人费解。现存《格古要论》最早刊本即是《夷门广牍》本，据《四库全书总目》提要记载，曹昭本系据衍圣公府家藏本编修而来，是较为可信的版本。"大理石"条目的存在而无一字内容，我倾向于是万历时期的"窜改"、兼以疏忽导致。孔府家藏最早刻本若在，可以解开这一谜团。

根据万木春的研究，李日华父亲李应筮是周履靖的表哥，幼时依周履靖父亲周翁，少年时代起，李日华与周履靖就非常亲密，万历七年（1579）秋，李日华写有《梅墟先生别录》：

> ……先生父为东庄翁，而母李氏即余太姑也……先生性好读书，尝散赀购书，披帙满架。是时有儿，甫脱襁褓，余亦五六龄矣。余虽幼，颇沉寐，不喜为童子

乐，每为先生所怜。尝见先生斋中孤叹，就而问之。先生曰，吾览古人事如是，有当余心而解颐耳，儿辈亦不可不知也。辄坐予案左，坐儿案右，分啖梨栗，因教以动作勿苟。及书中易解者，译以方言，为略陈其概焉。

除了学业上的启蒙，李日华一生酷爱书画、艺术收藏，受到表叔周履靖熏陶。李日华为周履靖所写传记，是了解周履靖生平重要文献。《梅墟先生别录》指出，周履靖懂医术，擅书法，收藏嗜好极深，书画以外旁及古董珍玩，鉴赏眼力一流：

客有持古玩器真迹售于诸贵人及好事者，必求先生品骘之。举数百载以上，无爽也。人有问所以，先生曰，于色韵中别之、窥之，以意驭之以神，乃得其情。曰：此亦有理乎？先生曰：有如往岁，有鬻古镜于市者，以八分书铸其背曰"周灵王八年造"。夫灵王时有石鼓文、篆籀而无八分，八分起于秦者也。故知其为假无疑！然则好得无理乎？人服其议。

周履靖与文嘉、皇甫汸、茅鹿门、王世贞、董其昌、王百谷、屠隆、孙雪居、张献翼兄弟等人交游，集内多有赠答。而值得注意的，他与隐居焦山的大收藏家郭五、古董商人王越石的往来。《燎松集》有《寄王野宾》四首。王越石乃是当时古玩行业中的传奇人物，周履靖与他的交往，间接证明了他的"眼力"与"资格"，跻身一流的收藏圈。其《泛柳吟》诗集中，有《出示元人所作水晶笔山咏命以和韵》：

奇峰列砚头，璀璨逼琳球。日近烟云气，时从狐兔游。
每留芾几踪，又逗管城俦。倘有珊瑚制，烦君一品优。

这首诗不仅咏及文房水晶笔架山，"芾几"令人联想到项元汴收藏过的、著名的"项墨林芾几"，事实上，周履靖与项元汴、吴伯度交往确实密切。当时嘉兴，以项元汴为核心的一个收藏圈正渐渐脱离吴门模楷，自成一格。周履靖与项元汴，皆嗜古物，喜好书画，周履靖有《春日项墨林夜集观妓》等诗，"舞袖摇银烛，歌声绕画栏"，纪实当时同乡好友欢聚，莺歌燕舞。当项元汴去世，周履靖写有《挽项墨林》二首，"论交三十载，每忆项斯贤"；《送葬墨林项季子》称，"琴遗石匣音初绝，剑挂松稍事已空"。二人共同的爱好奠定了彼此友情。[1]

据李日华所记，周履靖对文玩器物的热衷，不仅精通鉴别，而且别出己意，"先生性最巧，尝搜古柢为几，其蜿蜒屈曲，如青蚨春日，藉草眠花，率用以支髆焉。又因木之擁踵，镂而鼎之，以为蹲象。故有'坐调往白象，眠挟怪青蚪'之句"。周履靖的闲云馆陈设亦古朴，"先生室中器物，皆陶匏之属而工致精绝，虽一豆一觞，令人垂涎称赏。有一件称为"百衲榻"的家具，"榻以古藤为樊，鹿角为趾，几高三尺，平滑如砥，扪之不知，其为攒簇也……"闲云馆别业，前有白苎溪，后圃种梅花百余本。村居时往往"匏冠野服，铁瓢鹿茵，出入骑驴，士大夫来，拄万岁藤杖出迎，不为易服"。鸳湖之滨作山人，周履靖经济不甚宽裕但自供有余，其收藏完全出自兴趣，不愿以此营利：

> 先生即日坐一小阁中，惟焚香趺跏，左右图书及古迹数卷、秦汉鼎彝、晋梁隐君子像而已。仆辈辄以营生为事，一日询所以贩鬻者，先生曰："咄！予幸有先人之敝庐，足以蔽形，薄田足以糊口，奈何从里中儿争锥刀之末哉？"卒不肯事家人产业，唯日耽吟咏云。[2]

江南水网密布，河汉交织，夜航之趣，自倪瓒始，沈周、朱存理以下，几成布衣隐士、高人的一种"传统"。周履靖也有一条小船，"飞江苇者，野航也。无帆无楫，中容一人，首容一鹤，尾容一童，先生倚琴孤坐，放乎桃花春水，任其所之。有时令

---

[1] 张廷济曾记此项元汴遗物，"去秀水之新篁里，可五六里，为罗汉塘，萧氏世居之，颇富藏书，并蓄项墨林某几。几高禾中之衣工尺二尺二寸三分，纵一尺九寸，横二尺八寸六分，文木为心，梨木为边，右二印，曰项，曰墨林山人，左一印，曰项元汴，字子京，盖天籁阁严匠望云手制物也。张叔未以葛见岩之介绍，购得之，因作铭"。

[2] 周履靖对于奇木的爱好，可能受到他的好友破瓢道人吴孺子的影响。吴孺子兰溪人，字少君，号破瓢道人、懒和尚、玄铁，也是布衣，生平浪迹山水，擅长制作奇器，钱谦益称他"性最巧，所规制，必精绝"。"破瓢道人"的名声源自一次旅行，在荆溪遭到强盗洗劫，强盗"发其箧"，不见银钱发怒，于是将他心爱的大瓢打碎，吴孺子"抱而泣者累日，王元美作《破瓢道人歌》"。钱谦益《列朝诗集小传》记吴孺子曾往"天台石梁，采万岁藤，屡犯虎豹，制为曲杭，可凭而寐"。屠隆《考槃馀事》卷三亦有记录，称"吴破瓢"曾制了一件"禅椅"，"采天台藤为之。靠背用大理石，坐身则百衲者，精巧莹滑无比。"周履靖有"瘿木瓢，镂木之瘿为之。古色嶙峋，内赭外绀，状类海螺之巨者，中容斗二升，行则系之杖头，以为酒贮"。李日华称，周履靖生平"与山人李峋崚、吴玄铁最善"，周履靖《寄金华破瓢道人吴少君》诗："若个买山钱，诛茅古洞边。羡君遗世意，贻我《采真篇》。"

童抚麋竺笛为落梅调，鹤声复戛然和之，先生雾幪云屏，手执铁如意，泛泛烟水中，远近望者以为神仙焉"。

流动的房子，飘荡在江南的河流之上，相对狭窄的船舱，几乎成为日常生活的全部空间。在这样一个半封闭的空间，布置起居器用之外，周履靖"飞江苇"上有几件奇器：

一、鹤笠，"以鹤之坠羽为之"；

二、琴，"名泛月，以其音清越，泛泛然，如月中出也"；

三、剑，"名霄电，当夜而悬之室中，其光烁烁如电，余戏为《霄电篇》，极先生所珍云"；

四、"炼镔铁为如意，茵头平底，操之自如"，铭其项曰：

> 欧冶之锻，镆铘之质。
>
> 既敛厥锷，不揉其直。
>
> 匠心匪随，伊可挥也。
>
> 绕指其柔，不可卷也。
>
> 贞人之操，烈士之肠也。

周履靖一生好奇物，好奇木，当然亦好奇石，对大理石却为何"欲言又止"？

《格古要论》乃明代最重要的一部艺术品鉴谱录，继最初作者曹昭之后，王佐增辑内容更为世人知晓，以《新增格古要论》之名风行天下。周履靖在"夷门广牍"丛书中收入《格古要论》一种，在"异石论"部分增加了大理石的目录，但成书中不见记录，这样凭空而起，又无端消失，他的想法为何改变？或刊刻过程中发生了什么意外，今天均无从猜测。[1]

---

〔1〕《石分》也有题咏之诗与赏石张冠李戴的情况，其"点苍石"条记："大理点苍山石，青黑坚润，高不盈尺，峰峦重叠，山尖陂陀又多白者，如白云笼罩。潘象安诗：片石苍山色，复如山势奇。虽然在屋里，自有白云知。……"考潘纬字仲文，歙县人，家于白岳之下。万历中以赀官武英殿中书舍人。《潘象安诗集》四卷，万历九年汪道昆为诗集做序，万历十九年许国有诗序。刊刻之卷四，诗以《小石山》为题，石种不明。而万历四十一年付梓的林有麟《素园石谱》，"壶中九华"石录苏轼、黄庭坚三诗并配图，更将潘象安此诗作为题咏"壶中九华"之作。

周履靖自己刊刻的诗文集内，大理石屏始终没有踪迹。

北京大学图书馆藏明刻《梅颠稿选》二十卷，为陈继儒选本。我终于在这里找到了周履靖藏有大理石屏的直接证据。《梅颠稿选》录其大理石屏铭：

千片云，万重山。毋远眺，咫尺间。

云，山，千片，咫尺江山万里，好比周山人喜爱的梅花，以《千片雪》命名自己的梅花之诗。

几乎是晚明时代最后的一个大理石屏铭，如灰黯木刻印刷的墨迹里，升起了一朵白云，好美。

第七章 万历以后

三三 天启四年

美国大都会博物馆藏有一件"明天启四年李宓书刻离骚大理石屏",堪称海内独步,是罕见的明代大理石屏实物遗存,至为珍罕。[1]

博物馆官网显示,该屏系1994—1997年期间Eileen W. Bamberger女士为纪念丈夫Max Bamberger先生所捐赠藏品,捐赠同时包括汉代彩绘陶六博具、两件唐代丝织品、宋代莲池水禽纹缂丝、清康熙顾钰竹刻笔筒、清博古图缂丝等。这件明代大理石屏的确切捐赠时间是1995年1月。

据大都会博物馆研究,这件明代大理石屏原来是座屏,后改为挂屏制式。根据石屏照片框算,其整体(含框)长度大致42.2厘米,高度为36.5厘米,框芯石面尺寸,按目测比例推算,约长36厘米、高31厘米。以此推断大理石芯面积,与明尺(营造尺,一尺32厘米)一尺面积相当,可认为是"一尺石屏"。

---

[1] 发现这一石屏缘起,今年大都会博物馆官网免费开放馆藏图片资料,这引起我的注意。其如前文所述,存世两本《杏园雅集图》,其一正在大都会博物馆。此外,该馆仿照苏州网师园"殿春簃"之"明轩",按照明代书房陈设布置,书案、书柜之外,正墙有一大理石挂屏,气势不凡。石屏左上角并有铭刻品题。之前目睹照片无法看清文字,根据石屏图案、装框形制、铭刻位置,我怀疑品题落款可能是"阮元"款。这一猜想后来得到部分印证,然品题文字似有错讹,或为寄托款。因欲睹"明轩"挂屏缘故,意外获见"天启四年"大理石屏。

这块石屏的独特之处，首先是有《离骚》文字，约五十二行，每行有文字五十左右，自"帝高阳之苗裔兮朕皇考曰伯庸"始，讫于"仆夫悲余马怀兮蜷局顾而不行"句，不录"乱曰"以下文字，全屏镌刻两千四百多字，字迹流丽工整，落款为"天启四年李宓书并手勒"。

考李宓字羲民，龙溪人。其生平以清光绪《漳州府志》所记最为详要，卷四十八《纪遗上》记载：

> 工诸体书，琳宫碑额，挥洒最多。华亭董文敏（董其昌）尝具书币请其书，自叹不及也。晚以黄庭内外经，一经一纬，右军书外景，而不书内景，遂续三千字补之。结体工妙，纤入无伦。论者以为如天女散花，繁彩丽密，自然缥缈也。王弱林于燕得片石，为玉枕兰亭，叹其精绝，但不知为漳人耳。所书黄庭一石，数年前为郡守张西圃镇购去，允为近代绝手。

该文指李宓擅长各体书法，多为"琳宫碑额"挥洒，尤擅书写碑文，能以洋洋数

明天启四年李宓书刻离骚大理石屏　大都会博物馆藏

千字小楷书石，自己雕刻。文中提到两件石刻，一件为《玉枕兰亭》，写刻精绝，另一件《黄庭经》，光绪时犹在漳州，故"府志"撰著者印象深刻。光绪《漳州府志》强调李宓书法与刻石的关系，这是特别应注意的地方。[1]

民国时期翁国梁《漳州史迹》，"嘉济庙"一节，也提到董其昌对李宓书法的推崇，与刻石有关。据说大学士林钎告老回到漳州后，为漳州嘉济庙撰碑文长几千字，邀寄北京请董其昌书石，董其昌辞谢曰，漳州有李宓在，自叹不及也。[2]

《漳州史迹》内，有李宓刻屏轶事：

> 今振成巷洪家尚珍藏有李宓小楷书"心经"一小石屏，字迹清秀，宛如颗颗珠玉。

明天启四年李宓书刻离骚大理石屏（局部）　大都会博物馆藏

《玉枕兰亭》《黄庭》之外，这则轶事颇能印证李宓善于石屏书刻之能，《心经》石屏一直保存至民国时代，虽绝迹人寰，仍较为可信。

"明天启四年李宓书刻离骚大理石屏"，因镌刻纪年，有极高的文物、史料价值。天启四年（1624），李宓创作了另一件碑刻作品，至今尚存。

之前，徐霞客为庆祝母亲八十大寿，请画家张复绘《秋圃晨机图》。[3]

---

〔1〕曾于国内某艺术品交流论坛，曾见"漳南羲民李宓敬书"款端石屏，鸡翅木框后配，长70厘米，高30厘米，小楷刻"太上黄庭外景玉经"1300多字，镌刻颇精。

〔2〕《明史》有林钎传，字实甫，万历四十四年（1616）殿试第三人，授编修。天启时任国子司业。因反对建魏忠贤祠于太学旁，挂冠径归。忠贤矫旨削其籍。崇祯改元，起少詹事。崇祯九年（1636）由礼部侍郎入阁，担任东阁大学士。林钎有《和李羲民岩头拂水四首》，足征二人交谊。万历四十六年（1618）李宓书《修建嘉济庙圣迹碑记》碑，至今犹在嘉济庙。

〔3〕张复（1546—？）字元春，号苓石。隆万间画师。山水初以石田为宗，晚年稍变己意，自成一家。间作人物，亦颇工致。张大复《梅花草堂笔记》："锡山张复，为澄江徐弘祖振之作《秋圃晨机图》，以奉母王夫人。夫人早寡，怜振之有奇骨，听游五岳，每岁旦长跪请期，夫人辄与之期。及期乃还，多秋藤缕缕，机杼声札札达四壁。母慰劳振之，辄呼振之子卯君诵所课章句，相视愉愉如也。"随机广请四方名士题咏以为盛事。

当时名流文震孟、黄道周、张瑞图等，均有题咏《秋圃晨机图》的贺诗。李宓好友、龙溪七子之一张燮，以博学有名于时，与陈继儒、曹学佺、何乔远、黄道周、徐霞客等交往密切。徐母寿诞，当时亦为《秋圃晨机图》赋诗：

> 幽芳不管外人知，世业遥遥溯间仪。
> 织素到来丝胜锦，当歌幸未豆成箕。
> 千山石髓归遗母，半壁岚光贮属儿。
> 手泽只今留筐在，白鸠巢畔绿荫移。

诗成，张燮请李宓书写寄贺，后入石，此件刻石今存徐霞客故居晴山堂内，为《晴山堂法帖》书刻《秋圃晨机图》题咏诗之一。"明天启四年李宓书刻离骚大理石屏"纪年，恰与李宓为《秋圃晨机图》挥毫友人诗作于同一年，"后入石"，不能直接否定李宓亲自刻石之可能性。诗碑刻石犹存，此刻石是否李宓所为，尚有待亲往查证。这段时间，李宓书名日显，屡受朋友托请、为刻石而挥毫书写，则是事实无疑。有资料表明，《萝轩变古笺谱》小引作者、时任吏科都给事中的乡贤颜继祖，曾经写信请李宓"多制茶盘，石屏，寄入长安"。（这一材料未见详细出处，若属实可作为李宓大量镌刻制作石屏直接证据。）李宓不仅掌握娴熟的书法技巧，特别之处在同时擅长镌刻，这一技能令其有别于其他"善书者"。一般碑额书丹篆刻，名家撰文、书丹，镌刻上石则由专门的工匠完成。如明代苏州，章氏一门累世操此技艺，为文徵明、王世贞等看重，甚至有文徵明非事前言明章氏镌刻、不受书碑之请的记载。"明天启四年李宓书刻离骚大理石屏"，"书并手勒"四字，确定石刻系由李宓亲手完成。书法以外，直接参与器物制作，董其昌等官僚阶层文士自不屑为之，作为布衣文士，李宓也不可能为《修建嘉济庙圣迹碑记》这类官方碑碣勒石，但以他身兼书法、镌刻之能的优势，亲自将《玉枕兰亭》《黄庭经》《心经》《离骚》等体现书法精妙的文字，镌刻在石屏、茶盘等文房雅器上，应是不争之事实。

明代大理石屏，以往经由文献考稽而来印象，因"明天启四年李宓书刻离骚大理石屏"实物的发现，"文""物"相契，更为具体可感。"明天启四年李宓书刻离骚大理石屏"实物，提供了明代文人直接参与石屏制作的确切证据，亦厘清、诠释了明代大理石屏"铭刻"的若干问题。此屏颇令人惊讶之处，是强调石屏文字内容加以铭刻，几千字的诗文"满工"镌刻，一笔不苟。从石屏本身图案花纹看，有云蒸霞蔚、激浪跳跃之态，细字镌刻满屏，并不影响整块石屏美感，因周身遍饰文字更显纤美之态，俨然古琴断纹、古铜青绿沁色入骨，人力所施书法之美与天然图画相得益彰，令石屏愈显文气。

传世清代大理石屏，多按"阮元"款式镌刻文字，往往用四字隶篆署题屏名，其下行楷字迹一般较小，诠释图案特色、品题诗文出处，最后有别号押印，基本格式几乎等同书画题跋。视大理石屏高下，以山水图案为主，其次为人物、花草、动物图案。石屏图案的幽美意境，神似程度，最好接近画家构图、笔墨特征，这一注重石屏绘画之美的审美体系，肇始于南宋周密，他对"米家云山"石屏的记述，第一次将石屏与古代名家绘画联系起来。《云烟过眼录》：

> （乔篑成）藏有一石屏，其上横岫，石如黛色，林木蓊然，如着色元晖（米友仁）画，莫知为何石。

坚硬的石头与柔软宣纸之间的这种关联，深刻影响后世赏看石屏的标准。在这一框架下，评定大理石屏优劣高低，虽为各自心赏，实有一定之规。倘以这个思路看待明代大理石屏，主要看重石材画面自身的美丽、与古画、名家真迹的肖似程度，以及"画意""笔墨"，更接以"赏画"的心态，制作、赏看石屏。之前，我大体也持有这样的看法。

新发现的这一带有确切纪年的明代大理石屏，按天然图画选材截取之后，洋洋数千字长文一一镌刻满屏，将诗文、书法本身也作为赏看重点，这一做法与之后清代石屏相比，显得比较另类。由此回想一件年代与此最为接近的明早期墨书"礼记"大理石屏，也以"文字"彰显重点，似有异曲同工之处。此屏见于丁文父《中国古代赏石》，屏高五十六厘米，屏座为黄花梨材质，制式古朴，屏芯汉白玉类大理石，色白如玉，隐有黑青细纹，较大都会屏材本身之瑰丽绚烂，素净无华，更适宜文字书刻。该器，以墨书篆字占满屏风一面，然未镌刻。文字内容出自《礼记·大学》，原文"古之欲明明德于天下者，先治其国；欲治其国者，先齐其家；欲齐其家者，先修其身；

明早期墨书大理石屏

欲修其身者，先正其心；欲正其心者，先诚其意；欲诚其意者，先致其知，致知在格物。"因年代久远，石屏墨迹稍有漫漶，存五十多字，较原文少十几字。

两件屏风，一刻一写，尤以后者画面，较清代大理石屏追求华美，更显得质朴素净，本身就是一件难得的明早期大理石屏实物，而之前我对这件墨书礼记大理石屏却不甚留意，认为图案"另类"，风格不够"鲜明"，是以书法、文字为审美焦点，不是以往印象中、具有"米家烟云"气象、奇幻山水人物图案的"典型之器"。"明天启四年李宓书刻离骚大理石屏"，提醒我重新审视"墨书礼记石屏"的书法存在，恍然体悟，若将两屏联系起来看，明代大理石屏既有追求"山水画"图纹，也不乏以警句、格言形式宣示道德教化。这种做法，可追溯汉唐时代，当时宫廷所设之屏，多绘有圣贤图像，书写文字箴铭，以示外彰自省，类似座右铭，此种遗绪直到明代仍时有所见，明代版画内，刻画衙署公堂、官僚宅邸陈设大座屏风，虽不是几、座上的插屏，亦时有所见。形制相对小了许多的大理石座屏，属于厅堂、书房陈设，而按照以上两屏规制、尺寸推测，更有可能是书房中物。尺寸、体量之外，从两件屏风文字内容推测，《礼记》所录之语为修身齐家治国，寓反省自警意，《离骚》楚辞名篇文辞瑰丽，皆适合陈列书斋案头。

这类写刻箴言、警句的石屏，文字既雍容华赡，同时强调书法之美。制作屏风时，须考虑以书刻文字作为视觉焦点，从屏风"被观看"的整体效果出发，屏风制式务求简洁，"墨书礼记石屏"很能体现这一追求，文字满屏极具书卷气，俨然一纸古帖。"离骚石屏"，大都会博物馆专家判定系从座屏改来，信有确切理由。我推测当初座屏形制，亦非秾华文绮，当以简练、淳朴之器座，衬托石面文字之美。

明代对写刻书法石屏之记录，还有一则来自袁中道的记述。《游居柿录》卷二，记万历三十七年（1609）正月，袁中道前往武陵，当地名士龙襄、龙膺陪同游桃花源。袁中道在龙襄（君超）斋头，"见红梅一树正开，屏上乃石刻鲜于伯机草书《千文》，字体奕奕神全，妙有二王法，乃知古人未可轻也"。

袁中道见"屏上石刻"，系元代书法家鲜于枢最著名的作品之一。在明代，该卷草书"千文"本身，亦不乏记载。陆深在嘉靖二十一年（1542）七夕，题有《跋鲜于伯机草书千文》：

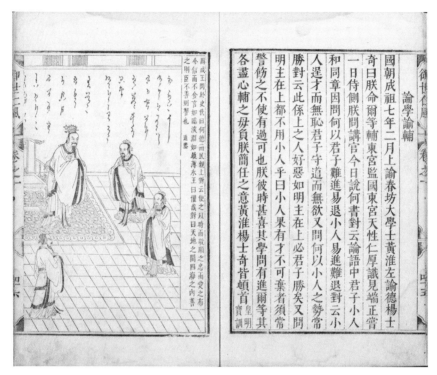

明刻《御世仁风》

　　此卷千文，予屡见之。其一，勒石于四川按察司后堂；其一，表弟顾世安所收。京师见一本，乃临书也，与此卷结构行欵俱同。（《俨山集》卷八十八）

　　又如《弇州四部稿》卷一百三十一，有王世贞《鲜于伯机千文》跋："鲜于太常草书千文，初展卷间不能大佳，久看始觉其精紧，有笔外意，跋尾楷书数行，轻纤自媚。"

　　陆深的跋文值得注意，里面提到"勒石于四川按察司"。将名家法书墨宝勒石以传后世，是当时普遍的做法。鲜于枢书法与赵孟頫齐名，草书奇态横生，为当时书坛推崇。以此风气，龙襄书斋内摆有鲜于枢草书《千文》石屏，被袁中道偶然写进日记。遗憾的是，日记未曾道及石屏是否为大理石。

　　万历朝以后，与大理石屏有关的文献著述，出自福建籍士人较多，如谢肇淛、邓原岳、林如楚、徐燉等，皆为闽人。迄今发现唯一一块有纪年的明代大理石屏，书、刻者李宓也是福建人。与明中期江南士人对大理石屏关注度较高情况相似，晚明时对大理石屏的关注，缘何相对集中于福建一地？

这一现象值得思考。

三四　皇极八屏

万历二十五年（1597）六月，紫禁城前朝宫殿再次发生火灾，后果比去年三月乾清、坤宁"二宫之灾"更为严重。"火起归极门，延至皇极等殿"，除了午门及其以外地区没有被毁，和嘉靖时"三大殿灾"情况相似，"文昭、武成二阁，周围廊房一时俱烬"，外朝"自掖门内，直抵乾清宫门，一望荒芜"。

三大殿被焚毁，导致皇帝"御门视事"亦不得不临时改于文华门，"敕谕群臣，昨岁乾清、坤宁宫灾，惊悸未定，乃今年六月十九日……三殿复灾。夫三殿乃朕奉天绍祖临御万方之地，视寝宫犹重"。"况一人统御之地，乃万国衣冠所归。天意若斯，朕实不德"。（《明神宗实录》卷312）

外朝"三大殿"火灾，预示着新一轮大工耗费，整个国家为此陷入混乱之中。万历派出矿监爪牙四处搜刮，民生凋敝，官员也是怨声载道，但直到皇帝驾崩，"三大殿"仍未竣工。这次重建，拖延的时间非常长，从万历三十一年（1603）十一月"十六日三殿经始清基"后，到万历四十三年（1615）闰八月庚戌"三殿及箭楼开工"，施工因种种原因断断续续。历经万历、泰昌两朝，到天启二年（1622）正月，"殿工暂停"，天启五年（1625）二月再度兴工。天启六年（1626）九月，"皇极殿成"，直到天启七年（1627）八月，中极殿、建极殿插剑"悬牌"，同日"报竣"，"三大殿"的重建才最终完成。

从火灾发生"清基"开始算起，"三大殿"重建耗时近二十四年。若从万历四十三年（1615）营建开工起算起，则为十二年时间，耗尽大明帝国最后一笔财富的新宫，透支着财政、军力、人心。新建成的皇极殿，琉璃瓦在阳光下金光熠熠，丹墀望柱俨然祥云升起，汉白玉陛道、须弥宝座台基以巨石堆砌、雕凿，衬托起帝国的威严，这不仅是一幢房子，代表着皇权无限。但明眼人都看出，王朝即将覆灭。

李自成的军队，不久杀进了紫禁城，崇祯自杀。闯军兵败山海关，撤军前夕泄愤纵火焚烧紫禁城。当多尔衮穿过午门，农民军没有给他留下任何战利品，他只看见一座冒烟的巨大废墟。

明代刑部给事中孙承泽，曾亲眼目睹三大殿刚刚竣工后的威仪。孙承泽降清后，著有《春明梦余录》，他心情复杂而谨慎地记述前朝宫阙，"皇极殿"一节，留下这样的资料：

> 奉天殿，洪武鼎建初名也，累朝相沿至嘉靖四十一年，改名皇极殿。制九间。中为宝座，座旁列镇器，座前为帘，帘以铜为丝，黄绳系之。帘下为毡，毡尽处设乐殿。两壁列大龙橱八，相传中贮三代鼎彝。橱上皆大理石屏。(《春明梦余录》卷七)

明代最后一座"金銮殿"的内部装饰，孙承泽曾经亲眼目睹。孙承泽也是一位精通书画鉴赏的收藏大家，他的文字谨慎、精准，"相传"二字或因龙橱常年锁闭不能亲眼目睹，但八座大理石屏陈设于皇极殿的记载，确实可信。

明代奉天殿、改名后的皇极殿，是明宫外朝建筑中地位最为尊崇的一座殿宇，只有在举行最隆重的国家典礼，如皇帝登基、大婚、册立皇后、命将出征，每年皇帝万寿节、元旦、冬至三大节接受文武官员朝贺时才会使用。

天启六年（1626）竣工的皇极殿，体量较永乐、嘉靖时期的奉天殿已经相应缩小，但仍是紫禁城中体量最大、规制最高的殿宇。明清帝王为这座宫殿再三更名，而民间习惯称呼这座宫殿为"八宝金銮殿"，未知孙承泽所记八龙橱，即此俚称源头焉。

大理石屏正式出现于国家庆典、宫廷礼仪宣示等最高礼仪场合的记录，明代仅此一则。孙承泽《春明梦余录》外，遍稽明清两朝史料著述，正史、私人著述，都不再见任何记载。直到稍后的康熙时举办万寿庆典，才有皇帝在室外行宫接受外藩、使臣以及文武官员庆贺、龙座背后有大理石屏风摆设的记载。天启六年（1626）九月竣工后投入使用的皇极殿，在大龙橱上摆设大理石屏，做法是否"空前"，只能猜测。也有可能，天启朝皇极殿陈设大理石屏做法系沿袭明宫旧例，恢复嘉靖时期大殿的陈设旧貌，但因暂无其他史料可证，只能阙疑。不过，从嘉靖朝多次征贡大尺寸大理石屏、天坛大享殿中铺设"龙凤呈祥"巨石等情况推测，嘉靖时重建皇极殿很有可能就陈设了大理石屏。[1]

皇极殿体量巨大，为紫禁城内最高大建筑，这八块大理石屏，大小应与内容空间匹配。

紫禁城内，明代皇家御用大理石屏几乎无一留存，皇极殿八座石屏，早已灰飞烟灭。"闯军"撤离北京时焚烧紫禁城，皇极殿以及中极、建极三大殿全被焚毁，明宫所藏大理石屏或经大火焚烧，皆化为石灰。"龙凤呈祥"石因地处紫禁城外天坛，侥幸存留。今故宫所存大理石遗物寥寥，室外所存，仅景运门内有一大理石屏，为室外内影壁形制，或称为元明遗物。故宫库存石屏，常罡《海外拾珍记》记："明代插座式屏风传世甚少。以北京故宫博物院藏品之富，当年王世襄先生走遍庭院馆库，仅访得大者一具。"

曾经安放于大龙橱上的八件大理石屏，无疑是明代皇家最高等级的陈设家具。皇极殿上皇帝宝座、屏风之外，这八块大理石屏陈列于大殿，与冠带簪缨的群臣们一起构成参与帝国统治的场景。

晚明钱希言志怪小说《狯园》，有两则关于大理石屏笔记。[2]恰好涉及到两位尚书级别的高官，《明史》皆有传，不是凡庸之辈，但各自经历已经隐喻了王朝覆灭的命运。《狯园》卷十六，《石屏风王维诗意》：

> 北地李大司农，博物嗜古，收藏有大理石屏风，高可三丈，广倍之。其画是王维"云里帝城双凤阙，雨中春树万人家"一联诗意。烟林如黛，宫阙巍然，如水墨南宋人画，是旷代之奇玩也。

"大司农"为户部尚书，考万历朝担任这一职位李姓尚书，只有李汝华（？—1624），字茂夫，睢州人，万历八年（1580）进士，历任兖州推官、工部给事中、右通

---

　〔1〕皇极殿入清后重建，更名为太和殿。在《春明梦余录》太和殿陈设的描述中已不见大理石屏踪迹。

　〔2〕钱氏为虞山望族后人，常熟钱谦益之族叔。科举失利成为"山人"，王稚登早年为之延誉士绅间，汤显祖称为"姑苏大雅士"云。江盈科、袁宏道在吴中为令时，与之交游。《狯园》多记奇僻荒诞、灵异狡狯之事，为其提供故事素材有确切姓名者约一百三十余人，如赵宧光、屠隆、李维桢、冯时可、陈继儒、宋懋澄、钱允治、董其昌等。根据钱氏"自序"，该书完成于万历四十一年（1613），万历四十二年（1614）刻印。

政、南京光禄卿、右佥都御史、南赣巡抚兼兵部侍郎等职。自万历三十九年（1611）六月起，以左侍郎署理户部五年之久，四十一年（1613）署总督仓场印务，四十四年（1616）四月迁户部尚书。有意思的是，在万历四十六年（1618）起，他两次兼署吏部尚书，前后三年。万历四十七年（1619）五月，还曾接替林如楚署理工部尚书两个月。这一时期，李汝华一身担任吏部、户部、工部三部尚书，权柄之大可以想见。他最主要的工作是执掌财政。当时辽东战事吃紧，军费陡增三百万两，《明史》记：

> 汝华累请发内帑不得，则借支南京部帑，括天下库藏余积，征宿逋，裁工食，开事例。而辽东巡抚周永春请益兵加赋。当是时，内帑山积，廷臣请发，率不应。计臣无如何，遂为一切苟且之计，苛敛百姓。而枢臣征兵，乃远及蛮方，致奢崇明、安邦彦相继反，用师连年。又割四川、云南、广西、湖广、广东所加之赋以饷之，而辽饷仍不充，天下已不可支矣。

在担任户部尚书期间，为应对辽东军务开支，他不得不三年三次提出加征亩赋，总共每亩征银九厘，计五百二十多万两，史称"辽饷"。这一做法令人诟病，《明史》评价：

> 李汝华司邦计，值兵兴饷绌，请帑不应，乃不能以去就争，而权宜取济，遂与衰刻聚敛者同讥。

天启元年（1621）六月李汝华乞休，加太子太保致仕。了解了这位户部尚书大致生平，再看其"博物嗜古"、收藏有"三丈高、阔倍之"的大理石屏风，所谓王维诗意"云里帝城双凤阙，雨中春树万人家"，不啻讽刺。"宫阙巍然，如水墨南宋人画"的旷代奇玩，无法缓解这位户部尚书内心的焦虑。不过小说家所谓横宽六丈的惊人巨屏，未免耳食之言。

同卷另一则《石屏风元人画幅》：

> 李大司马征播酋，获大理石屏风四扇，高三尺五寸，其画皆元人笔意也，一

明　杜堇　"琴棋书画"四屏　上海博物馆藏

幅黄大痴，一幅黄叔明，一幅徐幼文，一幅倪云林。层峦叠嶂，断烟残渚，无不各极其致。而皴法点染，纤悉毕具，盖石之奇妙，世人终莫得而解亦，大司马以转赠都御史李公，请董学士题赞，镌入上方。

与李汝华情况一样，万历朝李姓担任兵部尚书"大司马"者，只有李化龙。

李化龙（1554—1611）字于田，号霖寰，直隶大名人，万历二年（1574）进士，万历二十二年巡抚辽东，扭转危局，升兵部侍郎。万历二十七年（1599），播州土司杨应龙叛明，尽夺五司七姓之地，并大败进剿官军，三千明军无一生还。五月，李化龙受命节制川、黔、湖广三省军务，主持平播战事。二十八年（1600）春，他坐镇重庆指挥八路大军二十多万人，取得"平播"战役胜利，割据播州的杨氏世袭统治结束。播州之役为"万历三大征"之一，《明史》记："化龙具文武才……杨应龙恶稔贯盈，自速殄灭。然盘踞积久，地形险恶，非师武臣力，奏绩岂易言哉！李化龙之功可与韩雍、项忠相埒。""自出师至灭贼，凡百有十四日。播自唐乾符中入杨氏，二十九世，八百余年，至应龙而绝。"

钱希言所记，正与李化龙万历二十七年（1599）起征战播州史实相符，此战历时两年。李化龙所获四扇大理石屏风"转赠都御史李公"云，考"都御史李公"为李春光，万历二十五年（1597）五月，以协理戎政兵左迁升，担任都御史，同年十二月致仕。万历二十二年（1594）皇长子朱常洛出阁就讲，董其昌担任讲官，万历二十六年（1598）冬，忤权臣意出为湖广按察副使，以病不赴，第二年春天奉旨以编修回乡养病事实，与"学士"称谓正合。四扇大理石屏风赠送时间，大致在万历二十七年（1599）以后，董其昌这年春天离开北京，之后二十四年闲住江南。另《容台诗集》卷三，有《题李霖寰少保平播册》诗，"主帅几谁剿虎穴，文人今有书麟台"，盛赞李化龙"金瓯还倚补天才"，记录二人交谊。

《狯园》所记四石屏可注意者，一是强调"其画皆元人笔意"，留意"皴法点染"，佐证当时鉴赏大理石屏风风尚，而得到董其昌题赞，可见其不凡。此外，明确大理石屏"镌刻"题赞的做法，虽所题文字不详，亦见李化龙赠屏郑重其事。

三五　画上石屏

中国古代绘画上最早出现的大理石屏形象，究竟谁为"祖本"第一？

如前文所述，明代绘画出现大理石屏形象，《杏园雅集图》年代最早，但因存世两卷存在较大差异，无法断定其真伪、先后，故无法确定其为最早出现大理石屏的古画。弘治十六年（1503）创作的《五同会图》，画中描绘了大理石屏图像。同一时期，杜堇、唐寅、仇英三人传世、或寄名作品中都出现了大理石屏形象，这一现象颇可留意。

上海博物馆藏"两涂轩"捐赠明《十八学士图屏》，四幅画后定名为"松荫抚琴""蕉荫弈棋""柏荫操翰""槐荫赏画"，简称琴、棋、书、画四图。画上钤印"南京解元""唐伯虎""唐寅私印"，故一度被认作唐寅作品。单国霖根据作品描绘的家具样式、瓷器、漆器形制、釉色、图中人物官服补子纹饰特征，综合绘画风格技法，推断作者可能为杜堇。

单国霖指出，占据四幅图画构图中心的巨大屏风，为双边屏框，框内或嵌装图案纹饰，或镶嵌大理石，屏面嵌装山水画，屏两边作如意云头抱鼓墩子足座，其造型结构可上溯到南宋，明成化至弘治时期宫廷画师刘俊所画《汉殿论功图》中的大座屏与之结构基本相同，因此断为成化、弘治年间流行的座屏样式。单国霖《明〈十八学士画屏〉考》（刊《上海博物馆集刊》第九期），注意到画面中家具镶嵌大理石的细节：

1．"琴"图，画左下侧，童子添香之紫檀束腰带托泥香几，盆松菖蒲古拙，仙鹤振翅，紫檀香几的几面与托泥面都镶嵌着黑白分明的云山大理石，气质高雅。座屏后，松枝掩映下有一桌，陈设古董器物，其桌面亦嵌有云石。

2．"棋"图，桌案所嵌大理石被棋盘遮住大部，但仍可辨识。"棋"图中大座屏的屏框有三处嵌大理石，极为罕见。座屏左侧后，有长方桌，上置一大理石砚屏，再往后，整个庭院的石质围栏上，亦嵌有云山图案的大理石，奢华非凡。

3．"书"图，朱漆香几镶嵌大理石如"琴"图之紫檀香几，大座屏后，右侧有方桌一陈设古董，桌面镶大理石。

4．"画"图，长条大案镶嵌有大理石，座屏前还出现了一红漆长方桌，桌面镶大

明 杜堇 "琴棋书画" 四屏（"棋"图局部）

明 杜堇 "琴棋书画" 四屏（"书"图局部）

明 杜堇 "琴棋书画" 四屏（"画"图局部）

传 唐寅本 《韩熙载夜宴图》（局部）

理石。此桌设瓶炉三式，另有一横式黑漆边框大理石屏，远山近水极为逼真，石屏前另有一蓝色小奇石，大不过一拳，安置陶盆，再置浅绿色三足盘内，与大理石屏呼应，表现士大夫奇石嗜好风气。以精彩程度而论，四幅图屏虽皆出现大理石家具，当以"画"图所绘大理石屏为第一！

严格意义上的大理石砚屏、大理石屏图像，出自"棋"图、"画"图，弥足珍贵。

杜堇，江苏丹徒人，占籍京师，成化初应进士试不第，遂以文人及职业画家的身份寓居北京，亦往来南京、江苏等地。杜堇兼擅人物、界画、山水、花卉，继承南宋院体风格，设色精妙，为当时著名画师，与官员杨一清、邵宝、李东阳、吴宽、书画家沈周、徐霖、金琮、唐寅、祝允明等都有交往。

唐寅非常喜欢杜堇的作品，嘉靖二年中秋（1523），唐寅去世前三月，尚在摹杜堇写《绝代名姝册》十幅。

唐寅本《韩熙载夜宴图》（重庆博物馆藏），设色华美，也是明代少有的绘有大理石屏的杰作。此图"击鼓"一段，绘一大理石屏陈列黑漆案上，前面搁一青瓷笔架山，红珊瑚枝搁置其上，衬托大理石屏的清雅。屏风为横式，抱鼓座稳重，黄花梨屏框起双阳线攒出数格，做法精巧不至繁缛，型制类似故宫景仁门大理石壁屏。画家以高超手法表现大理石洁白如玉的质地，云雾缭绕中山峰，有浓淡干湿之妙，正合文震亨《长物志》对大理石屏的经典描述。此屏图像，堪称明代大理石屏典范。与其他名迹一样，唐寅本《韩熙载夜宴图》也存在真伪争议，或为明末所绘。王世贞曾见唐寅老师周臣摹本《韩熙载夜宴图》，而周臣（约1460—1535后）临摹之本为杜堇作品，"弘治间，杜堇古狂稍损益之，寻落江南好事大姓家，以百斛粟遗祝希哲，为作一歌，八绝句，手题其后，称吴中三绝"。《弇州四部稿》卷一百三十八）。"杜堇款本"，今存日本东京国立博物馆，是日本画家狩野养性1817年转摹再临之本。大理石屏何时出现于《韩熙载夜宴图》众多后世摹本，难以考证。张朋川对《韩熙载夜宴图》系列图像研究后认为，唐寅本图像风格"浓妆艳抹"，较杜堇本之清淡素净，更显浮艳华丽，唐寅本内"锦上添花"的家具陈设体现了晚明时代的风气。

也是巧合，曾在《韩熙载夜宴图》各种版本中出现的韩熙载宠妓、南唐美女秦蒻兰，在归于唐寅名下的两幅作品中再次成为主角。《陶穀赠词图》，今藏台北故宫博物院，《陶谷蒻兰图》，今藏大不列颠博物馆。两图都绘有奢华画屏，暗示当时上流社会男女交往中的暧昧情色。《陶谷蒻兰图》中，陶穀身边大理石镶嵌桌上，置放有一架紫檀大理石屏风，与上身前倾、侧耳听曲的陶穀本人咫尺之遥，颇为醒目。《韩熙载夜宴图》与《陶谷蒻兰图》，这两幅传为唐寅所作的明代绘画，都出现大理石屏图像，无论属于唐寅本人原作，或无名画家之临摹，皆对大理石屏情有独钟。承袭南宋院体风格的画家如杜堇、唐寅、仇英，都有意识地在"摹古"人物故事题材绘画中刻意展示大理石屏，仇英、唐寅因此不惜改变五代、宋人绘画原作构图以增加画面富贵之气，折射出晚明时代"大理石屏"之流行程度。

仇英精研南宋院体，又善于撷取文人画蕴藉典雅之趣，他为项元汴天籁阁定制所摹的宋人册页，流转有序，是毫无争议之杰作，其中一幅《仕女晓妆对镜图》，构图显然临摹

明　陶穀蒻兰图（局部）　弗利尔美术馆藏

明　仇英　《仕女晓妆对镜图》

宋　王诜　《绣枕晓镜图》

传为王诜所作《绣枕晓镜图》（团扇，绢本设色，今藏台北故宫博物院）。仇英所画榻上屏风，形制还是枕屏样式，但细看此屏，显然具备大理石屏特征，故意隐去原作人工手绘痕迹、笔触，屏风质地洁白如玉、山峦青黛之色与唐寅款《韩熙载夜宴图》如出一辙。这样的大理石屏，是宋画原作绝不可能出现的器物，仇英以大理石屏替换原作中的手绘枕屏，具有鲜明的明中期风尚，如此安排，或源于此画赞助人项元汴的趣好。

迄今为止，没有找到项元汴收藏大理石屏的证据。但根据清代藏书家黄丕烈的记述，他曾购买到天籁阁遗物大理石画桌，"背镌云，其值四十金"云。项元汴当年在此桌上曾展看许多宋元名画，后画桌辗转为吴中陆西屏所得，成为黄丕烈士礼居之物，供其批校古籍善本。大理石家具，尤其大理石屏，已成晚明上流社会普遍陈设之物，顾苓《河东君小传》记钱谦益为柳如是营建绛云楼内陈设：

> 房栊窈窕，绮疏青琐。旁龛金石文字，宋刻书数万卷。列三代秦汉尊彝环璧之属，晋唐宋元以来法书名画，官哥定州宣成之瓷，端溪、灵璧、大理之石，宣德之铜，果园厂之髹器，充牣其中。

藏书楼内，大理石屏与端砚、灵璧供石并列，成为与三代古董一样值得夸耀的奢侈陈设。

柯律格《藩屏：明代中国的皇家艺术与权力》提到一件大理石镶嵌家具："《中国古代书画目录》内并未列出任何一位明代藩王作品"，"我们的确奇迹般地在刘九庵的年表中找到一幅有明确年代的幸存作品，出自明代藩王世家的一位重要成员之手。这就是诸葛亮的肖像，作于永乐十四年（1416）九月，为周宪王朱有燉所绘，现藏于北京的首都博物馆。"

朱有燉（1379—1439）的这幅作品为立轴，描绘诸葛亮持书坐于一书桌旁。书桌镶嵌有大理石，上置香炉、香盒、书卷、哥窑花瓶插珊瑚。[1]

---

〔1〕朱有燉的父亲、第一代周王朱橚，是朱元璋第五子，洪武十五年朱橚因擅离藩地回到凤阳，被朱元璋迁往云南。朱有燉年方十一岁，管理周王府藩政，册立为世子。洪武三十一年（1398），朱橚被建文帝废黜、全家充军云南，朱有燉历经五年流浪生活，直到永乐元年（1403）朱棣攻下南京后恢复朱橚爵位。朱有燉一生伴随皇室骨肉相残，韬光养晦，寄情诗词曲赋，为明代杂剧大家。

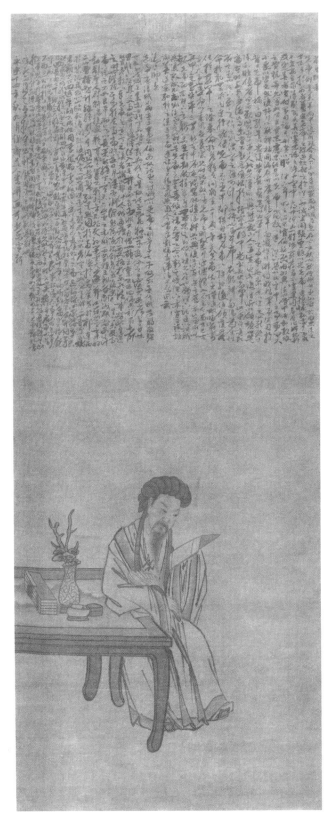

传　朱有燉绘　《诸葛亮像》

明　《十八学士图》（局部）　台北故宫博物院藏

宋　佚名　《十八学士图》（局部）　台北故宫博物院藏

宋　米友仁　《云山墨戏图卷》　故宫博物院藏

画面出现云南所产大理石镶嵌家具，令人联想起朱有燉曾随父亲流放至云南往事。这幅明代藩王的绘画作品若属真迹，无疑是明代绘画最早出现的大理石桌图像。

依靠可确信真迹的绘画年代，推断大理石家具出现时间，与根据大理石开采史料，怀疑某些古代绘画存在真赝疑问，都需要更多的证据。类似情况，如台北故宫博物院藏《明人十八学士图》，《石渠宝笈三编》定为宋画，但从画中桌案镶嵌有大理石这一情形推断，绘制时间不会早于明代中期。

台北故宫所藏传宋佚名《十八学士图》绢本长卷，卷首尾有明代刘珏、董其昌等题跋，认作刘松年笔，但从画面最后两张大案的点苔墨迹推敲，俨然追求表现大理石镶嵌效果，按照"大理石镶嵌家具出现时间在明中期之后"的观点，该卷系明人仿作。台北故宫藏刘松年款《五学士图》立轴，也存在同样疑问。

同理，台北故宫藏传苏汉臣《婴戏图》轴，画面出现镶嵌大理石床，之前已经被定为可疑之作。大理石家具"不合时宜"地出现在"宋画"里，毕竟突兀。

晚明士人对于大理石屏的感受，与今人不同。袁小修《游居柿录》万历三十七年（1609）记武陵桃源的一段文字，可作本书结尾：

　　……未至石十余里，如髻特出，已见一壁侧峰水上如天阙，别峰乃似铁城。

阙中望前山，如大理石屏，山澜叠叠。

袁中郎曾记此处景色："山水如在镜面，缭青萦白，千里一规，真桃花源中一尤物也。"

身在画屏，将真山真水看作大理石屏的，何止小修一人？

桃花源（代后记）

一

老圃种字，负暄校书，正看到米元晖《潇湘奇观图》插页，身边新栽的腊梅，恰好疏影横斜在出版社的一校稿上，宛然图画。梅香沁人，我竟忘了大理石屏这件事，脑海中想到的却是南京花露北岗。

最早看见米家云山是在南京，中华门外城南小岗下，凤游寺小学废弃的一间大教室里。夏天，外公每日挥毫临"自叙"，我无聊，在四张课桌拼成的画案上随手打开一本画册，黑白两色的米家云山突兀地出现在少年眼中，朦胧的几何图形抽象表达着宋代江南的白云青山……那奇妙的感觉，瞬间触动了我。

具象的美原来可以直接用抽象表达，怪诞而自然，随意又刻意，黑白而朦胧的图画，咫尺装入万里山河，梦境一般的世界。

当时，我是一个闷闷不乐又敏感的少年，没看过世界的绚烂与虚空，更不懂中年经历过的痛楚与狂喜、澹然与怅然，我只是看着手中的这幅米家云山，看奇妙的墨晕染在古纸上，很久以后才明白，这是一部文人的心灵史。湿润的云雾深处，有外公笔下的老僧枯坐蒲团，默诵一卷心经。

那年，外公已经从泗阳县里仁公社返城，举家住在花露北岗一间旧屋里，柴米油盐，昏黯逼仄。外公残存的藏书、纸墨，自小岗走十几二十步下去，穿过操场，放在凤游寺小学一间空教室，那是他可以安静写作、挥毫的地方。暑假，教室门都关着，黑板上留着上学期的粉笔板书。除了值班校友，校园里一个人也看不见，水泥乒乓台、双杠、单杠的操场显得格外空旷，安静。蝉鸣枝头，我从云山里走出来，和外公一起慢慢回家吃饭，远远就闻到了南京大青菜腌菜汤的味道，然后就看见一些盆菊散乱地上，围绕着那两间居所，一左一右。菊花在夏天应该是只有绿色的叶子吧，而我印象里，这些泥盆里却还有去年的黄花，失去水分萎缩着站在枝头，孤高的姿态，雕塑一样。

八十年代，就这样过去了。

二

迷恋世界上美好的事物，总存在危险。

开始写作本书，起先是误入桃源；后来发现，仿佛走进一座迷宫。

《大理石屏考》最早的缘起，是打算写一本包括大理石、雨花石、灵璧石、昆山石四种赏石的笔记。我留意到古人石谱之外，宋元以下、明清两朝尚有许多的笔记、著述，藏石、赏石活动的文字往往有之，像是雨天不邀自来的佳客。以前散漫读到这些闲书，古人零星的这些奇石文字，谈传承来历、记流转过程，种种奇石之艳异缤纷，颇能引起我的兴趣。于是打算尽量搜集一些出来，按照年代摘录、排定，分门别类，侧重推敲一些奇石的流转、递藏情况，尽管无力做一部古代奇石之收藏史，多少可以将这些散珠串连起来欣赏，其实心中无底。

选择先从"大理石"部分开始，孰料一入"桃源"，乐而忘返。清代阮元《石画记》与民国张轮远《大理石谱》，如两峰并峙珠玉在前，新发现的、散落明清两朝诗文中的"大理石屏"文献，碎金片玉，熠熠生光，如一路桃花，引我去往桃源深处。

欲觅铁网红珊瑚，好寻米家白云窟。古代"名物"考证，最好的途径大概还是文献考据与传世、出土实物互为印证，科学、定量分析与文献钩沉、稽考得出的推断，互为检验。明代大理石屏，存世实物极为稀少。王世襄先生毕生研究明式家具，《明式家具研究》著录今藏北京故宫的明代屏风，仅有一具，且屏芯已非原装，而以乾隆时期玻璃油彩画代之。旧藏加州中国古典家具博物馆的黄花梨镶大理石插屏式座屏风，据传源自福建地区，与北京故宫此件相似，大理石芯保存完整。1996年曾创明式家具拍卖世界纪录。王世襄先生曾亲为考定，将年代定在十七世纪之明末清初，未直接定为明代。

《明式家具研究》收录插座屏风，共有六件，大小不一，原石保存完好者仅一具，且年代为清前期。其中王世襄先生自己收藏的两座明代小座屏风，石芯均已失去。

明代大理石屏本自珍罕，动笔前后，目力所及，对保存完整的明代大理石屏的存在，几乎不存幻想，每每引为遗憾。至于有确切纪年、可供断代的实物，对我而言更是闻所未闻，不敢凭空想象。但心里也隐约抱着希望，明代大理石屏实物或许就存在于世界的某个角落，高雅古物存世不易，往往更加"低调"，拥有它的主人认识既深、爱若拱璧、不会轻易示人吧。类似情况，如两岸故宫、国内外博物馆，商鼎周彝罗列数量众多，整坑出土、传承有序，然诡异之处在于，学界至今无法确认哪怕一件存世的宣德本朝"风磨铜"官铸真品。实物"缺席"，无碍"真宣"研究课题继续。数十年间，纽约、伦敦、香港、内地拍卖会标注为"明代"的大理石屏偶有出现，其中不乏气度高雅之品。若以更先进的科技，结合传统行家"目鉴"之能，数量远远少于其他明式家具的大理石屏风，明代大理石屏实物终能发现、考定一二，相信只是时间问题。

不得不承认，在明代大理石屏极度缺乏实物佐证的前提下进行考证，确为遗憾。

三

本书采用的考察方法，主要依赖文献钩沉、考稽，尝试"以诗证史"，继而"以史证石"。举凡引征明人诗文集、选集、别集、全集，包括奏议、信札、题跋、碑铭等文字，还有涉及大理石、大理石屏资料的百余种官修实录、通史、方志、野史笔记、类书、游记等，以时间、鉴赏分作经纬，结合古代家具、赏石、美术史、鉴藏审美观念、谱录出版情况、地理交通、物价、工艺流程、社会风尚等视角，梳理其开采制作、运输入贡、流通馈赠、陈设题咏、鉴赏铭刻、著述递藏等情况，阐述大理石屏在明代物质文明史框架下的演变过程，并尝试在其作为家具、文房陈设品的物质层面之外，进而诠释大理石屏作为"贡物""商品""礼物"的社会学意义，以及以"云山意象"作为审美核心的大理石屏所象征、承载的士人品位、精神。

明人文集浩瀚，数以千计。从已经掌握的一些线索入手，据其人其文、交游范围、履职经历，于明朝文海汗漫而游，伏案欲觅一架大理石屏的小小踪迹，一如云山缭绕，侥幸看见了固然美不胜收，有时真是海底捞针。赖有王世襄《明式家具研究》、方国瑜《云南史料丛刊》、张德信《明代职官年表》等前辈成果，还有如上世纪五十年代出版的《〈明实录〉有关云南历史资料摘抄》作为参考、工具书，明珠在堂借以探赜索隐，对本书完成大有裨益。

阴差阳错，期间得到一本宋文熙先生《大理石录》手稿影印本。细读一过，其中明代部分资料，自觉之前均已有所发见，犹堪附骥；清代部分一些出处冷僻的资料，非多年刻意搜寻不可得，以宋先生熟谙云南文献，慧眼采撷，实为珍罕。得此影印稿本如娜嬛天书，若有夙因！

将搜集到的明代大理石屏文献汇集案头，又为影印古书刻板不甚清晰、明版书内难识的异体字而纠结……明人笔记著述散漫不经，诗题、诗句涉及的人名、背景成谜，往往只言片字，有许多"突兀"与谜团。

初稿完成，获知一韩国学术机构已有明清两朝"实录"检索发布，一时五味杂陈。以此一一检索、对照自己所引《明实录》之大理石资料，所幸尚无遗漏。

于学问之道，我是一个门外汉，缺乏基本的学术训练，力小负重，只凭自己的一点兴趣勉力而行。在明人著述碎片化的文字信息中潜行数年，希望集腋成裘，探微寻幽，有时偏无迹可寻；即使发现有新的材料，因拙于思辨，难免错讹颠倒。

期间，王稼句先生赐示《说略》"奇器"、《大理石屏记》等资料，并为配图提供许多帮助，时为勉励；扬之水先生特意发来清代宫廷石屏资料，并介绍台北故宫相关藏画，其意殷殷。尤可感者，两位老师先后提示我留意新出《狯园》一书，内有数则明代大理石屏记述云云。

这部小书，何其幸运！

本书得以付梓，幸得山东画报出版社韩猛兄的支持与信任。当初"古代赏石"选题初定，后一再更易，"弃三选一"，割舍掉雨花石、昆石、灵璧石部分，专攻"大理石"、继而只写"石屏"，忽忽数年间，全书文稿内容、行文乃至书名，屡为调整。在我，固是力求精益求精，不惮改写，乃至全书结构都一变再变，遑论一旦发现新的材料或错谬，势必大肆增删。韩猛兄学养超迈、为人敦厚，虽屡次促稿，还是容忍我交稿的一再迁延，雅量深致，待我以诚！期间，与韩兄数次深谈，对全书框架最终形成以至行文，大有裨益。《明代大理石屏考》如今呈现的面目，岂止一人心力？这是我与这本书的幸运。

四

上世纪五十年代，外公画过一幅《桃花源记》。如今题签上有外公一行小字："一九八三年初冬，于两次失而复得之后"。

外公曾亲口告诉我，上世纪八十年代，"南京文物商店挂出来，要有外汇券才能买。我正好看见了，告诉他们：'这是我的画，抄家拿走了，我要拿回来。'"

之前，这幅画已经失去过一次。江苏省画院举办"庆祝建国十周年展览"，这幅《桃花源记》曾被邀往参展，展览结束，迟迟不见归还。无奈，外公让当时还在读中学的母亲出面，把画要了回来。

外公的《桃花源记》，现在挂在家里。

……

桃源虽好，每棵树的栽种、成长，终于成林如画，都需要时间与耐心。觅得桃枝自己栽下，春风秋雨，顺应着四季运转，如驽马按辔徐徐而行，庶几可以完成。难处是一旦浇灌经年，幼树成林，种树人成了赏花人，避秦入了桃源，渔夫却被乱花迷眼，那是中国古代文化的一个迷宫，积满灰尘，秘而不宣，而桃源总是美丽。不知不觉已过数年。入山看云听松，循蛛丝马迹而来，往往到山穷水尽处，想干脆歇息了，坐看云起时，却又有意外的惊喜。

立春之后，本已开始一稿的清样自校，恰逢美国大都会博物馆将馆藏的数十万件文物图片一并免费公开。以此机缘，意外发现其馆藏"天启四年李宓书刻离骚经大理石屏"的存在。面对数百年前旧物，虽只两帧照片，似乎能感受到它的温度。对我来说，这是一份珍贵的礼物。

做这样枯燥的工作，乐趣在如遇故人。

《诗》云："黾勉从事，不敢告劳。"

我能做的，是顺其自然。

丙申暮冬初稿　丁酉二月改定

说　明

一

明代家具研究，屏风之属有座屏、插屏、挂屏、围屏等，本书大理石屏范围，以书斋、厅堂陈设桌案之插屏为主。

二

明式家具中，桌案、床榻、几架、凳椅等，留存数量较插屏为多。大理石屏（插屏）在明式家具研究中，属"冷门小件"，因座器、边框材质为"黄花梨""紫檀"等名贵材质，得以忝陪末座，比肩轿箱、天枰诸零星小器。对屏风芯石品类，近世王世襄先生以外，少有专门研究。[1]

《故宫屏风图典》，辑录北京故宫博物院藏各类屏风，其镶嵌类屏芯有缂丝、书画、雕漆、景泰蓝、天然灵芝、象牙、影木、玻璃画、螺钿、玉石等多种材质，石质屏芯，仅雕镂紫石、天然佛像石芯（石种不明）、青金石等数种，大理石未见踪迹。图典所录

---

[1] 大理石在明代价格高昂，传世稀少。偶有遗珍残件，或仅存框、座，或单存片石，木、石两散。

清宫实物，遑论"明代"，清代大理石屏亦无一物。这一情况，与笔者检读"清宫养心殿造办处档案"资料后逐渐形成的观点基本一致。清宫"内档"表明，当时宫廷接受四方纳献犀角、象牙、紫檀、珠玉、香料等各色珍材，远至海外玻璃、机械装置输入，奇珍搜罗无遗，但内库收藏的大理石材却甚为稀缺。雍正一朝，大理石进贡记录仅两次。雍正曾传旨，对残损、换下的大理石材亦命另外储藏，珍惜备至。

本书重点只在"赏石"，不敢妄言"明代家具"之甲乙。[1]

三

清阮元《石画记》，从文人视角，欣赏大理石画，将其审美提升至更高境界；民国张轮远《大理石谱》，搜集、整理历代大理石记述、诗文，结合多年藏石心得，并第一次从地质矿物学角度对点苍山大理石成因、物理特性予以关注，归纳形成完整的一套品鉴标准。惟二者对明代大理石屏之产生、收藏、流通等情况，并无专门归纳，故不揣浅陋，著为此考。

四

古代石屏，非大理石一种。唐代以下及宋元石屏部分，作者已撰成初稿即将刊行；清代大理石屏风部分，迄今仅部分完成资料搜集，踯躅日久，尚待今后。

本书部分图片承周卫东、李靖、马鸣谦诸师友拍摄、提供，在此一并致谢！

蒋　晖

丁酉正月

---

[1] 王世襄《明式家具研究》一书内"装饰""用材"二章，对大理石等多种石质屏材古代文献，曾作细致归纳。

图书在版编目（CIP）数据

明代大理石屏考 / 蒋晖著. — 济南：山东画报出版社，
2018.2

ISBN 978-7-5474-2320-2

Ⅰ.①明… Ⅱ.①蒋… Ⅲ.①大理石—鉴赏—中国—明代-
图集 Ⅳ.①TS933.21-49

中国版本图书馆CIP数据核字（2017）第038880号

责任编辑 韩　猛
装帧设计 宋晓明
主管部门 山东出版传媒股份有限公司
出版发行 山东画报出版社
　　　　　社　　址 济南市胜利大街39号　邮编 250001
　　　　　电　　话 总编室（0531）82098470
　　　　　　　　　　市场部（0531）82098479　82098476（传真）
　　　　　网　　址 http://www.hbcbs.com.cn
　　　　　电子信箱 hbcb@sdpress.com.cn
印　　刷 山东临沂新华印刷物流集团有限责任公司
规　　格 185毫米×260毫米
　　　　　16印张　2拉页　92幅图　180千字
版　　次 2018年2月第1版
印　　次 2018年2月第1次印刷
印　　数 1-5000
定　　价 118.00元
如有印装质量问题，请与出版社资料室联系调换。
建议图书分类：收藏